1984年美国Seed和Duncan教授来北京演讲
左起：张国霞、陈仲颐、Duncan、Seed、卢肇均、周镜

1980年成立土工名词专委会

1984年地基处理学术委员会成立

1992年第一届非饱和土学术会议在北京召开

1987年第五届全国土力学及基础工程学术会议在厦门召开

1980年1月黄文熙（右1）汪闻韶（右2）访问英国，在帝国理学院与Bishop教授会见

1985年老河口会议筹备单位代表

2006年8月第一届全国土力学教学研讨会在北京召开

主　编　苗国航

副主编　陈仁俊　贺长文　曲丽莉　王寒梅

34位大家　钱正英　郑守仁　黄熙龄　孙钧　钱七虎　张在明……

岩土工程纵横谈

人与自然和谐共存 —— 钱正英

在总结的基础上创新 —— 沈珠江

岩土工程要注重创新和规划 —— 王思敬

用智慧和真诚书写隧道技术的明天 —— 王梦恕

土力学是一门“很土”的力学 —— 李广信

人民交通出版社

China Communications Press

内容提要

本书荟萃了 34 位岩土工程专家富含哲理和智慧的访谈、专题文章,以及他们的小传,阐述了大师们弥足珍贵的经验和思想方法,没有生硬的说教,充满了“艺术”的思考,读来必有启迪。

本书适合所有的岩土工程师一读。

序

《岩土工程界》是一份业内很有影响的杂志，有声有色，充满活力，办得有点像北美洲三国——美国、加拿大和墨西哥合作发行的《岩土工程新闻(Geotechnical News)》，除了一些专业论文之外，这本杂志的每一期都及时地向读者发布本专业的重大新闻；作为一大特色，杂志还特别注重向专家们约稿，请他们针对大家共同关心的问题发表自己的看法；有时由杂志的主要负责人出面，对专家们进行访谈，有问有答，不拘一格，往往在来言去语之间能迸发出充满哲理的火花来。

这本书包括三部分内容，除了专家小传和一部分专家学者撰写的论文之外，很大一部分便是《岩土工程界》对专家和大师访谈的记录，统计了一下，接受访谈和参与撰文的院士有15位，国家工程勘察大师4位，还有一些大家公认的著名学者教授。

我曾经阅读过这本文集中大部分的文章，其中不乏同行们的精彩论述。即便对我这样年逾花甲的人来说，很多受访者和作者们不管从年龄还是从道德学问上看，都是我的先学和长者。他们从不同的角度对岩土工程这门新兴的交叉学科进行探索，既让我们了解了学问的艰深，也让我们和他们一起体验着知识的多彩。

有学者提出，要高度重视工程思维与工程方法的研究。他们认为，与重视理论性的理性思维相比，工程思维是构建性思维、设计性思维和实践性思维。窃以为构建性思维、设计性和实践性思维，都应该在基本理论的指导下进行，温故才能创新。在讨论岩土工程的“艺术性”时，同样不可例外。与一般的工程相比，岩土工程在工作对象、工作方法以及对工程判断的依赖等方面，又具有十分明显的特色。正像Terzaghi曾经指出的：“无论天然的土层结构怎样复杂，也无论我们的知识与土的实际条件之间存在多么大的差距，我们还是要利用处理问题的艺术(art)，在合理的造价的前提下，为土工结构和地基基础问题寻求满意的答案”。岩土工程的这一特色，无疑为大家在理论—经验—工程判断这三者关系的探索中留下了更加广泛的空间。鉴于此，专家和前辈们在书中阐述的体会和经验对我们来说就更加显得重要了。

这本书里没有生硬的说教，有的是利用生动的实例诠释深奥的道理，有的是探索学科的发展道路，有的是从自身的经历出发讨论学科某一段的发展历程，有的则是和大家一起讨论治学方法乃至人生的真谛。这些短文和访谈并没有告诉你如何处理工程难题，也没有具体的理论推演，但是希望广大的读者和我一样，能从中发现我们岩土工程界共同关注的一些问题，并能从中得到一些启迪。

这本书的内容，无论是访谈的记录还是作者撰写的文章，都经历了一个很长的时间跨度。随着时间的推移，作者们的有些看法自然会发生与时俱进的改变。尽管在编辑这本集子时，编者们已经取得了受访者和作者们对原文刊出的允诺，但逐一地进行旧貌换新颜的修改可能是不太现实了，况且保持彼时彼地看法的原汁原味也许更好一些。

在出版这本书的时候，大部分受访者和作者已届古稀，而且有的被访者已离我们而去。我们要感谢他们给我们留下这样宝贵的精神财富，感谢他们毫无保留地把他们最宝贵的思想财富，最基本的思想方法，甚至对人生的领悟都无私地奉献给了大家，同时也感谢《岩土工程界》杂志的朋友们所做的工作。

我们衷心希望在下一次出版类似的图书时，能看到更多青年专家的名字，否则，进步从何而来？

張在明

2009-6-2

目 录

● 钱正英 小传

1923年7月生，浙江嘉兴人，1941年9月加入中国共产党并参加工作，上海大同大学土木工程系肄业，中国工程院院士。

1939年至1942年在上海大同大学土木工程系学习并参加上海地下党，大同大学群众团体党团成员、工学院分党支部书记。

1942年至1945年任淮北区党委机关文化教员，淮北泗五灵凤县中学浍南分校教员、训导员、教导员、党支部书记，淮北行署建设处水利科科长。

1945年至1948年任苏皖边区政府水利局工程科科长，华东军区兵站部交通科副科长、前方工程处处长。

1948年至1950年任山东省黄河河务局副局长、党委书记。

1950年至1952年任华东军政委员会水利部副部长兼治淮委员会工程部副部长。

1952年至1967年任水利部副部长、党组成员、党组副书记，水利电力部副部长、党组副书记。

1967年至1970年在“文化大革命”中受冲击。

1970年至1974年任水利电力部革委会副主任、副部长。

1974年至1988年任水利电力部、水利部、水利电力部部长、党组书记。

1988年当选为第七届全国政协副主席，全国政协医卫体委员会主任。

1992年10月当选为中国印度友好协会会长。

1993年3月当选为第八届全国政协副主席、全国政协医药卫生体育委员会主任（兼）、社会与法制委员会主任。

1994年4月当选为第六届中国红十字会会长。

1995年12月被推选为第六届中国中小学幼儿教师奖励基金会理事长。

1997年12月当选中国工程院院士。

1998年3月至2003年3月任第九届全国政协副主席。

1999年10月被聘为中国红十字会第七届名誉副会长。

2002年1月当选中国妇女发展基金会副会长。

中共第十至第十四届中央委员，中共十五大代表，第一至第三届全国人大代表。

曾参与黄河、长江、淮河、珠江、海河等江河流域的整治规划，负责水利水电重大工程的决策性研究。在治理淮河及密云水库、刘家峡水电站、长江葛洲坝水利枢纽等工程建设中，处理了出现的重大技术难题。主编有《中国水利》等。2000年6月获中国工程科技奖。2004年3月获香港大学名誉博士学位。

1949年6月16日，华北、中原、华东三大解放区统一的治黄机构——黄河水利委员会在济南成立，共有钱正英、江衍坤、彭笑天、赵明甫、王化云、张方、张慧僧、周保祺9名委员。

1998年10月，钱正英院士在三峡工地考察。

1992年4月，全国政协副主席钱正英视察小浪底工程。

1999年5月，钱正英与政协工程院院士考察长江口深水航道治理工程。

1997年4月，全国政协副主席钱正英带领全国政协大型灌溉考察团在山东位山灌区现场听取有关灌区沉沙池情况的报告。

2004年10月，钱正英院士接受记者采访。

人与自然和谐共存

——一个科学理念的诞生

钱正英

记　者:钱院士,非常感谢您在百忙中接受我们的采访。人们常说:水赋予了人灵性与智慧。您一生都在与水打交道,而且乐此不疲。曾组织制定和实施了多项水利事业发展的方针、政策和法规,主持审定、决策了许多重大水利水电工程项目,并具体参与研究解决了建设中的重大技术难题,既是专家,又是决策者。首先请您介绍一下我国水利事业发展的历史、特点和走向。

钱正英:1989 年我从水利部长岗位上退下来,当时正值建国 40 周年,我约了一部分同志编写了一部《中国水利》,总结新中国成立以来 40 年水利工作的经验,回顾中国水利发展历史,展望未来。

我们认为,中国水利大致可分为古代水利、近代水利、现代水利三个阶段。1840 年以前可称为古代水利,历史可追溯到 4 000 多年以前。传说中的大禹治水、井田制,李冰父子的都江堰,陕西的郑国渠,长江、黄河及沿海的堤防和农田水利灌溉设施建设等都称道于世,可以说中国的古代水利成就辉煌。1840 年以后到中华人民共和国成立可算作近代水利的一个阶段,这一时期国力衰退,外侮日深,内乱不已,不少忧国忧民之士献身水利,希望运用近代科学技术进行水利建设,但在当时的条件下只能研究局部问题,不可能进行大规模的水利建设,水利建设几乎处于停滞状态,几近空白。水患干旱不断,饿殍载道,民不聊生。新中国成立后,毛主席、党中央非常重视水利工作,把它纳入国家发展的蓝图中,水利事业发展迅速。建国至今 50 多年来,我国水利建设规模之大、效益之显著举世瞩目。修建水库 8 万多座,其中大型水库 300 多座,修建水闸 3 万多座,堤防 24 万多公里,机电排灌 6 000 多万千瓦,水电装机容量 5 000 多万千瓦,农田灌溉面积 7.5 亿亩。水工技术和泥沙科研水平居世界前列,象三峡等一些有世界影响的水利工程正在建设中。可以说,新中国 50 年的水利事业取得了巨大的成就,当然也经历了许多的曲折和挫折。我们认为这 50 年的水利发展比近代水利要高一些,应当说这 50 多

2004 年 10 月,中国工程院院士钱正英访谈录。

年是向现代水利迈进的50年。

回顾中国水利发展的历史，感触最深的有以下几个特点：一是水利在国家建设中具有特殊的地位。从古至今，历代有为的统治者都以治水作为定国安邦的大计，水利和经济、政治密切相关，具有全民性和持续性特点，既可形成良性循环，也可导致灾难。二是我国江河的特点突出。我国七大江河流域面积437万平方公里，占国土面积的近一半。泥沙量多，黄河泥沙居世界之最，长江也位居第四。江河冲积平原大，人口密度大。自然条件和人为因素互相影响，造成水系情况更为复杂。三是我国所特有的自然地理环境堪称世界第一，有各种不同的气候区、降雨区和地貌等。因此，我们应加强与世界各国的交流和学习。

当前我们面临的就是水多（洪涝灾害）、水少（干旱缺水）、水污染的问题，根据我国可持续发展战略的要求，应当将水利工作纳入我国人口、资源、环境这一巨大系统中认真研究和规划。

记　者：最近几年您一直倡导一个全新的科学理念——人与自然和谐共存。请您介绍一下这一理念产生的背景和内涵。

钱正英：我感觉到水利已进入一个新的阶段，这就是"人与自然要和谐共存"，要以这一理念为中心。这是我们过去没有认识到的。

1999年中华人民共和国成立50周年，水利部的同志邀请我作了一篇回顾水利工作50年的讲话，那时我已经离开水利部十年了。我讲，回顾过去，人好像拿着镜头离过去所处的环境越来越远了，看的也更清楚了。过去是"不识庐山真面目，只缘身在此山中"，现在从宏观的角度来看，就认识到过去水利工作中存在的一些不足。进入九十年代以来，淮河大水、黄河断流，生态环境不断恶化，暴露出一些问题。1998年中国工程院要我主持《21世纪中国可持续发展水资源战略研究》的咨询项目，我们组织了跨部门、跨领域的专家学者进行了研究，逐渐的意识到"人与自然要和谐共存"的问题。以后又做《西北地区水资源配置和可持续发展》的项目研究，西北地区"人与自然和谐共存"的矛盾更加突出。我们在全国水资源战略研究中提出了要以水资源的可持续利用支持社会经济的可持续发展，并建议从8个方面实行战略性的转变和进行3项改革。在西北地区水资源配置和可持续发展研究中提出了必须确立"人与自然和谐共存"的发展方针，才能得到经济社会的可持续发展，并提出了10条对策，其中最核心的是提高用水的效率与效益。今年在甘肃张掖召开的"河西内陆河流域生态建设与社会经济可持续发展"学术研讨会上，我就提出了这样一个科学技术的新理念——人与自然和谐共存。我感觉到应当以这样一个全新的理念重新审视水利工作，重新认识水利规划、设计、施工等各个方面。包括大学的水利课程的设置和教育工作要灌输这样一个理念。对许多问题都需要有一个新的看法。

在解放后相当长的一段时期，五十到七十年代，我们水利的第一句话就是“水利是农业的命脉”，那个时候水利就是为农业服务。到了七十年代以后我们的认识进步了，提出了水利不但要为农业服务，而且要为国民经济全面服务，因为那时工业用水和城市用水比较突出了。但是当时我们对水资源的看法和利用完全是要为国民经济全面服务，基本上没有认识到生态环境问题。举一个很典型的例子，1964年在北京和平宾馆，周总理主持解决黄河和三门峡问题的座谈会，会上有一位专家讲，治黄的任务就是“要把黄河的水和沙喝干吃净，几十年以后我们到山东黄河的河口一看，啊！怎么那里有一条小沟，原来这就是过去的黄河！”大家听了以后哄堂大笑，当时的大笑并不是认为黄河不该成为一条小沟，而是认为怎么可能成为一条小沟！无法想象到几十年以后黄河会断流。当然这个说法比较极端性了，但这可以说明我们过去的理念是什么。

近两年，我在做西北地区水资源问题研究的时候，做了实地的调查研究。先在塔里木河，当地的同志带我到塔里木河下游300多公里的河段，那里已经完全干涸，两岸完全变成了沙漠，村庄已搬走。塔里木河上最后一级水库叫大西海子水库，闸门关闭后，水被引去开垦荒地，造成下游断流。当地的同志并没有把这两件事情联系起来，我问当地同志水库哪年修起来的？一对照我就明白了，水库建成之日就是下游断流之时。以后我在西北河西走廊看到的都是这样一种情况。以后才逐渐地认识到不但要注意河流的经济功能，而且要注意生态的功能，所以我们现在着重研究生态用水。对于河道的生态用水，不仅要研究河道外用水，而且要研究河道内用水。过去我们讲河道内的功能只注重了航运、鱼类等，没有注意到整个河道全面的生态功能。最近我们研究南水北调西线问题，准备向中央提出南水北调第一期工程的目标应当为解决黄河下游和渭河下游的生态用水，因为这两年经济快速发展过程中间过度地开发了这两条河，过度地引用了这两条河的水资源，现在这两条河的生态功能大大的萎缩。河道有枯水流量、中水流量和洪水流量，这三种等级的水量塑造成河道的枯水河床、中水河床和洪水河床，河道没有水就萎缩，黄河就是如此。

1998年长江、嫩江洪水之后，我们提出了这样一个概念“人与洪水和谐共存”，认为洪水是一种自然现象，洪水是不可能消灭的，暴雨有季节性和年际的不平衡，洪水是人类不可能消灭的。洪灾则是人类开发洪泛平原以后所形成的问题。华北平原和长江三角洲都是洪泛平原，人类为了生存就侵占、开发了洪泛平原，象洞庭湖、鄱阳湖、长江沿岸等都是人类把它围垦起来的。修了许多堤防。洪水由于蓄泄的空间受到限制，水位就升高，水位越高，堤防越高，形成恶性循环。因此，不能无限制的加高堤防。现在很多人接受了这一理念。

最近国家发改委在制定“十一五”计划，要求工程院对计划提出咨询，其中一个题目就是“十一五”期间需要开工或准备开工的重大工程项目，我们对水利方面提出要建设长治久安的蓄洪分洪区。长江、黄河、淮河等都要为蓄洪分洪区人民创造可以安居乐业的条件。现在严格讲起来，九十年代几次水灾都是蓄洪区、分洪区的问题，并不是大堤所确保的地区，像今年的黄河受灾地都是黄河里的行洪滩地，但里面有100多万人，盖了房子种了地。包括1992年淮河洪灾，也都是这种性质的问题。洪水有十年一遇，百年一遇，还有千年一遇，甚至万年一遇和最大可能的洪水，如果不建设一些蓄洪分洪区，仅靠修建水库和加强堤防是解决不了问题的。比如武汉市有关部门听从了我们的建议，在长江的滩区修了公园，很受群众欢迎，洪水来了可以淹，不会出现大的损失。

我们在西北也提出了“人与沙漠和谐共存”，为什么呢？用当地老百姓的话说是“人进沙进，人退沙退”而不是片面的“人进沙退”。也就是说，地球上有些地方本来就是沙漠，不少沙地本来还是能存些水的，覆盖程度虽然不够，却能够长一些草，而你在这些水源非常有限的地方“征服”沙漠，种树、开荒，过度使用了土壤水和地下水，把周围地方的水用完了，结果出现沙漠化。有效的办法就是：宜林则林，宜草则草，宜荒则荒，需要保留一些荒地。无论是搞水利的还是搞农业的、林业的、畜牧的，都会有他职业的片面性，搞过一些愚蠢的事，但最后都要研究自然规律，研究“人与自然和谐共存”。

说到水利工程，总的讲是有很大成绩的。今后还要搞，但不能盲目。现在有的人在网上发表文章争论问题，这是好事。我看到一篇叫“大坝的尴尬”，意思是说中国在修大坝，而美国在拆大坝。这个问题需要分析，美国修的水库已经控制其江河水量的34%以上，我们国家仅17%左右，远远低于美国。美国已经把大坝修满了，拆的是闲置、没有效益的大坝。有一年我到泰国，泰国也有人反对修水库，我和泰国国王谈起此事，他讲：他们是不知道穷人的苦处。印度的前水电部长对中国很友好，从英国留学回来当了议员，他下台后送我一本书，书名叫《Mr. Cusec》，Cusec 的全称是 Cubic Feet Per Second，翻译过来就是立方英尺每秒，也就是流量的单位，这是人家送他的外号，意思是说他光讲技术不讲政治。他根据印度的电力需求，筹划修水电站，其他部门坚决反对，没搞成。有一年印度大缺电造成很大损失，总理拉·甘地把他当替罪羊免职，他满腔悲愤写了这本《Mr. Cusec》。现在印度也开始加快发展水电。因此，对修水电站要辩证的看问题。当然，现在修水库要更加慎重一些，要从技术、经济、社会、环境综合考虑。

记　者：俗话说，水是无孔不入的，水利决策的风险非常大，这么多年您在重大水利工程决策中体会最深的是什么？怎样才能做到科学决策？

钱正英：水利是和自然打交道的，必须要谨慎，讲科学。我们这些人的谨慎也是用痛苦的代价换来的。我认为水利决策有三要素：一是要正确认识决策中涉及的问题，力求符合客观规律。不但要力求优解，而且要注意防止劣解。二是要遵循正确的决策程序和方法，讲求民主化和科学化，听得进不同意见。要注意处理各方面的利益关系，既要达成共识，又要及时决策。三是要提高决策者素质。我在三峡工程论证中提出了"发扬民主，尊重科学，遵守程序，及时决策"十六字方针，三峡工程经过充分论证顺利开工建设。经验告诉我们，对一些问题早注意早主动，晚注意晚主动，不注意就被动。譬如对于一个工程，开工以前和建设过程中出现的问题可以改正，等建成后再发现问题就晚了。因此要唯物的看问题，事情对不对这是客观存在的，最后要经受大自然的考验，要经受历史的考验。所以决策时要注意倾听不同意见和建议，力求做到科学化、民主化，符合客观规律。

• 沈珠江 小传

1933年生，卒于2006年10月，浙江慈溪人，汉族，岩土工程专家，中国科学院院士。1950～1952年在上海交通大学水利系学习，1953年毕业于华东水利学院(现河海大学)。

1953～1955年在南京水利实验处(现南京水利科学研究院)工作。1955年赴莫斯科建筑工程学院留学，获副博士学位。1960年回国，在南京水利科学研究院任工程师、高级工程师至今，1992年起担任《岩土工程学报》主编，1995年当选为中国科学院院士。

60年代初，建立了土体极限分析理论，证明了两个极限分析原理。他提出了软土地基稳定分析的有效固结应力法，并在国内得到广泛应用。

70年代在国内最早开发了Biot固结理论的有限元分析方法和计算程序，建立了新的计算模型，并用于大量软土工程的计算。提出了多重屈服面、等价应力硬化理论和三剪切角破坏准则等新概念，并在此基础上建立了一个新型实用的土体弹塑性本构模型。

2003年1月10日，沈珠江院士在三峡已竣工的永久船闸

80年代以来，他主持并参与国家科技攻关项目中高土石坝设计计算方法的研究工作，对土石坝的计算方法提出了一系列改进意见。他率先把损伤力学引入土力学中，提出了代表材料脆性破坏的胶结杆元件，并在此基础上建立了可以描述土体逐渐破坏过程的双弹簧模型。

90年代建立了非饱和土的广义固结理论。提出了折减吸力和广义吸力新概念，并建立了非饱和土统一变形理论。同时，在堆石坝的应力应变分析方面，又提出了比较实用的三参数流变模型，并通过4座堆石坝的原型观测资料，反馈分析得出典型石料的流变参数，可以用于面板堆石坝的设计计算。

近年来，提出在21世纪建成以本构模型为核心，以三个理论(非饱和土固结理论、液化破坏理论和逐渐破坏理论)及四个分支(理论土力学、计算土力学、实验土力学和应用土力学)为主要内容的现代土力学的构想。通过对土体变形过程中微结构变化的观察与分析，提出了三类结构性模型：散粒体模型、复合体模型和砌块体模型，并且在砂土液化理论和逐渐破坏理论方面进行新的探索。

沈珠江院士撰写了《计算土力学》专著，获得多项省部级奖励，发表论文100余篇，并指导博士研究生多名。

在总结基础上创新

沈珠江

记　者：沈院士，近年来您提出了在21世纪建成以本构模型（结构性模型）为核心，以三个理论（非饱和土固结理论、液化破坏理论和逐渐破坏理论）及四个分支（理论土力学、计算土力学、实验土力学和应用土力学）为主要内容的现代土力学的构想，首先想请您介绍一下这一构想的形成过程、基本内涵。

沈珠江：本人比较偏重于土力学理论研究。土力学理论的发展与对土的力学特性的认识不断深化密切相关。人们对土的认识经历了4次飞跃。每次飞跃都伴随着新理论的产生，即：①压硬性——Coulomb摩擦定律与Janbu模量公式；②粘土的排水压密（吸水软化）性——Terzaghi固结理论与有效应力原理；③剪胀（缩）性——剑桥模型和砂土液化理论；④结构性——岩土破损力学。这些理论对工程实践的指导作用是毋庸置疑的。例如，打桩和锚固就是利用压硬性把荷载从围压小的地方传到围压大的地方。软粘土的压硬性则要通过排水才能显现，各种加速排水的加固措施正是建立在有效应力原理基础之上。除了勘探不明以外，许多工程的失败往往与设计施工人员对土的特性认识不够有关。例如基坑边坡的失稳往往是粘土长期暴露后吸水软化造成的。软粘土不可能在瞬间排水压密，因此用强夯法加固是注定要失败的。但是，有人却摸索出一套轻锤多夯的办法获得成功。这是利用天然粘土具有结构性的特点所取得的成果。轻夯的能量足以破坏土粒之间弱的联结，但强的联结仍得以保持从而使土体中产生裂隙，成为排水通道。而重夯则会破坏全部结构联系，形成橡皮土。

岩土是天然形成的地质材料，结构性正是这类材料的共同特点。几年以前，本人提出“土体结构性的数学模型——21世纪土力学的核心问题”，这一观点获得不少同行的支持。近年内，国内刊物上研究结构性的论文逐渐多了起来，这是一个可喜的现象。结构性的工程意义也正越来越受到重视。例如粤海铁路轮渡的防波堤修建过程中，湛江侧的软土在物理性质上与海口侧的软土十分相似，海口

2003年8月，中国科学院院士沈珠江访谈录。

侧的爆炸挤淤取得成功，但湛江侧的挤淤失败了，原因就是湛江侧的淤泥具有较高的结构强度。但是，如何建立数学模型以描述这类材料的变形和破坏特性，始终是一个令人困惑的问题。本人也在这一问题上长期摸索过，一开始是借用损伤力学观点，提出了双弹簧损伤模型，后来又提出了砌块体模型，最后认识到从非均匀介质的观点出发建立岩土破损力学的必要性。新的理论把岩土材料抽象为由结构块和软弱带组成的非均匀二元介质，结构块的逐渐破损并转化为软弱带正是岩土材料变形破坏过程机制的合理反映。目前，本人正带领一批学生为建立这一理论体系而努力。

记　者：您从事岩土工程理论和实践研究50余年，在土的本构理论及高坝大结构抗震设计理论与应用方面有深厚的造诣，在业内是公认的知名专家。不仅理论上有许多创新，而且解决了许多实际工程问题。

沈珠江：一个新的观点和新的理论的形成是长期积累的结果，而不是某个天才突发奇想就能成功的。例如剑桥模型就是剑桥学派在上世纪50年代进行了大量重塑粘土的三轴试验基础上归纳出来的，而不是简单地把当时新兴的塑性力学概念引进土力学中就能行的。在当前大力提倡创新精神的时候，仍需要艰苦和积累，切忌浮躁。当然，学科交叉，引入其他学科的新观点，始终是一条创新的捷径。但必须经过艰苦探索以后，觉得需要引进的时候才去引进，而不是引进以后再去找本领域内的结合对象。例如有人用分形理论研究颗粒分布或孔径分布，发现在双对数坐标中这些分布曲线将变成直线，于是宣布它们符合分形规律。其实，双对数坐标上的直线关系，不就是意味该函数为幂函数吗？所谓的分维数不就是幂次吗？这样的创新恐怕没有多少意义。除了浮躁以外，当前影响科技创新的另一个因素恐怕仍是崇洋思想。

记　者：近些年包括三峡工程在内的一批水利工程上马建设。水利工程有其特殊性，仅大坝类型就有碾压混凝土重力坝和拱坝、面板堆石坝、土石坝、浆砌石坝等，您认为我国水利工程建设技术状况如何？

沈珠江：中国是当今世界上最大的工地，新的理论、新的结构、新的施工工艺来自中国，这是理所当然的。有人写文章时引了一大堆外文文献，却不见一篇中文的。如果他是“海归派”，尚情有可原，但对土生土长的中国人，则实不应该。水利工程方面，崇洋思想的影响也十分明显。当前世界上最大的水利工程在中国，最高的碾压混凝土坝和面板堆石坝也在中国。但是，这两种新坝型都是从国外引进的。中国人要是提出一种新坝型，恐怕谁也不敢用。不仅如此，有时甚至一种施工方法的改进，也要等外国人用了之后我们才敢用。当然，造成这一局面的除了思想问题以外，还有机制问题，即缺乏鼓励创新的机制。

从学步走向自立的岩土力学

沈珠江

1 前言

岩土力学中现有的理论和方法大致可分为两大类。一类是半经验性的,典型的如地基沉降的分层总和法和边坡稳定的滑弧分析法。这类方法有一定的理论基础,如分层总和法以 Boussinesq 解为基础,但不够严密。另一类是由其他领域的力学家创建的,典型的如法国学者 Biot 创建的固结理论和前苏联学者 Socolovski 创建的散体静力学。这些理论本身是严密的,但创建者并不懂得岩土的基本特性,因而是一种外来者。真正由岩土力学专家创建的理论屈指可数。也许最著名的就是 Terzaghi 固结理论,英国剑桥学派提出的帽盖屈服面模型也是一个。至于岩石力学的块体理论能否算得上,尚值得讨论。许多广泛应用的理论和方法则是从其他领域借用过来的,有的原封不动拿来,有的作了一些改进。直到 20 世纪 60 年代为止,岩土力学只是已有的弹性力学解答的应用,后来引入了塑性力学,但至今岩土力学界仍把塑性力学家 Drucker – Prager 的模型到处乱用,不问它是否符合岩土材料的基本特性。断裂力学和损伤力学的引入在一定程度上考虑了岩体中存在的节理裂隙,但有关断裂准则和损伤演化规律的基础理论方面仍未摆脱金属力学的影响。本文标题中的"学步"就是指以上借用为主的情况。当然,借用已有的理论也需要结合岩土工程的实际进行一定的创造。但是,创造性地运用已有的理论与创造新的理论终究有很大差别。本文标题中的"自立"就是指创造岩土力学自己的理论。

2 岩土材料的本质特性

任何理论均是建立在对事物本质特性的科学抽象基础上的。"摸着石头过河"正是人们对社会主义本质特征尚未充分认识条件下采用的办法。同样的情况是,正是因为岩土工程界尚不能回答"什么是岩土材料"这样一个基本问题,真正的符合岩土材料本质特性的岩土力学尚未建立起来。下面就这一问题提出初步的看法。

本文作者曾经提出,压硬性和剪胀性是土的基本特性。但是人们花了40年时间总结出来的这两个特性只是重塑土的基本特性,尚不能认为是岩土材料总体的基本特征。岩土材料与其他材料根本不同之处可能在于它的天然性,而它的结构性和不均匀性正是来源于天然性。岩土材料是地质过程中形成的天然材料,其关键因素是颗粒之间的胶结,胶结的不均匀性导致结构的形成。这种不均匀性可能是原生的,例如粘土颗粒可能先凝结成团粒,然后堆积在一起,团粒内部的胶结力就大于团粒之间的胶结力;也可能是次生的,例如岩体风化或其他地质过程中某些部位胶结被破坏,从而形成胶结弱的或无胶结的节理、裂隙和断层等软弱带。岩土材料当然还有许多其他特性,除了前面提到的压硬性和剪胀性外,还有多相性和各向异性等。至于复杂性,从细观上看某些人工材料的复杂性可能不亚于岩土材料,例如混凝土。但是不管怎么说,混凝土的各种成份及其浇筑以后的特性仍是人们可以控制的。综上所述,如果排除人工填土,笔者建议把岩土材料定义为:地质过程中天然形成的具有结构性的材料。

3 岩土工程问题的特点

岩土力学的任务是解决岩土工程问题,从数学上看,就是把岩土工程问题抽象为一个边值问题,通过数学分析求其解答。人们兴建各种岩土工程,正是为了改造自然,而且正是因为改造对象的天然性导致岩土工程问题与其他工程问题相比具有许多独特之处。笔者把这些特点初步归纳如下:

(1)地应力的控制作用

在开挖过程中,单纯地应力作用就可能引起岩体破坏,发生岩爆,这已是众所周知的。在土力学中,又何尝不是如此。开挖边坡中,假定不同的初始侧压力系数,计算得出的位移将有很大差别。由于高侧压力的影响,超固结土边坡可能多次发生滑动。

(2)体积力构成荷载的主要部分

除了地基问题中体积力相对不重要以外,无论边坡工程、隧道工程还是堤坝工程,体积力都是作用于岩土体结构上的主要荷载甚至唯一荷载。因此,岩土体结构的主要破坏方式是自重作用下的剪切破坏。这时,剪切面的相当一部分位于岩土体的深部,围压的影响很大。因此,把金属力学和结构力学中的研究方法生硬地搬到岩土力学研究中,自然难于符合实际。有的研究论文采用平面应力问题的研究方法,不考虑围压的影响,所得结论只能反映岩土体表层的破坏过程。

(3)多相耦合作用

由于孔隙和裂隙的存在,岩土工程问题往往涉及固相、液相和气相的耦合作用,而冻土问题中还要考虑冰相和温度场。因此,与金属和混凝土结构工程相比,岩土工程问题的控制方程要复杂得多,需要研究的领域也要多得多。

(4)边界条件和初始条件的不确定性

岩土工程问题边界条件的不确定性包括两个方面,一是边界位置的不确定性,二是边界上的要素值的不确定性。岩土工程修建在地壳上,人们不能把整个地球或地壳作为研究的范围,只能从其中划出一块进行考察,但如何划法带有一定的任意性,这就是边界位置的不确定性。岩土工程暴露在自然环境中,最不确定的倒不是边界荷载,而是耦合分析中降水量、蒸发量等自然要素的变化。

初值条件的不确定性除了前面提到的地应力的不确定以外,还有孔隙中的初始吸力的分布和节理裂隙分布的不确定性等。

4 现有岩土力学理论的不足

岩土力学理论对岩土工程的指导意义是不容置疑的。例如有效应力原理对发展排水压密加固技术的指导作用。但是,正如 Terzaghi 在上世纪 50 年代说过,土力学是一种技艺(Art),这就意味着当时主要还是依靠经验解决岩土工程问题。可以说,这一情况到今天还没有根本改变。但是,今天的岩土力学水平终究不能与 Terzaghi 时代同日而语。当今的岩土工程设计仍不能完全依赖理论计算,但理论计算已成为设计的重要依据。记得上世纪 80 年代在组织三峡深水围堰第一轮分析计算时,长江水利委员会司兆乐总工曾提出计算分析结果能达到“精确定性、粗略定量”的目标。20 年后的今天,虽然不能说这一目标已完全实现,但对相当一部分岩土工程来说做到这一点已没有困难。但是另一方面,仍然有不少岩土工程问题尚无法依靠现有的理论分析水平求解。笔者把这些问题初步归纳成以下几点:

(1)难于测定天然岩土材料的计算参数

土体由于取样扰动,岩体由于体积太大,导致原状岩土材料的力学参数无法测定。例如,一段时期,广东在良好的残积土上修建多层建筑也普遍采用桩基,就是因为取样扰动造成测定的压缩系数偏高,在此背景下导致设计中的不恰当决策。

(2)未考虑逐渐破坏过程

现有的边坡稳定分析和土压力计算等方法均基于极限分析理论,未考虑逐渐破坏过程。造成的后果必然是采用峰值强度计算太冒进,而采用残余强度计算又太保守。

(3)未考虑地应力的影响

在地下洞室开挖中,地应力的影响已得到普遍的重视。但是在其他岩土工程问题中往往不考虑这一影响。例如边坡稳定分析中,无论是条分法或有限元强度折减法均是如此。而超固结土坡中由于水平应力很大导致滑坡的易发性,这早已是众所周知的事实。

(4)对多节理裂隙岩体还缺乏有效分析手段

对于含少量节理的岩体,已经发展了一批计算方法,如节理元、接触力元、刚体弹簧元。但对大量裂隙的岩体,只有走等效连续介质的途径。从断裂力学观点出发或是从损伤力学观点出发建立等效介质的本构关系,均是可以考虑的方案。但是未能考虑围压的影响,是目前研究中普遍存在的不足之处。本文作者提议的岩土破损力学可以在一定程度上克服这一缺点。

5 岩土力学发展前景展望

以人生成长的道路比喻,岩土力学的发展应当已经越过小学和中学阶段,达到大学生的水平,但是,离"三十而立",恐怕还有一段距离。言必称Drucker－Prager,就是当前岩土力学尚不成熟的标志。为了加速岩土力学走向成熟的进程,各国学者都需要努力,面对大规模岩土工程建设的任务,中国学者理应在这一进程中起到重要作用。下面就岩土力学的发展问题谈几点看法。

(1)发展原位测试技术,停止原状土取土技术的研究

土样从土层取出后地应力就被卸除,即使再精细的取土技术也不能保证室内测定的参数与原位一致。节理岩体更无法取样试验。因此,发展原位测试技术,是获得可靠计算参数的唯一途径。

(2)加强破坏和变形的细观机制研究,减少凑合表观现象的假设性研究

"大胆假设,小心求证"乃是科学研究的一种手段,但是,如果只求表观现象上的吻合,不深究真实的机理,只求知其然,不求知其所以然,这一态度不符合真正的科学精神。当前岩土力学中大行其道的屈服面的研究,在某种意义上正是这一种研究思路的反映。从等向硬化到运动硬化,从单屈服面到多屈服面,再到边界面和次加荷屈服面及超加荷屈服面,越来越复杂的屈服面假设无非为了凑合试验结果。但如要凑出主应力轴旋转也能产生体积收缩的实验现象,恐怕还要增加屈服面的复杂性。回顾一下科学史上托勒密的地心说,不难发现两者在一定程度上有相似之处。

(3)建立渐进破坏理论

岩土力学能否自立,关键在于渐进破坏理论能否建立起来。到目前为止,有关岩土材料的渐进破坏和剪切带形成过程的研究对象仍限于室内二轴或三轴压缩试样,远未涉及实际工程问题,而且许多学者纯粹把这一过程当作数学问题进行研究。笔者认为,解决这一问题的关键在于建立能合理反映岩土材料结构破损过程的本构模型,并且研究的重点应当是针对边坡和洞室开挖等围压降低过程中的结构体破损现象。

(4)开展风化过程的数值模拟研究

如果说前面提到的渐进破坏是指修建工程引起的话,风化引起的岩土材料弱化破坏则是自然过程。

如果这一过程发生在工程影响的范围内,则就不仅仅是地质学家研究的事。当然,研究这一问题的难度很大,因为除了力学因素外,还涉及温度循环和湿度循环等物理因素及雨水淋溶和地下水侵蚀等化学因素。

如果以上几方面有所突破,并且在其他方面继续取得进展,就可以认为岩土力学已经达到成熟的阶段。

• 郑守仁 小传

1940年1月生，安徽颍上人，教授级高工，中共长江委党组成员、中国工程院院士、长江委总工程师。1963年毕业于华东水利学院河川水工专业。

郑守仁院士在工作

2004年2月，郑守仁院士接受记者采访

郑守仁院士在三峡工地

1963年~1973年在长江委施工设计处任导流围堰设计组组长；

1974年~1986年在长江委葛洲坝工程设计代表处任副总工程师、长江委副总工程师兼设代处长；

1987年~1993年任长江委隔河岩工程设计代表处处长，长江委副总工程师；

1994年至今任长江委总工程师兼长江委三峡工程设计代表局党委书记、局长。

1997年当选中国工程院院士。

2003年任长江水利委员会科学技术委员会主任。

先后负责乌江渡、葛洲坝导截流设计、隔河岩现场全过程设计。1994年起主持三峡工程单项技术设计、招标设计、施工图设计。葛洲坝大江截流工程获国家优秀设计奖，葛洲坝二、三江工程获国家科技进步特等奖，三峡工程大江截流工程设计和隔河岩水利枢纽新型重力拱坝工程获国家优秀工程设计金奖，他均是主要获奖者之一。获得全国总工会“五一”劳动奖章。1989年被国务院授予全国先进工作者称号，1993年被湖北省授予“隔河岩工程特殊贡献者”称号，1994年被人事部授予有突出贡献的中青年专家，中国长江三峡工程开发总公司授予首批“三峡工程优秀建设者”称号。

大坝的基石

郑守仁

记　者：郑院士，非常感谢您在百忙中接受我们的采访。您作为一位水利工程专家参加过许多水利工程建设项目，特别值得庆幸和自豪的是您参加了举世瞩目的葛洲坝和三峡两个世界级的水利工程建设。1981年万里长江矗立起第一坝——葛洲坝，破解了数道技术难题；三峡工程经历了40多年的论证，专家提交的技术报告达1 800多份，几代人呕心沥血，百年的梦想在您和您的同事们的艰苦征战中得以实现。你们挑战了一系列的世界级难题，到2003年6月1日三峡工程已开始蓄水；同年6月16日，船闸试通航成功；7月首批机组发电，令世人振奋不已。首先请您介绍一下两项工程的来龙去脉以及关键技术进展。

郑守仁：葛洲坝工程在三峡工程坝址下游，是三峡工程反调节航运、发电枢纽。葛洲坝工程是毛主席、周总理亲自决策的，把葛洲坝工程作为三峡工程实战准备的一项水利工程。当时的长江水利委员会主任林一山同志提出先建三峡工程，后建葛洲坝工程。因为葛洲坝工程先建的话，三峡工程在葛洲坝水库中，抬高水位20多m，最大水深达60m，会增加三峡工程大坝建设的技术难度。因为大坝、电站厂房均要求在干地施工，需要先修筑围堰，在当时的技术条件下深水围堰难以实施。当然，综合比较后，周总理决定还是先建葛洲坝工程，为三峡工程做必要的准备。

说到葛洲坝工程，首先，在长江上建第一座大坝无经验可循。它距三峡坝址30多公里，二者水文条件基本相同，地质条件却截然不同。葛洲坝是粘土质粉砂岩，也就是软岩，我们称之为“红岩”。软岩中还有泥化夹层。因此，在软岩上建大坝，解决泥化夹层是一个技术难题。为此，科研人员做了大量的实验研究，最后解决了软岩处理技术难题，大坝运行20多年没有发现问题。第二，葛洲坝工程是第一次在长江中筑坝、截流、围堰，截流难度、围堰型式和三峡工程相近。当时面对大流量、高水头截流和深水围堰，我们采取在截流龙口预先抛投“钢架石笼”，形成拦石坎，增强龙口合拢投抛块体的稳定性的技术方案，确保了大

2004年2月，长江水利委员会总工程师、中国工程院院士郑守仁访谈录。

江截流成功,为三峡工程截流提供了依据。第三,就施工技术来讲,二者都是混凝土坝。葛洲坝工程是低混凝土闸坝(最大坝高54m),三峡工程是高混凝土重力坝(最大坝高181m)。葛洲坝工程在混凝土施工技术、温控、混凝土材料特性、土石方开挖、爆破技术等方面给三峡工程提供了实践经验。第四,葛洲坝工程是长江修筑的第一座坝,在大流量泄洪消能、泥沙问题、高水头大型船闸、大型金属结构设计、制造、安装等方面积累了经验,在多方面为三峡工程作了实战准备。

三峡工程是当今世界规模最大的水利水电工程,具有巨大的防洪、发电、通航、供水等综合效益。其突出的特点一是工程规模大,主体建筑物混凝土量达2 790万m^3,土石方开挖达10 300万m^3,金属结构安装25万t;二是大坝混凝土量达1 600万m^3,居世界之冠,坝高181m,不是最高的混凝土重力坝,但大坝泄流孔多、尺寸大,泄洪流量达110 000m^3/s,居世界之首;三是电站厂房安装26台700MW的水轮发电机组,是世界最大的水电站;四是双线五级船闸是当今世界最大的船闸,其结构及输水水力学条件复杂。

三峡工程在岩土科学技术方面的重大进展主要有以下几项:

一是大坝基础缓倾角结构面处理。坝基为花岗岩,抗压强度高达100MPa,但两岸坝基岩体倾向下游的长大裂隙较发育,这些缓倾角结构面构成不利的滑移面,成为坝基深层抗滑稳定的控制滑面。三峡大坝泄洪坝位于河床中部,两岸是坝后厂房,电站厂房基础开挖较低,在大坝下游侧形成70多米高的陡坡岩体,上面是100多米高的混凝土坝,下压岩体有倾向下游的长大缓倾角裂隙构成滑移面,影响坝基深层抗滑稳定。我们采取适当降低坝基岩面高程,并在坝踵处设齿槽;加大坝体上游底宽,将防渗帷幕及排水向上游移,以充分利用坝前水重;在坝基和厂房基础设封闭抽排水系统以降低扬压力;对坝基岩体长大裂隙结构面增设预应力锚索加固等多种综合治理措施。

二是双线五级船闸高边坡。五级船闸总长度1 621m,在左岸临江最高峰坛子岭的左侧山体深切开挖修建,可通过万吨级船队,年通过能力5 000万t。船闸两侧开挖最高边坡达170m,下部为高度45~68m的直立坡,两线船闸之间保留宽46~57m,高45~68m的岩体作为中隔墩,开挖方量达4 025万m^3。为确保长江航运畅通,要求高边坡具有足够的安全性,不能发生任何形式的破坏,边坡岩体的长期变形不得影响船闸闸门运用和闸室结构安全。因此,船闸高边坡处理成为关键技术之一。我国国内岩土工程界著名的专家孙钧院士、葛修润院士和周维垣、张有天、陈祖煜教授等都参与对高边坡岩体的变形分析计算,做了大量科学试验研究工作。我们对船闸高边坡采取了综合治理措施:在船闸两侧边坡山体内布置7层排水洞,在洞内打排水孔,上下层排水孔衔接形成完整的排水幕,以降低边坡山体地下水位;边坡岩石开挖要求控制爆破,采用光面及预裂爆破技术和减震措施,尽量减小对岩体的损伤;边坡加固采用系统锚杆、预应力锚索、高强锚杆及喷混凝土支护等技术。在实施过程中又有许多新技术突破,高边坡处理的效果也比较好,实测边坡岩体变形量较计算值小,并已趋于稳定,不会对船闸闸门运行造成不利影响。对中隔墩岩体稳定性也做了大量研究工作,取得的成果经过了实践验证,在岩石力学理论上也是突破。

三是船闸输水系统。每线船闸两侧各布置输水隧洞(中隔墩为开挖一条隧洞,衬砌后分成两条输水隧洞),在各级船闸均设有工作阀门井及其上下游检修门井,每线共有12个工作阀门井,24个检修门井。输水隧洞总长5 456m,包括16条斜井和72个渐变段(19种断面),最大开挖断面为中隔墩输水隧洞,宽13.5m、高8.5m。竖井总深度2 173m,最大开挖断面为357.68m^2。隧洞及竖井开挖总量达99.6万m^3。输水系统平洞、斜井、竖井纵横相贯,构成庞大的地下洞室群,洞形及断面形式多种,纵坡变化频繁,施工难度大,技术要求高。输水系统水力学通过大量的水工模型试验研究,采取多种措施防止空化。实施过程中,在开挖爆破,衬砌混凝土施工技术方面有创新。船闸试通航运行证明输水系统设计先进、施工质量良好。

四是深水围堰。二期上下游土石围堰最大高度82.5m,堰体施工最大水深60m,为深水土石围堰。围堰基础地形地质条件复杂,上部为淤沙层,下部为砂卵石及残积块球体夹砂层,基岩面起伏差较大,且表层岩体为较强透水带,河床深槽左侧为高差30m、坡角超过80°的陡岩。围堰需在一个枯水期建成度汛,工期紧、强度高、施工难度大,为国内外已建水利水电工程罕见,是三峡工程建设中的重大技术难题之一。我们经过反复论证,采取的围堰型式为两侧石渣及块石体、中间风化砂及砂砾石堰体,塑性混凝土防渗墙上接土工合成材料防渗心墙。位于河床深槽部位堰体中间设两排防渗墙,两墙中心距6m,墙厚1m,墙底嵌入花岗岩弱风化岩石1m,其下接帷幕灌浆。围堰填筑方量达1 032万m^3,且80%堰体为水下抛填,防渗墙面积达8.4万m^2。运行实践证明围堰设计先进、合理,为流水中直接修建土石坝创出了新路,防渗墙结构安全可靠,防渗效果显著。

记　者:三峡库区形成后,地质灾害问题提到议事日程,国家已安排40多亿元资金进行治理。这方面问题的解决能否做到一劳永逸?

郑守仁:在三峡工程论证和初步设计阶段,长江委综合勘测局对库区的滑坡体做了一定的地质工作,并且也提出了处理方案。在整个三峡工程实施过程当中又发现一些滑坡体,因为在论证及初步设计过程中仅对一些大的滑坡体提出了处理方案,而在三峡工程实施过程中,库区城镇的搬迁,新县城建设,大挖大填又出现了新的局部地质问题。国务院领导对三峡库区的地质灾害治理非常重视，责成国土资源部专门组织技术力量进行补充地质、科研工作，并进行了综合整治。一方面对已发现的滑坡体进行治理；另一方面建立监测及预警预报系统，确保库区移民和航道的安全。这是一个动态治理的过程。

记　者：大坝建成后会不会对长江河势造成影响，如上游的泥沙淤积和下游的水流冲刷河床问题等，长此下去是否会造成河流改道？

郑守仁：三峡工程投入运行之后，库区江水流速减小，有些物质会滞留在库区内，会对三峡库区的水质造成影响，为此，国家环保局专门组织了对三峡库区以及上游干支流污染源的治理。对三峡大坝排沙问题，三峡平均含沙量1.2kg/m^3，多年平均输沙量5.2亿吨，近年来输沙量呈减少趋势。三峡水库采取了“蓄清排浑”的方式，汛期降低水位，洪水含沙量也最大，采取泄洪排沙。水库的大部分有效库容，包括防洪库容和调节库容可以长期保留。研究表明，枢纽运行30年及54年后，分别有约30%和60%的悬移质泥沙到达近坝区，在此期间电厂坝前淤积的沙量较少，且无粗沙过水轮发电机问题，不影响电站运行。当水库淤积接近冲淤平衡后，将有85%以上的悬移质泥沙过坝下泄。大坝泄洪深孔较两岸厂房进水口高程低18m，厂前形成漏斗，保护电站进水口，不致大量淤积。三峡水库运行后，库尾泥沙淤积对重庆港和重庆市航道有一定的影响，对此也采取了多种措施；三峡大坝下游由于下泄水流中的泥沙少了，清水下泄将会对下游河床冲刷，就会引起下游河势和航道的变化，荆江河段局部冲深将会影响堤防安全，冲刷的泥沙淤积在航道影响航运畅通，因此，对下游有一个河道整治问题。上游的植树造林，水土保持以及上游金沙江修建梯级水库会减少入库泥沙。下游的河道整治问题要与长江上游水土保持及梯级开发结合起来综合治理。

记　者：现在世界上一些人反对建水库，国际上有一个反坝委员会，他们认为修坝破坏生态环境，移民侵犯人权。我们国家为发展经济，加快了水电事业的发展，特别是西部（像云、贵、川地区），水电建设势头比较猛，技术经济效益是一方面，从长远眼光看，如何考虑对社会和环境的影响？三峡工程对其他工程有哪些借鉴作用？

郑守仁：搞水利工程对生态环境的影响应作综合评估。对三峡工程来说，主要功能是防洪，过去长江每年汛期沿江几百万人上大堤防汛，造成人力、物力浪费，若大堤决口，损失更大，洪灾对生态环境破坏严重。三峡工程防洪效益明显，就是改善了生态环境。三峡工程对生态环境而言，经过大量论证是有利有弊，利大于弊。所以全国人大通过修建三峡工程的决议。我们修建水利工程应注意尽量减小对生态环境的不利因素。另外修水利工程的移民问题，一定要处理好，要切实帮助移民能提高生活水平，从长治久安角度，通过移民把库区贫困人口迁移到其他富裕地区,发展生产致富应该说是件大好事。生态环境问题引起我们国家的高度重视,上一个水利工程要进行环境专项审查,通不过是不能上的。

近年来美国拆了一些水坝,但这些坝现今综合效益是比较差的,而综合效益好的一些大坝,像美国哥伦比亚河上的大古力(Grand Coulee)坝(坝高168m,装机容量649万kW,库容118亿m^3)、科罗拉多河上的胡佛(Hoover)坝(坝高221m,装机容量280万kW,库容393亿m^3)发电量较大,防洪效果显著,都没有拆,这些大坝是要更好的发挥其效益。我们国家经济发展到一定水平的时候,有些坝的效益并不是很明显了,有的到一定时期可能成为病险坝,那就要拆除掉,因此对拆坝要综合分析。

再有,一些发达国家的水电资源已开发90%以上,而我国水电资源只开发20%,发展中国家水电资源开发正处在一个快速发展阶段,我们可以借鉴发达国家在水电资源开发中对环境的影响和经验教训,充分发挥科技的作用,减少水电开发中的不利因素,提高它的综合效益,解决好生态环境和移民问题。水电毕竟是一个洁净的能源,火电的污染要比它大得多,核电由于成本问题不可能搞得很多,所以在我国发展经济奔小康时必须发展水电事业。

记　者:前段时间有报道三峡工程大坝混凝土裂缝的问题。

郑守仁:混凝土坝出现裂缝是比较常见的问题,由于三峡工程影响很大,格外引起人们的关注。三峡工程大坝防止混凝土裂缝主要是防止危害性裂缝,危害性裂缝分为两种:

一种是大坝底部靠近基岩的混凝土裂缝,靠近基岩部分的大坝混凝土受基岩的约束产生的裂缝,可能发展形成贯穿性裂缝,这将影响大坝的整体性,对大坝的安全非常不利。因此,我们在浇筑大坝基础混凝土时非常重视这一问题。

混凝土裂缝主要是由于水泥水化热,引起大体积混凝土内部的温度比较高,而外部气温骤降,就容易产生裂缝,表面浅层裂缝继续发展就会形成贯穿裂缝。三峡工程为了防止这一现象的发生,采取了严格的温控措施:一是采用低温混凝土,办法是先对混凝土的原材料大小石料进行风冷降温处理,再在拌和时加冰,这样就控制拌和出机口混凝土温度为7℃左右;二是夏季浇筑大坝混凝土运输过程当中也应当防止温度的回升;三是在坝体混凝土中埋设冷却水管,通冷水降低混凝土内部温度;四是冬季在大坝上下游面安置保温板,浇筑层面覆盖保温被,防止气温骤降而使混凝土表面产生裂缝。由于采取了综合的温控措施,三峡大坝的基础约束区没有出现贯穿性裂缝。

第二种是大坝上游面裂缝,也就是挡水面出现裂缝,大坝挡水后水会进入裂缝中,形成劈裂作用,使裂缝进一步发展,将会对坝体产生危害。三峡大坝上游面出现了一些裂缝,现在分析主要原因是气温的年变化及冬季的气温骤降,使坝体混凝土内外温差和表面温度偏大所致。三峡大坝泄洪孔洞较多,冬季施工混凝土表面保温了,但孔口未能很好封闭,形成"穿堂风",但因闸门安装施工,孔口封闭比较难,冬季"穿堂风"使孔口周边温度降低,而在大坝上游面两孔口中间出现混凝土裂缝,经检查为表面浅层裂缝,这是我们的教训,虽然提出了要求,但没有认真地去做到,也就违背了科学规律,出现不好的结果。后来我们对大坝上游面浅层裂缝进行了认真地处理,裂缝内进行化学灌浆,孔口凿槽用防渗止水材料封堵,表面粘贴橡皮,再贴防渗材料,最后浇筑钢筋混凝土板保护,有几道保险。

大坝蓄水后通过仪器检测,裂缝处没有任何渗漏现象发生。三峡工程大坝施工过程中,参建各方对施工质量进行跟踪监测。国务院三峡工程建设委员会三峡枢纽工程质量检查专家组对工程质量进行了全过程跟踪检查把关。三峡工程蓄水(135m 水位)、船闸试通航、左岸电站首批机组发电运行证明施工质量是好的。

记　者:三峡工程是一个大的练兵场,也是对施工队伍综合素质的一次考验。

郑守仁:是的。应该说通过三峡工程,为我们国家培养了一大批水利水电工程设计、科研、施工、监理、管理等各方面高素质的队伍,上了一个比较高的台阶。原来有些国家曾断言我们国家没有能力搞这样巨大的水电工程,只能请国外的施工队伍。事实证明我们有这样的能力。

记　者:您 23 岁从华东水利学院毕业后一直奋斗在水利工程的第一线,乌江渡、葛洲坝、隔河岩、三峡……,可以说把自己毕生的青春年华贡献给了我国的水利水电事业,熟悉您的人都为您工作的认真精神和严谨的态度所感动,令见到您的每一个人肃然起敬、钦佩有加。最后特别想请您谈谈个人的一些体验和感受。

郑守仁:水利工程是一个综合性的系统工程。我们搞设计,首先是水文、地质资料做基础,尤其是对地质条件要搞清楚。对于一个大型水利工程来讲,必须弄清楚地质情况,目前主要靠钻孔和勘探平硐,尤其在河床里面的钻孔是有限的,所以在施工过程中,设计及地质人员跟踪非常重要,因为初步设计的地质资料的精度和实际开挖的地质情况存在着差距,跟踪就可以来验证资料中的不足,另外还可以发现一些新的地质问题,以便及时进行处理。在建设过程中,不管是搞设计的还是搞地质的,都要进行跟踪,来解决施工过程中所遇到的各种地质问题,尤其是建筑物基础部分,对水工建筑物的安全尤为重要。象我们搞的葛洲坝、隔河岩、三峡这些工程,从总体上说,因为我们从设计和地质方面都进行了跟踪,即便实施过程中出现了新的地质问题,也可以及时处理,没有留下后遗症,这对保证建筑物的安全运行非常重要。其次，水利工程都有泄流问题，也就是水力学问题，要通过水工模型试验进行科学研究来解决。象三峡工程截流、大坝泄洪消能、泄洪孔体形、船闸输水布置等都经过一系列科学实验，通过水工模型试验来发现一些问题，并研究措施予以解决。设计要依据实验的成果，并注意实验中所发现的问题，结合施工实际等条件，经过综合分析，拟定设计方案。实施过程中对一些关键的问题要反复论证、研究解决，并要严格把关，确保施工质量。

水利水电建设工程中，各个建筑物都会遇到基础处理及岩石边坡问题，地下洞室开挖及支护问题。这些问题影响到施工及运行安全，因此对岩体的变形要进行监测，采取锚固、注浆等措施进行处理，使边坡及洞室岩体稳定。所以，设计、地质和施工应密切结合，共同研究解决施工中的难题，才能防止施工中出现大的边坡塌方、洞室塌方或者由于处理不当造成损失。这是很重要的。

当然工程施工过程中遇到险情能及时处理好，是可以保证施工安全。一旦处理不当，就会造成大的坍塌。我国西部水电工程中所遇到的技术问题就比较复杂，因为那里坝址河床覆盖层较厚，两岸山体陡峻，有的坝址为强地应力区，有一些山体滑坡体，处理技术比较复杂。再一个就是河道狭窄，两岸山体高陡，一般都是搞地下厂房，大坝泄洪还要修泄洪洞，施工导流采用导流隧洞，地下洞室比较多，大跨度的洞室和群洞比较普遍。洞室的开挖支护技术要求比较高。设计、施工技术要有大的发展和突破，难题也就解决的好，会加快工程施工进度、保证施工质量、提高我国水利水电技术水平。另外有这些复杂的大型水利水电工程，对大专院校、科研单位也是一个难得的机遇。因此，总体上我认为水利工程是一个比较复杂的系统工程，需要勘察、设计、施工、科研人员紧密结合，共同攻关解决所遇到的技术难题。

我大学毕业后一直在长江水利委员会工作，一直在水利工程的一线工作，国家的需要也就是我们的责任和义务，我们这一代人都这样。作为一名工程技术人员，能够参加长江上葛洲坝和三峡两个著名的工程建设，参与葛洲坝工程设计，主持两大工程的截流围堰设计和三峡工程技术设计及施工图设计，并能看到葛洲坝、三峡工程发挥效益，是我人生的一大幸事。

● 黄熙龄 小传

1927年4月24日生，岩土工程专家，中国工程院院士，湖北省钟祥县人。1949年毕业于南京中央大学，1959年毕业于莫斯科建筑工程学院，获副博士学位。中国建筑科学研究院研究员、顾问总工程师。

黄熙龄

1962年提出软土地基设计施工的“控制长高比组合单元法”，解决了沿海软土地区房屋大量开裂的问题。该方法编入国家规范沿用至今。

1987年主编的《膨胀土地区建筑规范》，其系统性、技术性均达到国际标准，并解决了国内外膨胀土地区建筑物大量破坏的事故，社会经济效益显著。主编了《建筑地基基础设计规范》、《地基基础设计与计算》等。解决了数十项重大工程复杂地基处理的问题。

1995年当选为中国工程院院士。

黄熙龄院士谈基坑事故

黄熙龄

基坑事故出现的原因是多种多样的,而且是综合的。有市场不规范的问题、工程管理的问题、施工队伍的素质问题、技术上的问题等等。首先是在工程的招标承包上。由于恶性竞争,工程费用压得很低,再经过承包转包之后,最终落实到工程上的建设费用不能满足工程的最低要求。于是在工程建设中不该省的省了,该测的没测,安全措施没有保障。这是一个普遍的问题,不仅出现在基坑方面,其他工程也有。要解决这一问题,不仅需要施工单位,更需要政府部门、建设单位与社会各方面的共同努力。

其次是施工队伍素质普遍偏低。由于目前的建设市场很火爆,处于大发展时期,北京的情况更是如此。这样,很多队伍干过没干过的都要上,不少农民工刚刚放下锄头就进入了工地,事故隐患就已经带进去了。六七十年代,也使用农民工,但培训要求很严,还要培养技术工、熟练工。现在的队伍流动性很大,谁包到工程给谁干,很难保证队伍的专业性、稳定性。

第三是技术人员不下工地的问题。以前技术人员要求整天泡在工地上,随时了解和处理工程中出现的问题。由于岩土工程是隐蔽工程,不确定的因素很多,受周围环境的影响很大,因此更要求技术人员精心管理,提供周密的技术指导。现在的情况不是这样的。技术人员、管理人员与施工人员不能打成一块儿,当管理干部和技术干部的管人的观念强了一点,而服务、指导方面比较差,责任心也不太强。很多事故本来是可以避免的,难度也不大,但事故却很大,这应该引起我们的重视。

现在着重说说老天爷和技术上的问题。

北京地区最近发生的基坑事故比较多,从技术上分析,原因在哪里呢?

有两个因素。一个最大的原因是土钉,这个土钉本来就不太成熟。影响最大的是它理论上不成熟,理论上认为土钉与土结合得很好,但实际上不完全是这样,土钉造成问题的比较多。第二个原因是水。北京的地下水情况比较复杂,而且是很多人为因素造成的。北京的地下管线比较复杂、

2004年3月,中国工程院院士黄熙龄访谈录。

比较乱,也很不清楚。地下管线的水都不知从哪里灌进来的。重建的地方比较多,在这些地区下水管道也搞不清楚,不知水是从哪漏出来的,找也找不着。我们搞基础工程的人最怕水,水一来,我们就得小心了,规范里也要求很严的。

再一个问题就是冻胀。北方的气候比较特殊,冬天比较冷,把土冻胀了,冻胀之后还不裂。它把支护桩脱空,脱空后就吸附不了土了,这是一个方面;更严重的是它鼓出来,等到一融化,冻胀之后它回不去,等于把支护桩脱空了。啪的一下,跨下去了。此外,冻胀之后形成冻渗,造成地面下沉,是边坡的就往外塌。

在春天的时候造成的事故比较多,如北京的冻深是 60 到 80 厘米。北京的很多基坑已经挖开了,但是很多防冻措施搞的不好,甚至没有防冻措施。所以每年的 3、4 月份塌的基坑比较多。

其实这是可以避免的,出现冻胀以后要赶快填,抓紧支护。去年的雨水也多一些,而且冻的时间也比较长。过去冬天是不许施工的,而且挖基坑的时候地下是要用稻草保温的。现在很多单位不这样干,施工企业责任心不够,对于冻胀重视不多,觉得无所谓,问题不大,不相信其危害性,靠经验施工。

• 孙 钧小传

岩土力学、地下结构与隧道工程专家，中国科学院院士。原籍浙江绍兴，生于江苏苏州。1949年毕业于上海交通大学土木工程系，现任同济大学地下建筑工程系资深荣誉教授、校务委员和校学术委员会委员，名誉系主任。另有校内外主要学术兼职十余处。

孙钧院士在工作

孙钧院士在书斋潜心学术研究

在隧道与地下结构学科领域，建立并开拓了新的学科分支——地下结构工程力学（1960）。几十年来，对地下结构粘弹塑性理论、岩土材料流变学和地下防护结构抗爆动力学等子学科前沿进行了系统深入的研究；近20年来，又在城市环境土工学和软科学理论与方法（侧重智能科学）在岩土工程中的应用方面有相当的创新进取。自80年代初起，承担并完成了国家重点科技攻关、自然科学基金以及各种重大工程研究项目40余项，成果应用于生产实际，取得了巨大的技术经济效益。在国内外发表学术论文260余篇、专著8部。不少研究成果居国内领先地位，一些达到了国际先进水平。曾先后获国家和省部级各种奖励17次。作为我国首批博士研究生导师和国家首批重点学科点，结合科学研究培养了博士研究生近80名、出站博士后26名，在学、在站的13名。1960年起，在同济大学主持兴办了国内外第一个“隧道与地下建筑工程”专业。

1991年当选为中国科学院院士（学部委员）。

岩土工程学科的特点与未来的若干创新发展

孙　钧

记　者:孙老师,您是岩土工程学术界的老前辈了,桃李满天下,弟子众多。同济大学以您的名字成立了岩土力学与工程方面的重点学术梯队。您多年来在学术理论和技术研究各方面都取得了丰硕成果,梯队学术气氛活跃,又培养了大批高学历人才。请问,建立学术梯队的指导思想是什么?目前,您的学术梯队在学科建设上取得了哪些创新和进展?你们梯队研究工作的主攻方向有哪些?

孙　钧:感谢您来沪对我的采访。同济大学从1997年开始就成立了校级科学技术研究院,我们是学校第一批组建的院内少数几个学术梯队之一。早先我校只有5~6个梯队,遴选要求比较严格,现在已经有了20多个梯队,还有一些准学术梯队,包括长江学者和特聘教授的梯队等。各个梯队都以本门学科的基础理论或科技应用研究为主,也承担着国家重点建设需要的高科技研究项目。作为全国重点高校和岩土工程重点学科,其科研水平和坚实的后劲,关键就看其基础理论与应用基础方面研究积累的深度和广度。所以,学科建设上对我们的要求是要积极承担国家的纵向研究项目,如863、973和重大、重点的国家基金与科技攻关课题。对此校方也有一些优惠的配套条件。最近,我们刚刚提交了一份这方面的自检评估报告,有30多页,是梯队近5年来学术研究成果较系统的总结。

我的学术梯队主要人员有教授7位(均是博导)、副教授2位,“博士后”10余位;室里的博士生和硕士生就太多了,有近100人吧。这个学术梯队的骨干成员是这样遴选的,总的说来有几个要求:第一,7位教授都是年富力强、与我长期合作共事的,彼此间非常了解,研究工作容易沟通、协调和交流。第二,在研究的大方向上大家是一致的,每个人又还有一些不同的特长,这样就搭配成了一个业务上比较配套齐全的完整班子。其三,他们都是些“能人志士”,拿得出“干货”的高产作家,成果叠出,学

2003年4月,中国科学院孙钧院士访谈录初稿,2009年6月作了修改和补充。

术上孜孜不倦,工作中默默奉献。在我们这里,有搞计算机科学的,有搞岩石力学和土力学及土工的,也有搞地下铁道、隧道和地基加固处理方面的。总的来讲,学科主攻方向都是岩土力学与岩土工程,而以隧道与地下工程为主,也有城市轨道交通、边坡工程、深大基坑、软基抗震方面的人才。先后在研的有两项"863"子项目,即磁悬浮轨道交通的地基处理,包括桩基研究和崇明长江隧道的工程安全性与耐久性;两项上海市重大基建工程项目:"上海国际航运中心洋山深水港区水上堆场地基处理与加固"和"崇明越江通道的技术风险分析与评价"。国家重大项目已经结题的有两项:一项是国家自然科学基金重大项目,研究三峡工程高边坡岩体的稳定性及其长期变形;第二项是由我梯队主持研究的重点基金:受地下工程施工影响的土体扰动及其环境损伤与施工变形预测和控制,是侧重研究地下工程施工中土性和土体力学参数的变异及其对城市环境维护要求的地层沉降控制,已获教育部科技进步一等奖,准备申报国家奖。还有一些有关西部大开发和交通部的"十五"、"十一五"重大科技攻关项目。据统计,现在研究的纵向项目有25项,横向项目大的有7项,其他技术咨询课题等13项,总的经费额度近2 000万元。研究工作要求以重大工程为背景和依托,将工程中涌现出的实际难题提升到理论高度,进而从问题的机理和本质上作深入系统分析,得出的初步成果再要返回到生产实践中去考察和检验,从中进一步发现问题与不足,再反馈修正原先的模型和参数,调整、更改研究方法和步序及其相应的程序软件,使能最终为工程所用。所以,梯队的研究特色是要求坚持理论密切联系实际,研究成果尽早转化为生产力,在火热的生产建设第一线为工程、为建设实践服务。大致上,我们近5年来的研究成果在工程中被采用和已发挥效益的约近70%;也有一些属于高新科技在岩土工程应用方面的探索性研究,譬如:科学计算可视化问题、岩土工程中的数字图像处理技术、采用GIS编录工程数据库和查询库、软科学理论与方法(侧重智能科学)、风险分析与评估以及数字隧道在岩土工程中的开拓和应用等等。我们还搞了一些其他的工程应用技术研究,如:市政和地下管线的非开挖技术(含探地雷达的特殊处理新技术)和岩土与地下工程软件研制与开发等。上海的非开挖技术研究中心就设在我们同济大学。

在这一学科领域,梯队研究的主攻方向有以下几个方面:(1)岩土力学与工程中的非线性科学问题(材料非线性外,还含几何非线性的大变形和大应变)及其数值模拟与仿真。这是一项传统的经典性研究,我们希望能进一步推陈出新,得到一些有创意的成果。(2)岩土体材料的流变时效特征研究(特别对高地应力情况下的软粘土和软岩以及一些节理裂隙发育的隧洞围岩)。我们从70年代后期到现在一直坚持在搞这项研究,把岩土材料视为时变粘弹塑性介质看待,其变形是随时间而增长变化和发展的。曾获国家首批科技学术著作出版基金资助,在1999年底出版过一部约120万字这方面的学术专著。(3)研究城市环境土工学。城市空间拥挤、狭小,现在是“螺蛳壳里做道场”,在市内繁华街区的地下要做许多工程施工,特别是地下铁道和大楼深基坑工程,施工过程中土体要经受反复扰动,土性和土力学参数都要发生变化,过去研究钻取土样时的扰动(如砂性土就更其如此)比较多,现在还要研究施工扰动。譬如说,施工降水会造成土体固结,它的抗剪强度有所提高;而施工中如遇暴雨迳流,土体孔隙水压力升高,其有效应力则降低;施工变形造成土体骨架的弹塑性变形,它就是时效流变,等等。盾构机在土体内推进时超孔隙水压力积聚,盾构推过以后孔隙水压力又逐渐消散,也即土体施工期间的主固结,而工程后期变形还关系到土体的次固结效应,它是软粘土,如上海市区淤泥质粘土,随时间增长发展的流变位移;其他如注浆和回填、夯压等工程措施也都使土性和土工参数起变化。这项研究整体上可称为受施工扰动影响的土力学问题。另外,我们还研究工程施工力学问题。因为地下工程的施工工期比较长,不仅要研究竣工以后的工程力学响应,还要探讨在工程施工过程中岩土体和地下结构物的应力与变形状态随着不同施工阶段、各个不同工况,土体和结构各自力学性状的历时变化。譬如,我们近二年来所承担设计和研究的江苏省润扬长江公路悬索大桥北锚碇基础,它的特大、特深基坑深达50m,地下连续墙还要深嵌入基岩内,共有12道支撑,要研究围护结构和每一道支撑在各层土体开挖、支撑过程中其力学性态的变化,也就是要将研究贯穿整个施工全过程,这项研究成果已获国家科技进步三等奖。“城市环境土工学”不只是研究城市垃圾堆场,还重点研究了各类地下工程施工过程中因土体扰动使周围环境受不利影响而产生的土工损伤(环境土工公害)。譬如,城市地下工程施工中会遇到各种地下管线、道路、民居,还有高架立交桥的基桩、已经建成运营的地铁、要求保护的纪念性建筑物等等,要关注工程施工对它们的不利影响,以及它们可以经受扰动的程度、维护策略与措施。(4)研究软科学的理论和CAE方法在岩土力学与工程中的应用。这方面的内容很多,梯队主要研究人工智能科学在岩土学科的应用。它包括两个方面,一个是专家系统,一个是对人脑的模拟,即进化神经网络与遗传、记忆科学。通过集体的攻关和努力,这方面已有相当的研究成果,已出版了另一部专著:《城市环境土工学及其智能方法研究》。(5)高新科技对岩土专业这一传统学科的更新与改造。岩土工程是土木工程中的一个重要分支,它是一门传统的老学科,当然也可说是一门新兴的边缘学科,看你从哪个角度去看、去对待。传统老学科都迫切需要更新与改造，如何更新和改造呢？这就离不开高科技和新科技。譬如，我们正在做的并已有了一些阶段成果的可视化技术，它是描述三维空间和动态、逼真的可视化，与计算机CAD技术不同，可以让工程人员得到一个适时的、直观而生动的，看得见摸得着的形象性很强的图形、图像成果。此外，研制和开发的同济曙光软件、启明星软件等也在国内有了一定影响，取得了相当的社会效益。最近，我梯队的一位教授在搞复杂岩土工程网络计算，这是一项最新的前沿技术；另一位教授在研究土体颗粒流技术，有了一套世界级的程序软件；还有两位教授开拓了数字地层可视化研究和工程风险分析与评价研究，也都有相当见树，在国内已有一定声望，等等。梯队成员在学术上各具创意特色的研究，使我们有可能合作承担一些工程研究上综合性强的大项目。梯队已结题的项目中，国家和省部、上海市一级的重大、重点项目从投入经费总额上看，占到了73%左右。近年来已先后有7项成果分别获得了国家和省部级奖，在国内外核心期刊和国际学术会议上年发表的论文数都在60篇以上，被国际权威学术机构SCI和EI等检索的文章也就比较多了。

记　者：**您担任过上届国际岩石力学学会副主席和中国国家小组主席以及我国学会的理事长，现仍在国内外多个学术组织中任职。您认为岩土力学与工程学科的发展，其要点与前景展望应该怎样？我们感觉您很注重理论的研究与创新，又善于高度概括和总结，对于岩土工程这类实用性强的学科而言，人们会更看重其实用性，要求能妥善解决好生产实践中的问题。您能把理论与实践结合得这样好，为什么？**

孙　钧：这很不敢当，是过奖了。大家都知道：到了20世纪的后半叶，各相关学科彼此间的融合与渗透是十分突出的。同时，在其结合的交叉点上派生出新的学科分支，而这又往往是一门更具边缘性的新兴学科。这种趋势对岩土力学与工程学科也不例外。岩土工程学科既有丰富的理论内涵，又有很强的工程实用性，它与结构工程一样，都是以传统固体力学为主干支撑的，岩土力学与工程的核心问题是工程地质学和非连续介质力学。但是，如希望岩土工程只依靠经典的力学手段来解决其复杂的具体工程问题，则往往是不可能的，也是不现实的。岩土体介质充满着不确定性（含随机性和模糊性）和不确知性，还有信息不完全性。我校一位教授讲过，岩土工程是三分理论、七分经验和实践。我看，这点现在是这样，一百年以后恐怕也还是如此；但也许又并不尽然：明挖施工的软土地下结构工程，上述情况就会好一些，恐怕算对半开吧。因为，岩土工程从客观上讲，它的岩土材料属性是随机的、离散性很大；从主观上讲，又有很多模糊的参变量，如：计算假定、计算模式、岩土材料本构关系、计算方法，还有测点布置及与施工方案密切有关的许多力学因素等等。这就决定了它只能是：尽管采用了定量的计算分析手段和先进的计算机工具，而得出的却最多只是半定量的、甚至只能是定性的结果。模糊逻辑、灰色预测综合评判等有关的软科学手段用之于这类综合性强而又错综复杂的工程问题应该不失为一种可取的实用方法。我们要不断探索一些“另辟蹊径”的新路子，要求做到“半理论、半经验和实践”，作好工程典型类比分析，使之在量级上和变化规律性上以及得出的正负号上不犯大错；“不求计算精确，而要判断正确”，就是对许多岩土工程这样的“灰箱”问题作出设计、施工正确抉择的基本要求。任何地质详勘，也不能完全揭示岩土地层的奥秘，只有“打开来再看”，也决不能完全严格地按图（纸）索骥，照搬施工，而要随机应变，研究有效的工程预案对策措施；从施工监测资料数据，采用不同方法作出对工程险情的预测、预报与控制，并在高一层次的信息化动态设计施工各方面多做努力，下大工夫。这些才是岩土、地下工程设计及其计算分析研究的特色。

• 钱七虎 小传

1937年10月26日生，防护工程及地下工程专家，中国工程院院士，江苏省昆山市人。

钱七虎院士与王思敬、葛修润合影

钱七虎院士与记者交流

钱七虎院士参与学术讨论

1960年毕业于哈尔滨军事工程学院，1965年毕业于原苏联莫斯科古比雪夫军事工程学院获副博士学位。现任中国人民解放军理工大学教授、总参谋部军事科学技术委员会原副主任、现常委。长期致力于防护工程的教学与研究工作，解决了冲击波作用下的土与结构动力相互作用、防护结构概率设计理论及地质断裂构造对爆炸应力度的影响等一系列重大问题，形成了我国自己的理论体系和计算方法；率先将运筹学及系统工程方法运用于防护工程领域，开创了我军工程兵工程保障及我国人防工程领域的软科学研究；多次参加军事防护工程的重大科技攻关，解决了孔口防护、大跨度防护门、帆布工事、土中浅埋结构等难点的计算与设计问题。多次主持、参加过国家大型工程项目的评审、论证和指导工作，推动了我国城市地下空间开发利用、越江越海隧道建设、国家战略石油地下储备和高放废物地质处置等重大工程的发展。其成果先后获全国科学大会重大科技成果奖和军队及全国人防委科技进步奖一等奖、国家科技进步奖二、三等奖。

1994年当选为中国工程院院士。

岩土工程与我国可持续发展战略

钱七虎

记　者:我国人口众多,土地资源相对比较匮乏,随着经济建设的快速发展和积极的财政政策的实施,我国工业化进程、城镇化建设步伐加快,“西气东输”、“西电东送”、“南水北调”、“青藏铁路”、“三峡工程”相继开工建设,可以说岩土工程迎来了一个大发展时期。那么大发展就可能会出现这样一些问题,大的环境破坏和污染,土地以及其他资源的浪费,回过头来再投资治理。有的生态环境被严重破坏后无法还原。当前,随着人们物质生活的大幅度提高,人们越来越重视生态环境,我国提出了可持续发展战略,为子孙后代造福。您认为如何处理好岩土工程的工程施工建设与可持续发展战略的辩证关系。重大项目的论证过程中应当注意哪几方面问题?尽可能避免大的损失和破坏。

钱七虎:你刚才谈到的这样一个大问题实质就是城镇化、城市建设以及基础设施建设应遵循什么样的指导思想?怎么符合当前可持续发展战略?现在越来越多的人关注这一问题。1992 年联合国第一次在巴西召开全球可持续发展的国家首脑会议,通过了《关于环境与发展的里约热内卢宣言》,把可持续发展作为宏观经济发展战略的一种必然选择,制定了21 世纪议程。最近在南非召开了第二次全球可持续发展的国家首脑会议。1994 年我国编制完成并公布了《中国21 世纪议程》,向世界承诺要实施可持续发展战略。上世纪六、七十年代有一个叫罗马俱乐部的在一个报告中提出了“增长极限”的经济发展观点,现在这一问题越来越紧迫了。过去工业化经济发展模式是依靠大量消耗能源,粗放的排放,因此问题越来越多。如森林、耕地越来越少,气候变化异常,灾害污染增多;如水、大气和土地污染,温室效应,酸雨所引起的海平面上升,南北极冰山缩小,许多的人无新鲜空气呼吸、无清洁的饮用水等。这些问题的中心点在城市,城市消耗的资源、能源最多,排放污染最多。现在提出了城市的可持续化、城市建设可持续发展,如何进行?意见是很多的。拿我们中国来讲,城市化也有许多争论,中央以前曾提出建设小城镇,现在

2003 年1 月,中国工程院院士钱七虎访谈录。

认识上有变化，觉得这一说法不准确，为什么？城镇建设需要基础设施建设，而小城镇基础设施形不成规模，垃圾遍地、水污染及浪费严重。科技界很多同志认为城镇建设必须具备相当规模，至少以县一级为单位，基础设施要跟上。这是一方面。

第二方面就是水资源问题。现在我国北方严重缺水，大家都在盯着南水北调，期望值太大是要落空的，一共要调200亿个立方，这么大的几个区域，西北、华北都要用水。首先是生态用水，然后是生活用水，最后才是经济、工业用水，肯定是不够的。怎么办？要有多种措施。一是污水要处理，合理利用污水，过去是上水道、下水道，现在还要建设中水道，中水道就是污水要回用，整个世界都要用，中国刚开始提出来，用污水单独的一个水道系统来收集、处理、回用，这是可持续发展。二是雨水要充分利用，包括城市降雨。例如瑞士、牙买加和日本把屋顶的降雨在地下收集起来，供绿化和道路清洁用水。以前讲要解决时空分布不均就建水库，水库也有水库的问题。

现在欧美一些人反对建水库，国际上有大坝委员会管修坝、修水库。国际上还有一个反坝委员会不同意建水坝，因为建水库要移民，他们认为是侵犯人权，另外破坏生态环境，他们举了一些例子，反对建阿斯旺水坝、三峡工程，这里面有些人是有政治用意的，但是我们要注意水库建设对生态环境的影响。拿三峡来说，长江的中华鲟要另外找地方了，好多动物也要另外找地方了，因为这里生态变了。现在国外搞地下储水，美国、欧洲利用原来的地下含水构造、地质构造来储水，就是把雨水用打井（叫 ARS 工程）来储水，储水量占他们用水量的百分之二、三十，这是很大的。我们国家现在也在做，比如说，济南原来是泉城，后来没泉了，那么解决问题方法就是储水，储水以后泉又恢复了，北京西山、北山的砾石冲积扇地带也可以储水。

第三个方面就是土地资源要合理利用。现在城市建设以及公路铁路等占用大量土地资源，据统计全国31个特大城市城区实际占地规模在1986～1996年10年间已扩大50.2%，全国非农业建设占用耕地2 963万亩，平均每年占地相当于我国3个中等县的耕地，耕地减少中优质耕地损失十分惊人。中国人均耕地仅有1.44亩，仅为世界人均值4.65亩的31%。耕地资源是一个国家重要战略资源之一，因此城市土地利用要走集约化道路，大的工程项目也要尽可能减少优质耕地的占用量。国务院发了紧急通知，集约化就是土地多重利用，地上地下一起用。

第四个方面就是一些大的岩土项目建设要十分注意保护周围生态环境。我也写过一些文章，做过一些报告，谈到这方面问题。我有些芬兰工程照片，一项公路工程，碰到一座山，不太高，有大片森林，虽然上部很浅，他们搞隧道，从底下通过，为什么？他们讲，地面是动物和植物的桥梁，因为植物的生命是连续的。暗挖的话，上部的生态环境就保护住了。像我们一些工程怎么省钱就怎么干，搞好多高边坡，碰到一座山挖开、炸开，爆破也便宜，人工更便宜，高边坡用锚杆土钉支护，环境遭到破坏。同样城市建高架路，建了高架以后环境会有所影响。例如：波士顿50年代高架路交通设计量为7万5千辆，现在已达25万辆。这样高架路成了停车场，周围的环境受到破坏，地产贬值，所以，现在他们在拆高架路。为什么？环境破坏，污染增加，交通堵塞，资本家就不来投资了，转到旁边新威尔士州，他的税收要损失许多。而拆高架路、修地下高速路，城市空气中CO减少12%，增加了多少绿地，通过计算，在经济上也是合理的。还有一个例子，荷兰的DELFT市，就铁路通过DELFT市究竟采取地上建高架路还是修地下方案，地下施工究竟采取开槽还是TBM工法，在荷兰环境与住房部展开了辩论，他们把对环境的损害用金钱来表达，最后结果采取地下TBM工法地下施工是合理的。往往是高架路一修，周边房地产贬值，而地铁一建周边房地产增值，我们国家常常不把这些环境破坏的经济账计算在内。国外有些国家已经立法，把对社会，即对环境的影响计算在内，北欧一些国家的工程方案已立法，就工程的技术、经济、社会指标来进行比较。改变过去单纯的技术、经济比较的状况。我国商务、技术标就是经济、技术方案比较，而一般都是低价竞标，很少考虑对社会影响。

再如越江工程，应该桥隧建设并举，如净高空只有24m的南京长江大桥以及多米诺骨牌效应导致净高空为24m的芜湖大桥和南京长江二桥的建成，现在连4 000t级船舶在高水期也过不了长江大桥。特别是我们沿海地区台风多，大风大雾一有就不能过桥。日本到26米/秒风速，都有把火车吹到海里的记录，所以规定了桥梁通车的风速极限。香港青马大桥有两个限速，一个是桥面通行一个是桥体内通行的限速。

因为桥的造价比较便宜一点，所以我们国家都喜欢造桥。但是建桥应考虑到航运，我们南京大桥24米高，以前美国的万吨轮加利福尼亚号三十年代到过武汉，现在只能通行4 000吨轮船，丰水期只能3 000吨，像三峡一建，六十年内，泥沙就沉淤在水库内，泥沙冲涮改变了河势，本来你的桥是设计在主航道上，可能到后来就不是主航道了，泥沙流向的改变是有影响的，这里问题很大 。搞工程包括我们岩土工程不能光从技术、经济比较，要技术、经济、社会。我们搞地下岩土工程本质上讲是对环境友好的，但是你对环境影响能不能很小，就应当在包括勘察、设计、施工三个阶段控制对环境的冲击很小。国外就是讲地下勘察要透明化，工程设计要搞的非常清楚，这样就不会地面沉陷或旁边的建筑物开裂。另外，地下水系不能破坏。我们地下搞岩土工程破坏水系的有的是，有的隧道通过断裂构造，方案以排水为主，其结果山上的树都死了，水系破坏了，就像济南不是泉城了一样，这跟工程方案是很有关系的。所以岩土工程本质上是友好的，但是要真正的实现环境友好就要全面考虑。要实行负责任的地质勘察、负责任的设计、负责任的施工，国外提出的设计、施工、勘察一体化其本质就是贯穿信息化技术，就是信息在这几个阶段里互通，能交换、相互作用的。

我们过去评标往往是几个方案进行打分，着重于技术标、商务标，注重技术可行性，投入更经济，国外在可持续发展方面不仅要求技术、经济、还有社会，社会指标就是对社会系统、环境的影响，这样评价才是全面的。如果仅考虑经济标，那就是怎么省怎么干，后患无穷，代价就太大了。因此，在今后城市规划，大型项目论证中一定要把对社会、环境的影响考虑进去，用货币形式表达出来供决策参考。

记　者：以往在人们印象中，高楼大厦、立交桥等是现代化城市的标志，城市建设外延“摊饼”式扩张，多层式环城高架快速路、立交桥等成为一些城市发展的走向。随着发展，人们越来越意识到城市的包袱越背越重，相应的设施不配套，城市的美观及生态环境遭到破坏。特别是生活在钢筋水泥的狭窄空间中人们越来越感到很不舒服，对绿色家园、回归自然的渴望越来越强烈。如何做好城市规划，从长远着眼，做到科学、规范、美观、自然，特别是地下空间的利用与地上空间的结合以及协调关系。避免地下空间这样一次性且不可逆资源的巨大浪费。

钱七虎：国际上，土木工程界的专家预言，十九世纪建桥，二十世纪建高楼，二十一世纪建地下空间。城市建设怎么进行，美国宾西法尼亚大学城市规划的一位高级教授叫哥兰尼，以前来过中国，他对城市的发展有过这样几个观点：第一.城市不能太大，不能无限制扩展，需要紧凑性，即 compact city，为什么要紧凑？这样城市对交通的依赖性会小一些。象北京就太大了，基础设施也就不经济了。城市的文化艺术等服务设施应当更接近市民，如北京大剧院在长安街上，你在五环六环以外来看演出就很费时间；另外，紧凑的城市可以节约土地资源，可以更好地保护历史文化景观。现在北京市面积是新加坡的两倍，这样扩展下去，世界上也少有。第二.交通要到地下去。未来的城市应该是地下城市，首先交通要到地下，这样地面就可以回归自然，空地多了，开敞空间多了，绿地多了，就这么一种观念。钱学森提出要建未来的山水城市，是山水和城市融为一体。山和水都在城市里面，和城市融为一体。

我国现在意识到这样一些问题，在搞大规模绿化，有的领导已经在学习国外经验，搞地下空间。今年北京市市委书记贾庆林亲自批文要搞北京地下空间规划，领导意识是上去了，但是还没有形成法律条文，国外有的国家是有明确的法律规定的。开发地下空间，虽然贵一点，但对环境影响小，污染少，符合当前可持续发展战略。

如今地铁的概念已被接受了，它

不仅高速且大运量地解决了交通问题。我国地下汽车高速路目前还没有,国外如波士顿已经这样做了。我们国家除了地铁以外也应建地下高速路,今年7月份我去上海市,了解到内环已建成高架路,现在提出中环要建高架路,上海的院士让我写个建议,不要建高架路,要建地下路,上海有这样施工水平,TBM盾构机有13台,不断在地下开挖,在建设地下路时是不会影响交通的,这样就比较方便,从可持续发展来看这样也最好。再如污水问题,以前污水是不处理的,将来污水处理应该在地下进行,这就是可持续发展。原来处理仅有百分之几,现在北京市达到百分之十几。国外是什么水平呢?英国处理为100%,美国为89%。现在我们国家流进城市河流的水质百分之八十以上受到污染,一类二类水质已经没有了,特别是苏州河、太湖、云南滇池、松花江都受到严重污染。我国污水处理一般为地面处理,污染周围环境,也没有考虑到污水处理后的利用,地面的土地及周围的土地资源也受到很大影响,不能利用。而新加坡要改造七个地面污水处理厂成三个地下污水处理厂,把地下污水管网连起来,这样节省了大量土地资源。这方面可持续发展的领域很多,包括城市建设的各个方面。如大气,现在做的是改变燃料结构,就是天然气工程,是造福于民的,也是为申办奥运,但是我担心汽车量发展太快,北京小汽车前年是140万辆,今年已达182万辆,四环去年刚通,交通堵塞就很厉害了。我担心到2008年,汽车这样发展下去空气质量无法保证。而且城市北边扩展的太快、太大。一个城市要扩大,基础设施要不断的延伸,工程量非常大。你以为房地产卖掉了,实际上国家在交通基础设施建设上投的钱非常大的。国外几管齐下,搞无汽车日、无汽车周、无汽车区、无汽车街道,总要限制市区汽车,或者是在城市中心区白天收汽车拥挤费,就是不让你的汽车进来,在城市边上搞地下车库,你住在郊外的人开小汽车到城边,停在地下车库,然后转乘地铁,地铁尽量发展的要够用,就是说所有的高楼大厦都能和地铁车站连接起来,国外大宾馆电梯就通到地下去,各处都和地铁连在一起,就是为了可持续发展。

先进国家已将城市地下空间开发引入城市总体规划,并制定了相应的法律,联合国已通过决议,地下空间也是人类一种宝贵的自然资源,应认真规划;地下空间的利用是不可逆的,应尽可能充分利用好;地下空间的利用应制定相应准则、标准和分类。

一般来说,地下空间的资源就是城市总面积乘上开发的深度,再乘上40%的可开发系数,这个量很大。地下空间的利用也可以分层,浅层可进行商业发展,适于居民活动,次浅层搞公共交通,深部建设公用设施,北京市可开发的地下空间将达到19.3亿立方米。大连市地下空间利用有一个规划,地下空间开发资源量5.8亿立方米,可提供建筑面积1.94亿立方米,开发投资也可以多渠道政策引导。如大连火车站广场的地下不夜城14万多平米，主要是台商投资，地下开挖不要钱，政府占20%的股份，就是说你利用我的地下空间无代价开发，地上还可以建两栋6层楼。这十四万多平米地下空间就搞起来了，就是用政策来导向。国外也是这样，你怎么样来引导它往地下就实行政策上的鼓励，因为对环境有好处，中小城市是没有这个概念的，建了许多市民广场、绿化广场，只是地面上的，而且土地浪费十分严重。国外绿化广场下面就是休闲、娱乐、餐饮设施，建的非常好。

上海"十五"要搞200公里地铁，每年搞40公里，北京大概一百多公里，时间可能要长一些。应当结合地铁建设开发地下空间，现在搞地面轻轨和高架轻轨结合起来，国外郊区都是轻轨，城市中心轨道交通要到地下去。我们国内的地铁都在浅层，将来地铁线网发展，主体交叉就很难，而且地铁车站的换乘路程和时间就长了。

记　者：地下空间发展速度这么快，我们的装备、技术水平如何？

钱七虎：对地下空间发展的技术手段的要求在逐步提高。现在我们装备、设备相对落后，所以，我说我们是岩土工程的大国，但还不是岩土工程强国。这个强与弱主要是我们的装备不行，比如地下空间的发展，国外讲要有多少台掘进机，我们的掘进机比国外要落后，掘进机是信息化、机械化、自动化的集成，我们这方面就不行。我们很多掘进机都是进口。如北京、上海、广东多为进口，上海还能造一些盾构如土压平衡的盾构，关键部件是进口的，如刀盘、液压传动机构都是国外进口的，其他地区整套的进来，而且进的同一个牌号。盾构机、掘进机国外来讲都是原型，就是说不同的地质条件要有不同的设计，不应当是照搬的，因为各种盾构机的应用条件不一样，你要改装可以。比如说，秦岭隧道铁道部进口了两台，秦岭隧道花岗岩特别的硬，大概300多兆帕，对掘进机的刀头、钻头磨损特别的厉害，一般的盾构机不行，特别对刀盘的要求很高，如果频繁的更换就要影响效率，所以我们在呼吁，中国到了发展掘进机的最后一次机遇了。我统计了一下，我国21世纪前20年间要建6 000公里的隧道，包括西部大开发的铁路、公路隧道，地铁、地下公用设施、顶管机械及其他西气东输、水电站工程等，一年有300公里的隧道建设量，所以说掘进机的应用空间很大。

去年，我们中国岩石力学与工程学会开了一个掘进机的国际研讨会，国外和我联系很多，要介绍中国市场需求、寻求技术合作。地下空间也一样，加拿大给我寄来了材料，准备开一个国际的地下空间规划讨论会，他们出报告，我们提问题，明年上半年开会。现在国家经贸委重视了这件事，在组织专家研究讨论这个问题。就技术装备而言，国内就是要引进和开发联合起来搞。象电视机引进和开发相结合一样，很快就可以建立自己的市场空间 。我们掘进机从60年代就开始了,搞了一台扔一台,结果就没有搞起来。现在多头引进,开头还是多头竞争,到后来变成无序竞争。本来是抓基本建设促进内需,却把国外的企业救活了许多。我们的产业经济还没有发展足够强大,宋健对这个问题很重视,在大力提知识经济的同时,他呼吁我们还要发展产业经济。我们的机械制造业前几年大量的进口国外的装备,没有利用我们自己的力量发展,这两年又重视了,因为知识经济、信息化是通过原来的产业经济更新换代来实现的。

岩土工程领域若干工程途径的辨证对比思考

钱七虎

党的十六大提出:“发展要有新思路。”这对岩土工程的发展也具有重要的指导意义。岩土工程建设和其他任何工程建设一样,既有利又有弊。利弊的大小、多少随着具体工程实施的地点、时间和条件而变。为了实现同一个工程目的,如果有不同的工程技术途径,必须通过科学论证选择利最多、弊最少的最佳技术途径和工程方案。单一的老思维模式的状况必须改变,应当真正贯彻邓小平的“科学技术要走在前面”的重要思想,不断创新,开拓新思路,不断创造新的技术途径和新的工程方案。特别是在进入新世纪的当今,“可持续发展”已成为世界和我国的主要发展战略,生态环境越来越受到关注。新情况要求新思路,保护生态环境、搞好生态建设已经成为开拓新思路的主要出发点。下面就不同的岩土工程领域,介绍发展的新思路和可供选择的不同技术途径。

1 地表储水和地下储水

在地面建坝修水库历来是人类调节水量的重要技术手段和老思路,用以防洪、灌溉,还可发电和航运。但是,平地出高湖,必然会淹没耕地和村镇,从而动迁居民,引起库区的森林淹没和泥沙淤积以及下游河道冲刷,从而影响生态和环境,包括珍稀动植物。甚至会诱发地震和山体滑坡。对于欧美的“废坝运动”,既要警惕有人别有用心怀有政治目的,又要看到他们“拆除”的大坝实际是拆除那些达到使用寿命、没有存在价值、维修费用高的废坝以及构成潜在威胁的病库,更要看到他们代替建坝修水库储备水资源的科技新思路。

欧美发达国家现在已经基本放弃了修建地表水库来储备水资源的传统做法,而是越来越多地利用地下含水层广阔的空间,建立“水银行”来调节和缓解供水。实践证明,包括地表入侵和井灌的人工补给是一种可行的、费用低廉的解决供水的办法。它一举多得:储备地下水,在水短缺的时候提供水量满足用水需求;控制由于地下水位下降引起的海水入侵和地面沉降;提高地下水位,减少地下水的抽取费用;维持河流的基流;通过土壤中的细菌作用、吸附作用和其他物理、化学作用改善水质;通过处理后的污水入渗来实现污水的循环再利用,以管理不断增加的大量污水;最后也是最重要的是保护了生态环境。

据此,美国实施了“含水层储存恢复(ASR)工程计划。”ASR 是一套补给钻孔,到 1993 年 9 月,美国已运行的 ASR 系统有 18 个,正在建设之中的 ASR 系统有 40 多个。ASR 系统一般比地表水库提供用水的单位费用要节省 50%,有的甚至达 90%。欧洲供水联合会十二个成员国中的十个国家开展了含水层恢复的人工补给工程(AR)或正在规划 AR 工程。瑞典、荷兰和德国的 AR 工程在总供水中所占的份额相当高,分别是 20%、15% 和 10%。在开展 AR 工程的国家和地区,普遍使用的补给方式是在河流两岸的盆地利用河水进行地表入渗补给,一部分 AR 工程的补给源是湖水、运河水、池塘水、地下水和泉水。目前,根据保护生态环境的总方针,增大井灌补给、减少地表入渗补给,重新设计一些入渗系统,以减少地表补给工程对生态环境的影响。荷兰自 50 年代起在沿海人口稠密的城市地区开展大规模的地下水补给工程,其目的是增大供水能力,利用廉价、经过过滤消毒的入渗系统提供卫生可靠的水资源,到 1990 年,地下水人工补给量达到 1.8 亿方/年。同时还有其他目的:改善生态环境(如比利时、荷兰和英国);改善水质(如法国和瑞士);防止海水入侵(如荷兰和希腊)。伦敦使用含水层的人工补给是缓解干旱缺水、满足伦敦用水的重要举措,该工程由新建的 14 口补给井和现有的 9 口补给井组成,提供水资源 90ML/d,不仅提供了供水水源,而且产生了很大的生态价值。在干旱和半干旱的一些中东国家,如约旦、科威特、摩洛哥和以色列,都在开展城市污水经处理后进行地下水补给工程。沙特在其东部地区进行一项全面的利用城市污水进行地下水补给工程的可行性研究,以缓解沙特严重的地下水枯竭。研究结果表明,利用二级处理的污水进行地下水补给,在技术和经济上都是可行的。阿曼从八十年代初,开始进行地下水补给工程,在海岸平原和冲积干谷地区通过地下补给坝截获洪水,进行地下水人工补给。

我国人均水资源量不足 2 300m^3,仅列世界的第 110 位,属于世界 13 个严重贫水国之一。解决缺水问题,不能光靠修坝建水库。过度的地表水开发利用对生态环境的破坏已经很明显。例如,河流上游大量兴建蓄水工程,层层拦截利用地表水,致使河流下游及平原地区地表径流减少,北方许多地区的河道只在丰水年的汛期起着泄洪作用,常年处于干涸状态,变成了污水沟,在华北地区出现了“有河则干,有水则污”的现象。解决缺水问题,也不能眼睛光盯着调水工程,值得重视的是,调水工程的距离越长、规模越大,对生态环境的影响就越加复杂化和综合化。对地下水的利用不能只采不补,我国目前全国各主要城市地下水超采和严重超采现象十分普遍，不仅使地下水位大幅下降，水质变坏，还导致地面下沉和沿海地区的海水入侵的环境问题。此外，我国1/3以上的工业废水和90%以上的生活污水未经处理直接排入江湖，水污染不断恶化。

上述种种情况表明，我国学习先进国家经验、广泛开展地下水补给的地下储水工程十分迫切。尤其需要我国岩土工程、水文地质、给排水工程领域的专家尽早联合开展地下储水工程的全国规划和试点工程的研究。

2 高架路和地下高速路

交通的拥塞、事故和污染是大城市建设的头等难题，曼谷的交通堵塞曾经消耗掉每年35%的GDP。为了解决这一难题，二十世纪，美国、日本的一些城市向空中发展，修建高架路。但是随着可持续发展战略的确定，对生态环境的关注日益突出。高架路虽在缓解交通拥挤方面功不可没，但高架路带来的负面影响越来越被人们认识：噪声、振动和污染的环境影响使得沿线房地产贬值；破坏了城市景观；造成了高架路周围地区的割裂。最甚者，如波士顿的高架大道被认为是严重影响城市经济的增长和生活质量的提高，使生态环境恶化，城市综合竞争力降低。

进入二十世纪九十年代，国外开始陆续停止修建高架路，相反，拆除大城市的高架路，开始了城市高速路的向地下发展的新趋势。首先是美国波士顿，于1994年开始拆除建成于1959年的6车道中央高架大道，代之以在原中央大道下修建一条8－10车道的地下快速路和一条通向机场穿越波士顿港湾的4车道隧道。原大道地面建成林荫大道、绿地和城市开发用地。由于地下高速路内的汽车尾气和烟尘经过空气过滤和处理后再排放，城市的空气质量得到改善，空气中一氧化碳含量降低了12%。2002年，莫斯科为了三环路通过风景优美且拥有众多文物古迹的列福尔地区时，不至破坏其人文景观，决定在36米深地下修建高速路通过该地区，并计划于2003年底通车。日本政府于2003年1月举行新闻发布会，宣布东京外环路改为建设地面下40米的高速路。建设地下高速路无需动迁和征地费用，可以比地面高架路节约建设地下费用20%～30%，工期从15年缩短到8年。由于地下隧道内设置可将汽车尾气中的烟尘和有害物质进行高科技过滤和分解的设施，排出的是无污染空气。原来的东京外环线高架路方案于1966年宣布，但由于沿线居民以噪声和污染严重为由强烈反对，因而于1970年宣布冻结。

我国进入改革开放以后，由于城市化水平和经济的高速发展，广州、上海等特大城市学习香港相继修建高架路以解决交通拥挤的问题。但是随着其弊病的不断明显，一些城市，如广州、深圳等开始反思，开始对高架路说“不”。我国人多地少的国情决定我国很多特大城市，如北京、广州、上海等城市中心区的土地和空间资源严重短缺，道路的供给能力受到严重束缚，不可能再大幅度扩充道路设施。再者，城区内或由于古都风貌保护的原因（北京、西安），或由于历史人文景观的原因（上海、广州），或由于风景地理特色的原因（杭州、苏州），路网很难大幅度扩展。但另一方面，强大的小汽车发展势头，使得私人交通方式在出行构成中比重的持续扩大难以抗拒，在这种情况下，把城市交通问题的解决寄托在“对私人交通问题上亟需出台一套有效的控制和引导政策”上，只能是不解决根本问题的主观愿望，最终会在客观现实发展面前处处碰壁。如果不采取建立在“新思路”基础上的有效措施，我国的特大城市，如北京、广州、上海的交通有可能重蹈泰国曼谷的覆辙。新思路就是建设地下高速路。

城市地下高速路由于其地下封闭式，不受行人和自行车的干扰，不受雨、雪等气候条件的影响，因此车流量大，宽度为14米的三车道通行能力可达到每昼夜8万辆以上。地下高速路由于地面用地少，不需动迁和征地，与地下轨道交通相比，配套设备简单，造价肯定会低。按东京的估算，地下高速路要比地面高架路低20%～30%。地下的封闭环境隔绝了噪声，尾气中的烟尘和有害气体通过高科技的过滤和分解可得到处理，保护城市的大气环境。地下高速路保护了城市的风貌和历史人文景观。最后，地下高速路的修建节省了大量的地面土地，从而为城市的绿化和美化，为实现“人、车”分流，建设有序、宜人和美丽的地面空间创造了有利条件。

3 越江河越海湾通道工程实行“桥、隧”并举

对于江河交通障碍，传统的工程思路是“遇水架桥”，所以“十九世纪是桥的世纪”。但是，随着盾构技术、沉管技术的发展，人类跨越江、河、海湾的技术途径已发展到桥、隧多种工程手段，因此，对于工程方案的确定应科学论证，因地制宜发挥桥梁和隧道的各自优势，总体上把握“桥、隧”并举的指导思想。

交通是一项复杂的系统工程，不能只顾跨越江河、海湾的公、铁交通，而损害穿梭江河、海湾的航运交通，必须统筹兼顾。桥梁由于桥高、桥孔宽度的限制，对航运总要产生影响，长江就是一例。自南京长江大桥建成起，黄金水道的通行能力就从万吨轮船降为4千吨，而撞船、撞桥事故不断发生；我国沿海多台风，很多地区又多雾，大桥易受台风、大雾、雨雪天候条件影响，不能全年通行；而水下隧道则可全天候运营。战时，交通枢纽是敌轰炸的首选目标，桥梁易被发现和命中，斜拉桥和悬索桥一旦索塔被毁，整桥即坍塌，无法维修。而隧道则被发现和毁坏概率相对较低。所以国外的跨越大江河和海湾的通道工程多“桥、隧”并举，如纽约的跨哈得逊河交通，桥10余座，而隧则41座。海湾，如美切什彼克湾、东京湾等海湾的

主航道下都建海底隧道以保证航运。

4 能源储备的地面储存与地下储存

众所周知,能源是一个国家的经济命脉,一旦能源发生危机,将引起社会的严重动荡,经济发展的破坏。从1993年开始,我国已成为石油净进口国,进口量随着经济发展逐年上升。对外国石油供应依赖程度越高,我国原油受国际市场影响程度越深。为应付石油供应中断的突发事件,石油进口大国都制定了应急的石油储备目标,石油储备是稳定供求关系、平抑市场价格、应付突发事件、保障国家石油安全的重要手段。及早建立我国石油储备体系,可以减少经济代价,有利于我国在国际政治、经济角逐中处于主动地位。国外能源(石油、天然气)储存的方式有陆上储罐、海上储罐和地下储存等几种方式。科索沃战争表明,能源储库是敌打击的首选目标,南联盟的陆上储罐几乎被敌全部摧毁。八十年代,我国黄岛陆上石油储罐被雷电击中引起大火,被烧毁殆尽。"9.11"恐怖事件表明:陆上、海上能源储罐易成为恐怖袭击的目标。相对与此,地下能源储库不易被发现和破坏,易于保卫,是一种平时和战时都为安全、稳妥的储存方式,被称为"高度战略安全的储库"。地下储存有岩体(一般为花岗岩)中水封储存和盐岩中溶腔储存。由地质条件决定,前者被北欧诸国采用,后者广泛采用于美、德、法、俄、墨西哥、加拿大。由于盐岩的超低渗透特性与良好的蠕变行为,能够保证储库的密闭性;盐岩的力学性能稳定,能够适应储压的变化;盐岩溶于水的特性使盐岩峒库的施工(溶腔)较为容易和经济。

我国的地下盐岩资源丰富、分布范围广,特别在经济发达的华东沿海地区,如苏北、苏南、淮南、山东等地均有大型盐岩矿层,具有良好的建设地下能源储库的地质条件。地下盐岩储存能源库在我国尚无工程先例。我国只有能源陆上储罐的建设经验,只要真正认真贯彻我党十六大"发展要有新思路"的指导思路,经济、安全的地下能源储库一定能建设起来。

5 高边坡与隧道

"逢山开路",传统的方案或是修盘山路或是炸深槽,于是修建很多边坡,甚至高边坡,其结果破坏了地面植被和森林,断绝了动、植物的联系和活动通道,恶化了生态环境,在暴雨季节还引发了山体滑坡、泥石流。特别是西南地区的植被是原始森林生态系统,而西北地区植被则是脆弱的生态敏感区,一旦破坏,无法替代和恢复。随着工程技术的发展,全断面岩石掘进机的出现,多样化的非开挖技术的成熟,在先进国家边坡工程已严格控制,代之以隧道工程,甚至是浅埋隧道工程,其目的是植被和森林得以保存,生态环境得以保护。

最后,特别应该强调,重大工程的科学论证和工程技术方案比较的指标体系应该"与时俱进"。中国经济高速发展，生态环境不断恶化，原因很多，但重要原因之一是没有真正落实1995年中央提出的“经济增长方式从粗放型向集约型转变”，其中包括工程方案和技术途径中没有把生态效益纳入经济核算。具体说，在效益中没有核算生态效益，在成本中没有核算生态损失。前者导致保护环境的工程受到打击，后者导致破坏环境的工程受到庇护，从而助长、掩盖了很多地区的急功近利的短期行为。重视环境保护的先进国家（如芬兰、荷兰）在上世纪末提出工程方案的论证比较的指标体系应从“技术、经济比较”转变到“技术、经济、环境比较”，国家以此立法。还积极开展“环境效益与损害的货币化研究”，从而使社会的生态意识真正融入到工程中来，这是落实“可持续发展”国策的根本举措，有利于生态补偿，有利于抑制短期行为。不然，急功近利的短期工程行为很难得到制止，长此以往，生态效应对经济效益的冲击将会日益猛烈，甚至使经济效益成为负值。

● 王思敬 小传

工程地质专家，中国工程院院士。1934年12月27日出生于上海市，原籍安徽巢湖市。1963年毕业于前苏联莫斯科地质学院，获副博士学位。中国科学院地质研究所研究员、中国科学院工程地质力学重点实验室学术委员会主任。

王思敬院士

我国著名的工程地质、环境地质和岩体力学专家，在国内外有重要影响。长期致力于水电、矿山、国防和环境工程等方面的科研生产工作，为若干国家重大工程的建设提供了科学依据。对若干重大水电工程进行研究和论证，为解决关键的地质问题提供了依据。对若干大型国防地下工程稳定性做出了论证。在地下核爆炸及工程防护的地质论证方面取得成就。在矿山及环境工程方面也作出了成就。为开拓工程地质力学和环境工程地质新领域，发展工程地质力学理论作出了贡献。

1995年当选为中国工程院院士。

王思敬院士在工作

岩土工程要注重创新和规划

王思敬

记　者:您是岩土工程专家,又是我们杂志主编,很早就想拜访您,请您对我们杂志如何办得更出色,更适合读者的需要,谈一谈您的想法和思路。

王思敬:其实在很多方面你们都已经考虑到了,而且取得了良好的效果,现在我只能从一般情况而言或者就具体问题谈点意见:

第一,我想开辟一个定期的专门栏目或者每期都刊登一篇文章,主要是用来介绍国内较大的岩土工程或者是一组重点工程,或者对某进展中的工程一部分进行报道,不需要很全面很详细,因为全的细的根本写不了,只要能够给大家提供一些较重要的信息,谈一下具体的感受。比如说水布垭水利工程,可以谈一谈当中所涉及的技术问题怎么样?存在的问题有哪些?想通过么方法,如何合理的解决?什么时候开始搞?挑选一些可能是大家都比较关心的问题,要扩展问题的范围,不一定只是搞水利工程所关心的。

第二,每一期都有一个国家确定的重大工程,或者是重大的施工机械设施介绍。比如:对磁悬浮感兴趣,上海已经开始搞了,我们不是研究磁悬浮的,但是,它对地基有什么样的要求?它的基础结构是什么样的结构?技术难点有哪些?上海地基以软土为主,是不是沿线地基都一样?肯定不是,这就需要研究和关注。北京也要搞磁悬浮,北京地震会怎么样?有很多方面的问题与我们岩土工程还是有关系的。有些方面我们不懂,但是大家都很关心。这些热点问题应该有简单的报道,让大家有所了解。一些国家重点工程的岩土工程是很关键的,比如,南水北调和青藏铁路到底有些什么问题要报道,有的甚至于报道一期两期都可以。

还有一个就是技术方法和技术手段问题。技术手段的创新应该是很主要的,不同的设备,它的应用的范围和方法是不同的,我们应该根据不同的地质条件和岩土工程的实际问题,研究新的东西出来。多宣传报道一些好的想法、好的专利,让读者了解岩土工程专业的最新发展是怎么样的。

第三,要关注工程界关心的科学

2002年7月,中国工程院院士王思敬访谈录。

问题,特别是比较共性的一些科学问题,然后对这些科学问题进行筛选,谈一谈,就是类似于专家讲座性质的,也可请一些专家写,岩石的也好,土的也好,地质的也好,工程的也好,要不拘一格,也不要太多,但是要能够把科学问题提出来,将科学问题解决的途径怎么样,现在这个问题已经解决到什么程度,缺什么东西还没研究出来,什么问题还没探索到家等问题进行讨论,通过这样的讨论,引导一下科研方向,但是得注意一定要有根据,能够把深层次的科学问题提上来。现在发现好多人就是往往用新的名词来表达已有的结论,而不是真正发现了一个什么新问题来表达,真正的一个科学问题和科学研究最重要的是要发现,现在的问题是理论太多而发现的太少。我想需要把科学严谨化,我们要科技兴国,要科技为国家的建设为经济发展服务,就需要原始创新,因此要鼓励原始性创新。原始性创新不只是少量数学家、物理学家、科学家的事情。实际上,各个层次,各个方面都有它的原始性创新的问题,都有一个源头的问题,探索的问题。不仅在理论上、科学上是这样,技术上也是这样。技术上的属于技术创新,学术上则是知识创新,建设上有工程创新。我们都知道水电工程,一直是徘徊在重力坝、拱坝和土石坝方面,而现在推出了碾压混凝土坝,面板堆石坝和其他新方式以后,可以说也是水利工程方面的一个创新,因为它提出一个新的思路,跟过去有较多的不同,而且它是建立在现代材料和结构科学基础上,我就觉得它的创意比较新。但是过去发展到空心重力坝,也能算是创新,但是那个创新比原来那个重力坝的创新差了一点,也是一代一代人的创新。再看我们这一代人,我们有什么创新、更大的创新、更源头的创新,不管是工程技术还是科学理论问题,都存在一个创新的问题。

记　者:请您谈一谈工程规划的问题。

王思敬:你们现在可以追踪一下城市地下规划的问题,现在需要主管部门更多的人来关心和重视这个事情,可能过去仅从人防的角度去看,去考虑,其他的谁建大楼,他们考虑的是要不要地下室啊,或者是在改造广场的时候考虑我是不是要地下商店啊,仅此而已。整个北京市地下工程需要整体统筹规划,地下市政设施、交通商务设施等相互衔接、配套合理布局而且要跟地面规划配套。北京在朝阳区建一个什么 CBD,CBD 商住区建设是很现代化的,它们在规划当中,有没有考虑楼底地下空间的开发利用。有没有从北京市整体上的规划来考虑,将来宣传区建在哪儿,鸡鸭鱼肉是在地面储存还是地下储存啊,水是不是用地下水库的水啊,地下的地铁交通线与其他的建筑是不是有干扰啊,如果规划不好,将来为此付出的代价是非常之大的。西方国家已经有经验了,最近德国柏林市中心在进行大规模地下改建。中国中等城市到国外就是大城市,中国 300 万以上人口的城市很多,到欧洲去,100 万人以上的城市很少,中国的这个问题是非常突出的问题。北京地上交通发展很快,搞了三环、四环、五环,反而地下空间没有太大发展,地下空间没有突破,北京的交通是解决不了的。这个问题我想了好久,我们这样考虑的,因为你地上面积再大,要搞住宅区、商业区、办公楼、需要大量绿化区,还有道路等城市设施占地。总之地上空间是有限的,而地下完全可以建立四车道大交通网、水电煤气网等。可以到达城市中的任何地方,地面上没法弄,比如说房子一建就没法弄了,地下虽然没有房子,但是如果不规划好的话,很难想从哪里走就从哪里走。现在不搞好规划,多少年以后再改建代价就更高了,而且到那时再想对地下进行重新规划就更困难了。

最近我写了一篇稿子给今年的岩石力学学会西安会议,我认为岩土工程的新纪元应是面向可持续发展的岩土工程,大有可为。

王梦恕 小传

1938年12月24日生，隧道及地下工程专家，中国工程院院士，河南省温县人。1964年毕业于唐山铁道学院，获硕士学位。中铁隧道集团高级工程师、副总工程师，北京交通大学隧道及地下工程试验研究中心主任、博导、教授。

中共中央总书记胡锦涛接见王梦恕院士

王梦恕与潘家铮、周干峙、钱七虎等九院士到广州，在地铁工地参观

王梦恕院士在查阅资料

开拓了铁路隧道复合衬砌新型结构领域的理论研究，摸清了结构受力特点、机理，确定了施工要点及工艺；

主持并创新大瑶山隧道深孔光面爆破、喷锚支护、监控量测、反馈信息指导设计施工、周边钻孔预注浆等关键技术成果的开发、研究和应用，实现了大断面、大型机械化快速施工，使长大隧道修建技术有了重大创新和突破；

主持双线铁路隧道不稳定地层信息化施工，首次系统地创新了超前支护稳定工作面支护体系的理论分析和应用，创造了新型网构钢拱架支护型式并广泛应用于地下工程；

主持创造了“浅埋暗挖法”修建城市地铁和车站的施工配套技术，为城市地铁及地下工程修建开辟了一条新路；

主持国内多条海底、江河水下隧道的设计、施工研究，多次获得国家、省部级科技进步特等奖、一、二等奖，詹天佑科技大奖、成就奖，人事部科技一等功，第九、十届全国人大代表，政协委员，十一届全国人大代表，培养博士生、研究生近40名。

1990年当选国家有突出贡献中青年专家。

1995年当选为中国工程院院士。

用智慧和真诚书写隧道技术的明天

王梦恕

记　者:您早年将新奥法施工运用到大瑶山隧道施工中,开辟了隧道深孔光面爆破、喷锚技术、隧道复合衬砌支护领域的理论创新,将施工技术从落后国外30年的水平一下提高到80年代的国际水平,成为国内隧道技术发展的第三个里程碑。10项配套技术、42项技术难点达到国际国内的先进水平。你创立了由专家命名的“浅埋暗挖法”,在北京地铁施工中完成了7项技术攻关,为国家节省近亿元投资。现在您又参加了深圳地铁、青藏铁路的工程建设,特别是青藏线的冻土隧道施工,前一段报道风火山隧道贯通,有许多技术难题被攻克。您认为我国隧道技术走过了一条怎样的发展道路,未来发展趋势怎样?

王梦恕:我认为,19世纪是大桥发展最快的世纪,20世纪是高层建筑发展的世纪,21世纪是地下空间作为资源开发的世纪,隧道技术将发展很快。一个是地下开挖,一个是山体开挖,需要特定的技术。早年的铁路隧道施工主要是钻爆法,它经历了三个历程:50年代的钻爆法为第一阶段,如宝鸡到成都的线路就是人工修的,最长的隧道修建长度不能超过2 km,线路展线很长,速度慢,运量小。现在从宝鸡到成都的运量一年不超过900万吨;60~70年代为第二个阶段,也就是小型机械化阶段,用风钻打眼、木支撑,当时隧道修建技术和长度不能超过7km,随着隧道修建长度的增加而线路标准也得到提高,成都到昆明的运量为3 000万吨。一百多年铁路隧道施工都没有摆脱“木支撑,小断面施工,半机械化”,即以人力或小型机械开挖岩体,以木料作为临时支护,再以模筑混凝土代替木支撑的施工工艺。70年代末,隧道施工技术开始进入了第三阶段,那时候国外已采用了新奥法原理进行隧道施工。大瑶山双线铁路隧道长14.3km,正在进行规划,能否顺利建成,争论非常激烈。在部领导、专家的科学论证和敢于创新的思想指导下,在国家领导的大力支持下,决定大胆的科技突破,改变了隧道修建方法。我查阅大量资料后,带领20多位工程技术人员在大瑶山隧道旁的雷公尖隧道实验,后来将实验成

2003年1月,中国工程院院士王梦恕访谈录。

果——深孔光面爆破、锚喷支护和监控量测等成套成果和工艺的实验技术运用到大瑶山隧道建设中，使隧道实现了新型支护型式、大断面安全施工，为大型机械化作业创造了空间，提高了施工进度，工期由八年减少到六年半，施工水平从落后国外30年提高到80年代末的世界水平，被称为我国铁路隧道史的第三个里程碑，也被铁道部和国家评为国家科技进步特等奖。施工方法就是全断面开挖，好的地层一次推进5m，差地层就用正台阶施工，实现月进尺单线单口可以到120m，双线可以到150m。目前铁路选线标准定位是20km才展线，4~5年就可以完工。岩石隧道施工有两种方法；一是掘进机法，另一种是钻爆法。掘进机法快，但造价高。最近铁道部要组织专家开会讨论对乌鞘岭隧道采用什么方法适宜，我的观点是一头钻爆法，一头掘进机法，比较合理。复杂、软弱地层掘进机容易卡在里面，而TBM掘进机是以掘进硬地层为主的，平均速度可高达1 200m/月，软弱地层也可达200m/月。钻爆法通过软地层最多为80 m/月，能不能推广取决于适用条件和环境。就我们国家来看，山岭隧道还是以钻爆法为主，但不排除掘进机的适用范围。我的观点是用小掘进机先钻，再用钻爆法扩大，这样整个钻爆法的速度就会很快，每月可达到400~600m，爆破钻孔利用率可达到100%，这是第一个优点；第二个优点是光面爆破的效果特别的好；第三个是可减震30%左右。

这里要强调的，不准用双护盾掘进机，该设备长径比>1，调方向困难，不能及时支护，易被卡死，造价也高，不能用复合式衬砌，管片、砌块、衬砌造价高，也不能百年寿命，已被否定，今后不再生产这种类型TBM。

软岩和土层隧道施工有盾构法和浅埋暗挖法两种。盾构机多是采用国外的，盾构是方向之一，但是盾构代替不了浅埋暗挖法，浅埋暗挖法在不同的断面都可以用，北京地铁五号线的建设，盾构只占了1/3，而浅埋暗挖法占了2/3。浅埋暗挖法是专门对付软土的，其诞生于一次偶然机会，1986年，北京要修地铁复兴门折返线，其方案为明挖法，也就是“开膛破肚”，不仅投入大，而且拆迁、扰民、污染环境。我把在军都山隧道黄土地层双线暗挖隧道施工的实验情况到地铁公司作了陈述，他们组织专家论证后，采纳了我的方案。我们在实验基础上中标复兴门地铁折返线，我被任命为副指挥长兼总工程师，负责7项复杂技术的攻关任务，带领30多位工程师日夜奋斗在现场，每一道工序反复论证，反复实验，工程一年后完成，为国家节约近亿元的工程投资。我将这项方法总结成三字经，就是“管超前、严注浆、短进尺、强支护、紧封闭、勤量测”一整套的工艺流程。它跟盾构是平行的，谁也代替不了谁，各有各的特点。后来这种方法在申报国家科技进步一等奖时被专家命名为“浅埋暗挖法”。

青藏铁路风火山隧道是世界上最

高、最冷、科研难度最大的,我们隧道中心有60万元的科研费,整个隧道施工费用为每米12万元,施工方案要考虑到机车穿过隧道时热量不能传导给岩体,传导了就会融解,锚杆一律不要,在隧道爆破开挖后,马上做了30cm的模筑衬砌,再铺防水板、无纺布、隔热层,随后再做二次模筑。隧道不设排水沟,基础尽可能做深、做坚固,因为胀缩力引起地层起伏可达1.5m。这里的一些技术达到世界先进水平,独一无二。

现在隧道的修建有几个方法:像山岭隧道的铁路隧道、公路隧道施工的两种方法:钻爆法和掘进机法;地铁的两种方法:浅埋暗挖和盾构法;过江过海又增加了沉埋管段法;这五种方法是地下工程比较常用的方法。

记　者:目前TMB、盾构机发展水平如何,与国外有哪些差距?

王梦恕:国内的TMB生产最大可做到5m直径,且材料不过关、耐久性差、液压系统的漏油很严重。国外的掘进机寿命长、可靠性较好,在施工中不会出现大的问题,规定打多少就是多少。而且国外的掘进机厂很小,就是组装车间,把世界上最好的部件买回来组装、调试。像我们买的掘进机将近16~17个总体部件是国外十几个厂家相互协作制造组装的,国内的国产化也在搞,不是没有力量,而是机械行业有一个大而全的思想,各个厂在做产品的时候都想自己做,谁也不服谁,谁也做不好,这是不行的。我国的掘进机必须从概念上转变,要生产就要以组装为主,要有那种"有饭大家吃、有钱大家赚"的团队合作精神。要发展就要搞本土化,生产掘进机必须以施工单位为主体,施工单位牵头,以工程为背景,不是盲目生产,因为机械的适合地层是不一样的,要有针对性。以前做就是不考虑施工工艺,所以做的都没用,这就需要革新。

记　者:当前盾构和TBM引进有哪些不足?

王梦恕:盲目引进反应出品德问题。盾构机不同于TBM硬岩掘进机。土压平衡式、泥水式盾构在我国地铁应用较多,当前可以国产化。盾构机比TBM易做,目前6.5m直径的加工单位已有4~5个,基本以组装调试,再做一些结构件,造价可省1/3,但我国大轴承加工过不了关,需要引进,经常被卡,制约我国盾构的发展,当前一种盲目追求盾构法的现象很严重,在无水地层、卵石地层、降水沉降不大地层、黄土地层也在应用盾构,出现了不该出现的问题,发展应带动国内产业,而建设方追求先进,怕承担责任,国内产品不用,合理方法不用,让人心痛。没有民族关爱自己同胞的建设实例、设备引进的败家作风相当普遍。

记　者:当今世界科技界认为,发展科技,改善人类生活和环境的出路有两条:一是上天,二是入地。联合国的战略专家讲,在土木工程领域20世纪是高层建筑,21世纪是人类利用地下空间和开发地下资源的世纪。这里有两点,一是为什么说21世纪是利用地下空间的世纪,二是为什么要把隧道及

地下空间看作一种资源去开发?

王梦恕:现在我们城市发展越摊越大,无限的发展下去麻烦会越来越多。我们国家现在面临六大灾难:一是人口,人口现在是每年平均增加1 000万左右;二是环境恶化;第三是土地减少。土地的沙漠化是每年2 000km^2,相当于一个中等的县。所以说21世纪是为争夺资源土地打仗的世纪;第四个就是能源。能源、资源紧张,现在煤、石油、天然气、铀这四大能源都要考虑一个长远储备。像金属之类的能源都在减少,再过15年,43种有色金属会降到6种;第五个是水资源。非常紧张,现在的水资源包括工业用水是人均2 200t,在国际上排在第119位,属于缺水国家,像北京、河北人均不到400t水。我们国家是缺水国家,水本来就紧张,再加上污染,问题就更严重了;第六是气温变暖。六大灾难如果持续下去,土地再减少人口再增多,要上天很贵,而且也没有条件,入地是一个唾手可得的资源,所以要往地下发展。日本提出要把一个日本国变成十个日本国,把地下100m以内的空间全部开发出来,它的地方小开发是可行的。就城市开发讲,北京市怎么变成两个北京市,往地下走完全有可能。城市的规模就这么大,你要发展就只有往地下发展了,这也是国外的一种趋势。美国的地方比我们大,人口又少,但很重视资源保护,大的商场、会议室全在地下。21世纪高层建筑只能作为标志不能再发展了,也是不适于人住。所以说21世纪是地下开发的世纪一点不差,这是科学发展的方向,也是形势所迫。现在各个设计院、施工单位都极力向这个方向发展,国家也开始重视了,再不搞地铁工程、轨道交通,而去盲目的搞私人汽车是绝对错误的,多一个小汽车就多一个资源的浪费、多一个污染源、多一个堵塞源、多一个事故源。现在轨道运输是方向,应尽快建成地铁网,所以我们隧道中心是把地下工程的利用作为一个主要的方向来研究。地铁成网包括地下商业街、地下仓库等。我到深圳进行地下资源规划:地下0~5m为管道设备层,所有管道全部进入地下共同沟,而且维修检查方便。5~20m是交通层,20m以下就是仓库包括储水。北京为什么缺水?因为上面全部被混凝土给盖住了,水本来是要入地需要补给的,现在全通过水沟排走了。对城市的规划问题,要考虑到水的循环平衡,不这样将来是要倒霉的。如新加坡现在就是全国土地硬化,严重的缺水,这就是违背了自然的规律所造成。现在要求城市的绿化面积要达到40%以上,就是要求水能下去,现在北京市已开始重视,水位有所回升,天然水已经能补进去了,这是很重要的。修地铁,水的保护也很重要的,水不能随便的损坏。这也是浅埋暗挖法和盾构法首要解决的问题。就整个山岭隧道的发展来看,原来以排为主的隧道都改成以堵为主的隧道,这是方向,虽然造价高但也要执行,因为有利于环境,整个思想就是保证质量、百年大计,这是要遵循的原则。如世纪坛的位置正处于交通要道，位置选错了，整个的结构形式也不好看、不协调，基本建设是要注意这些问题的。另外，从科学发展观来评价：要合理工期、合理造价、合理合同、合理方案的确定，这四个方法是衡量工作优良的标准。地下工程比地上工程要麻烦且也不好拆除，是一次性的资源，要建设好，要利用好，要给后代留下遗产。

记　者：您在60年代研究生毕业后就到了生产一线一直至今，年轻时代就参加了我国第一条地下铁路北京地铁建设，一直搞隧道的科技研究，现在岩土行业发展很快，新的理论技术层出不穷，有争议的也很多。您认为做为一个工程学科的专家学者，怎样才能做到理论、技术开发与实践相结合？

王梦恕：我们的教育现在有些导向错误，理论与实践相脱节。我觉得搞土木的搞工程不跟实际结合是行不通的。今年，我对研究生说，培养你们第一个是素质教育，必须有忧国忧民的思想、爱国的精神以及对社会的责任感。培养学生要有这个观点，就是必须要把素质教育放在第一位。第二是能力教育。现在有理论没有解决实际问题的能力是不行的，是衡量能力的大小的主要条件，有些教师、学生的理论知识很高，但到现场解决不了问题，这种人是没用的。目前一些部门把理论提的很高，只抓理论教育，理论能不能用不管，这是值得考虑的。我要求研究生的论文题目必须是在现场，现场的难题作为你的题目，不允许你在书本里随便的找一个模式来做，这是好看不好用的。当前的浮躁现象很严重，科学技术是我国的发动机，我们国家现在是农业经济、工业经济时代，好多问题还没有解决，大谈我国已进入知识经济的年代，并属于工业经济、农业经济的论断是错误的。将有志之人才都导向知识经济领域，不愿到第一线暨国家生命线上，出现了上学经济、医疗经济，形成了上学难、就医难、就业难，再加上住房难，四座大山，把老百姓压的快喘不过气的严重状态，这对和谐社会影响很大。大叫跨越、与时共进，这种跨越好几个阶段的提法使许多年轻人都去搞科技尖端信息产业，这就是导向问题，实际上是把最基础的工业经济、农业经济忽略了，是不对的。工业经济、农业经济的问题很多，许多的重型机械厂都没有饭吃，这方面更需要人才、需要创新。要研究的问题太多了。

科技界的浮夸风是存在的，这实际上害了一批年轻人。我要求的是群体作战，发挥联合作战的精神。培养学生就是要有团队精神，要有帅才精神，要能团结别人一起工作的，现在的科技发展绝对不是一个人能够干成的。如果教育界不整顿，学生质量是要出问题的。

记　者：中铁隧道集团公司始终坚持“设计、施工、科研、制造”四位一体的发展思想，这是理论与实践的结果，它的内涵是什么？

王梦恕：这是我提出的。原来是三位一体就是“设计、施工、科研”，因为地下工程的不定因素很多，所以第一次设计是预设计，第二次设计必须和现场结合，根据现场的情况进行信息化设计，这就是设计和施工紧密相结合。设计和施工加上科研，地下工程的不定因素很多、地下工程的作业空间不大，地下工程又是整个工程的控制工程，需要研究的问题多了，隧道现在加制造是因为土木工程的发展离不开机械、仪器，需要结合。隧道快速施工的出路在于机械化。像掘进机没有施工单位提供地质参数，掘进机是没有办法做的，必须相结合才能产生出好的东西，所以讲机械设备必须结合“设计、施工、科研”才行。隧道局就是在结合的基础上提高工程进度、增加效益的，这也是地下工程的特点，是地下工程非常关键的问题，因为地下空间不一样，机械设备要求也不一样，所以需要自己研制新设备为它服务。

记　者：我看过您的一些资料，其中最深的一点就是“敢为天下先”，敢于突破传统，这要冒巨大的风险。这个“敢”字不是盲目的，更不是谁都可以的。这里需要扎实的理论功底和丰富的经验积累。就这一点请您谈点个人体会？

王梦恕：我学隧道专业是出于一种责任感，大学期间到成昆线实习，第二天隧道里就发生了大塌方，砸死了8个人，一个留学生的腿被砸断了，当时工艺非常落后，我的心被深深地震撼了，我认为一个年轻人应该为国家作一些贡献。通过大学5年、研究生3年的学习，我的理论知识很扎实。当时像我们这样的研究生在全国很少，64年毕业以后，全校才有十几个人。我愿意到下面去锻炼实践一下，理论必须要跟现场结合，这也是出于一种责任心。我被分配到北京地铁局机关施工处进行设计图纸的审核工作时，及时纠正了隧道内净空确定只考虑施工误差未考虑贯通误差的重大设计错误，并拿出了数据，3万张图纸全部作废，工期延迟3个月。这件事提醒我考虑问题必须要认真。别人对我的评价就是“天马行空、我行我素”，认为这是我最大的缺点，但我认为这是我在科研上最大的一个成功因素。65年要搞实验段，许多的人都持反对意见，但我还是搞了。我就是愿意去多学习、多掌握知识，我也搞了各种的机械设计，许多测试仪器就是我设计出来的。我既掌握了土木知识又掌握了机电知识，在冒风险的同时是需要有过硬功底的，人的一生是要找机会拼搏。如北京搞地铁准备大开挖，我找到总公司领导反复做工作，请他们到我做暗挖大跨实验的现场去，看完后决定采用我的方案。再如黄土段做实验，别人不敢去我去了，后来发生了塌方，其原因是支护钢拱架未到，工人自行开挖的结果，这不是技术问题，最后还是成功了。浅埋暗挖法为什么能搞成呢？就是敢字当头。如量测作为隧道的主要工序和安全检测的手段，我们科研所专门组织了一个量测队免费量测，这样取得的第一手数据才有说服力，反过来又可以指导我们的科技和生产实践。要找机遇不是等机遇。**我**

的格言是“物我两忘、荣辱不惊”,这样才能把事情做好,只要看准了,我就会去把它做到底,所以大家认为我很强硬。机会并不是领导派给你的,是需要你在生活中找寻的,找自己拼搏的地方、找自己拼搏的内容,光想安逸是不行的。我搞了许多个第一,如第一条地铁隧道、第一个大瑶山隧道试验段、第一个浅埋暗挖法、第一个压缩混凝土盾构生产、第一个门架台车国产化等等。我个人的性格是不服输能淡泊名利能团结人。另外,理论和实践的结合是非常重要的,实践出真知,艰苦出毅力,毅力出成果。

• 张在明 小传

1942年7月4日生，岩土工程与工程勘察专家，中国工程院院士。出生于云南省昆明市，原籍河南省济源市。

张在明院士在工作

张在明院士在工作

1965年毕业于北京工业大学，后在美国和加拿大做访问学者多年，曾任北京市勘察设计研究院总工程师，现任首席顾问总工程师，北京工业大学双聘教授。

从事工程勘察和岩土工程专业生产和研究工作，负责重大工程勘察和岩土工程项目的策划、实施与审定。主持的重大项目在百项以上。

研究工作有：工程评价与数值分析、计算机应用、土的动力特性与地震反应分析、地下水非饱和渗流、主持全国行业技术发展要点制定等。

国家勘察大师，北京市有突出贡献专家，获北京市五一劳动奖章；获国家级优秀工程金奖6项，优秀软件奖1项，部市级优秀工程奖13项，部市级科技进步奖11项；出版专著2本和译著2本；在国内外发表论文100余篇。

2003年当选中国工程院院士。

人才资源与行业发展形势

张在明

记　者：请您谈一下岩土工程行业的发展与人才资源问题。

张在明：首先，我要说，你们问了一个带有根本性的大问题。我做了一辈子的技术人员，只能从技术发展的层面看问题、回答问题，显然不全面。另外，行业发展与人才资源都是很复杂的问题，即便是技术层面，人们还可能从不同角度去看，对于短期效应和长期效应的看法，也不尽相同，所谓"横看成岭侧成峰，远近高低各不同"，下面的看法，仅仅一家之言，不对的地方，请大家批评。有争论不是坏事。

我们岩土工程行业正处在一个关键时期，既有挑战又有机遇，有的同行意识到了，有的同行并没有完全意识到。

可以把当前的机遇和挑战归纳成三个方面：一是企业的转制与改革；二是专业定位或者业务的定位；三是把握技术发展方向，发展企业的技术比较优势。之所以把这三个方面称为当前的机遇和挑战，是因为正是在上述方面，我们遇到了前所未有的新情况和新问题。形象一点说，走到了岔路口。对于每一个单位来说，需要选择走哪一条路，需要进行明确的，甚至带有战略性的决策。

关于企业的转制与改革，我自己没有做任何调查，因而没有发言权。既然涉及今天的题目，我想有一点肯定对的，那就是，成功的改制一定会促进单位的发展和单位人才资源的积累和发挥。

岩土工程行业的现状，我国和国际上的情况不完全一样，国际上岩土工程这个专业在不断的深化和外延，而我们国家却由于市场竞争激烈而导致行业效益下滑。我国市场虽然大，由于队伍过于庞大，僧多粥少，竞争仍然很激烈，导致市场不规范，常常出现"优汰劣胜"的反常情况。值得注意的一种情况是，由于各单位新一代技术人才不断成长，每年又有大量的博士生、硕士生和本科生补充进来，市场上的人才密度比过去大有提高，在现有机制下，他们的能力难以充分发挥，这是关乎行业发展的大事。

解决市场卖方密度过大可能有两种办法：其一是在业务范围不变的前

2005 年 6 月，中国工程院院士张在明访谈录。

提下通过执业资质制度、咨询与劳务剥离等办法进行调整。再消极一点的办法就是裁员或淘汰。但从我们国情看,裁员的可能性不是很大;其二,是比较积极的办法,就是扩大市场领域范围、降低密度。这不仅是解决市场密度的权宜之计,也符合国际岩土工程的发展趋势。

为了说明这个问题,我们不妨对两个关于“岩土工程”的定义做一个比较。一个是上世纪七十年代到八十年代我国老一代专家的定义,见于我国的大百科全书。这个定义是:岩土工程是“以工程地质学、土力学、岩石力学及地基基础工程学为理论基础,以解决和处理在建设过程中出现的所有与岩体和土体有关的工程技术问题的新的专业学科。在该学科理论和实践中,强调地质与工程的紧密结合,属于土木工程范畴”。关于这个定义,我想说两点。第一是这个定义十分重要,重要意义在于它第一次在我国界定了我们专业内涵、外延和工作内容。它对我国从工程勘察体制向岩土工程体制的转变起到指导作用;第二是这个定义十分聪明。定义说,岩土工程的工作对象是建设工程中出现的“所有与岩体和土体有关的工程技术问题”。这个对工作对象、工作边界的定义,显然具有某种模糊性和可扩张性,体现了定义者在当时对学科动态与发展留下的余地。这个思想,在下面的定义中得到了呼应和印证。

这里说的第二个定义是4年前,我在《Ground Engineering》杂志上看到一篇专门对岩土工程进行定义的文章(Anon, 1999)。该文对岩土工程定义是(为了避免翻译错误,特用原文,现在我们的工程师们大多看英文已经不成问题。下面一些引用的材料,也这样处理):“Geotechnical engineering is the application of the sciences of soil mechanics and rock mechanics, engineering geology and other related disciplines to civil engineering construction, the extractive industries and the preservation and enhancement of the environment”。定义明确指出岩土工程在建筑、采矿业和环境工程中的作用。文章解释说,由于所有的结构工程,不是建于岩土之上,便是建于岩土介质之中,所以岩土工程在土木工程中无疑起到关键性的作用。岩土工程同时也是采矿业,包括无论是露采还是地下采掘。在人类抵御突发性自然灾害,如地震和滑坡的斗争中,岩土工程也发挥着重要的作用。这个最近的定义,可以看成当初对上述学科发展留下余地的诠释和补充。

为什么说我们的行业既有挑战又有机遇呢?因为从上面的定义看,扩大市场业务的领域与范围正是我们岩土工程行业当今在国际上的一个发展趋势,这个趋势是否符合我国的国情,或者我们是否有必要投入力量去研究、去决策、去准备,的确是我们面临的一种抉择。我曾经请教过国外的同行,岩土工程为什么出现了这样的趋势,出现了所谓的“环境岩土工程(Geoenviromental Enineering)”和“岩土地震工程(Geotechnical Earthquake Engineering)”领域、组织、网站,他们的回答归纳起来,大体上是两个需求－市场(marketing)、顾客(clints)的需求和一个能力(ability)。也就是说,市场有这样的需求,我们有这样的业务能力,为什么不去做。

在市场经济条件下,市场的需求永远是行业发展的改造的发动机和导向器。对于“市场学”和市场需求趋势,自己是彻底的外行,不敢随便评说。不过从大的格局看,生产力的发展,一方面提高了人类的生活水平和对生活品质的更高要求;另一方面,也加剧了人类对生态环境的干扰破坏能力。这样一个根本矛盾的解决,肯定与我们的专业发展有关。比如所谓“城市固体废弃物(MSW)”的卫生填埋问题,在世界范围内已经形成了巨大市场。垃圾填埋场的选址、衬砌、稳定性分析、淋滤液的收集和污染运移分析、填埋的覆盖和再利用等等问题,都包含着对岩土工程知识和工程技术的机遇和挑战。

专业的发展,一个是纵向的加深,一个是横向的扩展。后者将促使某些分支学科的形成和不断成熟,形成学科的交叉。这种趋势在环境领域和抵御自然灾害、特别是突发灾害的领域尤为明显。王思敬院士就曾经在《共同的价值——论地质与岩土工程学科的合作》一文中提到过,“这种趋势,大概是一种社会发展的规律。它不以人们的意志为转移,但受到人们认识水平的制约”。我的理解是,边界的模糊与交叉,这是学科发展的客观规律,它不会以人的意志为转移。

面对这样明显的趋势,为什么还要研究国情的适宜性问题?这里面确实有是否可行和何时可行的问题,后者是时机问题。

首先是我国现有的行政条块分割体制,在市场的准入、游戏规则、甚至技术标准、工程的方法与理念等方面的痕迹根深蒂固。对于这一障碍,也许可以报谨慎乐观的态度。随着我国进入WTO,这些问题有可能得到逐步解决。目前有些岩土工程单位,已经取得了一些有关的资质,获得了市场的准入,尽管很困难,但万事开头难,我们还需要通过各种渠道,努力解决问题。

事情的另一面,是上面说的能力问题。能力问题,说到底,是人才问题。我们现在人才有局限性。

为什么会成这样?我们来分析几个背景。

首先,我们的行业的发端,也就是工作的定位就和西方不一样。西方是以咨询为核心发端的,从20年代开始,从事咨询的人首先跨入并创造了这个领域,20世纪无论是Terzaghi还是Arthur Casagrande以及其他人之所以从事岩土工程行业(当时叫做土力学与基础工程),是由于在做土木工程当中发现了有关土和基础工程的问题,需要用不同于一般土木工程的理论和方法专门研究,从而形成了一个学科,以咨询为核心发端,形成工作体系。我们国家学习当时的苏联,是以一种“线性”的形式发端的，二战以后，苏联进入了大规模的恢复建设时期，形成了“勘察－设计－施工”的工作体系或者叫工作链，勘察是为设计服务，设计是为施工服务，勘察更多的是提供基础资料。发端的不同，形成了我们在专业定位、工作方法和理念上都不一样。这就是我们行业的基因和西方不一样，造成了现在的局面，自然会影响人才的知识结构和工程处理能力。因此你要想把事情做大，把专业做大，当务之急的问题就是培养人才。将来岩土工程很多，机会很多，就看你有没有能力做。

与此有关的，另一方面的背景，是规范体系不同。一本岩土工程规范大体有三方面的元素构成，即基本原理(fundamental principles)、应用规则(application rules)和工程数据(engineering parameters)。先进国家或者经济联合体的规范，基本上都是强调对基本原理的把握；应用规则是对基本原则的实施说明，至多是推荐一些公认公式，与一般教科书没有大的出入；很少向规范使用者提供具体的工程参数取值。我们国家从50年代起，开始大规模的经济基本建设，要建设146个大项目。那时候的勘察工程师们都是从其他行业转过来的，或者是刚刚毕业的大学生、中专生们，理论准备和经验准备都不足。为了在全国不同的地区用同一方式处理工程问题，不出大的差错，需要统一的、具体的规范，也就是要有统一的具体的参数规定的拐棍。这样做的优点是在这样大的国土上，勘察工程师们都是按着这样严格统一的标准工作，不至于因为个人判断的错误和处理失当，造成大的问题。我们应该充分肯定它在当时，甚至目前的积极作用；但这种做法是有短处的。它的根本缺点就是这种类型的规范本身就不符合岩土工程规律，因为岩土工程是很讲究工程判断的。在这种规范体制下，不论水平高低，大家都在统一的、具体的规定之下运转工作，长期形成了一种惯性，这种惯性使我们在向新的领域迈进时就没有了创新动力。加上我国现行的岩土工程规程、规范明显受到行政体系变化的影响，又囿于过去技术队伍构成的客观要求，所带来得某些特征可能并不反映岩土工程本身所固有的特点，体系也过于庞杂，因而不利于技术的进一步发展和人员素质的提高，难于满足明天发展的需要。

第三方面的背景是，我们国家过去行政条块的分割，也限制了工程师自身的发展及能力的提高。打个比方，常做建筑的岩土工程师可能对路桥不会太清楚；做路桥的对水利工程不会太清楚，更不要说向相关的领域开拓和发展了。

由于我们行业的发端、工作的定位及方法、我们的工作领域造成我们的从业人员以及单位在过去的这些年对行业发展的方方面面不适应。不仅是没有市场的问题，即便条块分割打破了有些工程我们也不一定会做。现在有眼光的单位已开始注重岩土各专业人才的引入与培养。

与人才资源开发有关的一个方面,是理论和经验关系上存在认识误区。这一点不仅是对老工程师说的,也是对年青工程师说的。岩土工程是强调经验判断或者工程判断的专业学科,这是毫无疑问的。国外从太沙基开始,他们不太赞成纯理论,强调岩土工程要注重实践,我在美国加州伯克利大学学习时,希德(H. B. Seed)教授告诉我们:岩土工程师不要怕把你的双手弄脏,要注重实践。加拿大的规范编写人 Green 和 Becker(后者是该国主要规范的起草人)讲,我们一向反对将现场的数据经过统计直接用在工程上,更反对将现场的数据经过统计后如何使用作出硬性规定。他讲:"可以认为,对于特定场地地层的钻探、土与岩石岩性的认定,以及由此选取设计参数,实际上并不是一种精确的科学,而是一种'技艺'(这一提法源于 Terzaghi,此处原文是'art',此前许多人将其译为'艺术',我认为'技艺'更贴切)。在许多情况下,在很大程度上需要由经验得到的工程判断(engineering judgment)来解释现场勘察的结果,并获得用于设计的代表性数据。"……"从来没有规范对如何从现场勘探数据选定代表性的岩土工程参数做出硬性规定,也许这样的规定本身就是不合适的。许多加拿大和美国的岩土工程师反对在规范中规定选择用于设计的代表岩土工程参数的做法。"……还有一段话可能代表了许多岩土工程师的看法,将原文引在下面:"Data for geotechnical design are site specified. any statistics tend to pertain one site or to one engineered material. There is not a material history from which various statistics can easily be developed. ……"。作者的结论是:"从勘察得到的数据选择设计参数的方法不是一成不变的。"应该说,上面这些看法反映了岩土工程的客观规律。我们国家的工程师看人家强调实践,就觉得他们轻视理论,我觉得这是一个误区。他们并不是不注重理论,而是他们有着深厚的理论功底才能这样做。打个不很恰当的比方,我们看到毕加索和凡高抽象派和印象派的大作时,不要忘记了他们具有厚实的素描功底,我们国家的这一认识误区不打破是不行的,这就对工程师的理论水平提出了更高的要求。针对我国现阶段的国情和工程师队伍的现状,很有必要强调理论的重要性。那么,这里就有一个概念:什么是经验?我觉得这样一个定义也许是合适的,即经验是对工程中岩土的实际反应性状与理论预测差异的定性的或量化的积累,并且掌握了这种差异发生的原因和规律性。如果这个对经验的看法还有一定的道理,那么,经验不是不要理论的,经验里包涵着理论的根基。经验之果必须生长在理论之树上,为什么这么说?这个树是根基,树的枝杈,即理论体系是清楚的。如果在理论的基础上你再有经验,那么这个经验是系统的经验、理性的经验,是完整的并且是有生命力的经验。没有理论的经验是一筐摘下的桃子,当时可能有点用处,但没有系统,时间长了可能烂掉。刘建航院士就一直倡导以理论为导向,通过实践来定量,最后用经验去判断。

另外,岩土工程的工作方式、方法也在变化。实际上我们不排除直观经验的判断,譬如对土质的判断。香港规范规定四种工作方式:一、依赖直观经验的工程判断;二、依赖与原位测试结果建立的半经验统计关系,这是比较直观的办法;三、基于土力学和岩体力学一般理论的理性方法;四、先进的分析(或数值分析)技术。最近我看了有一人在美国讲课的资料,他很同意上述观点。目前我们多数单位还停留在前两种方法基础上。

我们国家建设在速度和规模上发展如此之快,使岩土工程师不断面临新的课题,备感压力巨大。这种压力的来源之一,是岩土工程与其他工程类别相比较,具有独特的性质:其一我们面临的课题往往并不是经过我们自己思虑、分析和设计某种产品,而是建设中遇到的我们必须解决的难题;其二我们利用的材料又是天然的、性质复杂的岩土。正像 Terzaghi 在 60 年前指出的,无论天然的土层结构怎样复杂,也无论我们的知识与土的客观性状之间存在多么大的差距,我们还得利用我们的知识,在合理造价的前提下,为土木结构和地基基础问题寻求满意的答案。这就决定了我们的工作要具备上述四种方法。基于以上分析,可以说经验和理论的关系是一个重要的问题,如果认识不清就影响我们行业技术进步,影响青年工程师们对努力方向的判断。

今天的工程规模要求我们具备以上这些本事,并且去掌握比较先进的手段。这些,不仅是今天的竞争力的体现,也是明天发展的本钱。

记　者:如何做好当前工作,并为明天的工作做好准备?

张在明:我们必需清醒的认识到我们现在工作和过去有着五个不同之处:一是工程规模和类型的不同(地下工程、超高层的建筑、大型的桥梁等),工程规模巨大(三峡工程),工程类型复杂;二是行业、条块界限的逐步淡化和国外的进入,有可能承接不同类型的任务,有些可能是我们过去不很熟悉的;三是规范体系和构成已经出现了变化的趋势;四是业务范围已经突破了传统的勘察,咨询要求提高,分析的力度需要加大;五是向环境岩土工程、岩土地震工程等方面的扩展。这样就对工程师和单位技术资源提出了更高的要求。

因此,我认为作为岩土工程单位和执业人员应该具备二个层次的条件:第一层次,在重视实践的前提下,每个工程师都要熟悉我们专业的基本道理,理论基础要扎实。重视实践,要求我们对生产过程的每一个环节,钻探、取土、原位测试、室内试验、检验监测、报告编写等等,要下死工夫,不仅要知其然,而且要知其所以然。同时,要通过实践和学习,把对岩土材料的感性认知逐渐上升到理性的层面。对这一体系的掌握,我们单位历来就非常强调;第二层次,每个单位不仅要适应前面说的几个变化,还要在非传统领域扩展,最好能有三个方面的专家群带队。第一个是工程分析的专家群,这个专家群可以做一般的工程分析,可以依赖于土力学、岩石力学一般性原理进行工程分析,以及比较先进的线性、非线性、弹塑性等数值分析。同时,还要了解国内外本专业和相邻专业计算机软件和大型商业程序的发展动向;第二个是试验与测试的专家群。现在的实验和测试和过去有很大不同,由于仪器仪表技术、传感器技术和数据实时采集、传输和处理技术的高速发展,使我们可以实现过去难以做到的试验设计,也赋予物探技术和其他检验、监测技术新的生命力。譬如,物探技术的表面波谱分析技术(SPSW)不仅涉及测试技术方面的问题,参数反演更是一项非常复杂的技术;第三个是计算机专家群,这个专家群应该掌握计算机的前沿发展。因为现在的计算机技术是不断发展的,比如"计算语言"的发展,对矩阵和复数等复杂运算起到很大作用;比如GPS、GIS、MS等项技术的发展,为计算机技术在我们专业的应用开启了新的途经和平台;又比如三维数字技术的发展,可以大大增强成果的表现力等等。有这样一尖子群,他们能马上将先进的技术应用到工程分析实践中。

所以说,人才的事情不做好,专业的发展只能是一句空话。用人机制是一个大问题,单位的留人的关键是看这个单位是否有实力和发展前途,如果你给别人提供很好的发展平台和发展空间,大家才会有发展前途,因而容易留住优秀的人才。一个单位人的问题做好了,就会在发展上取得先机。

以上讲到的方方面面,可能不一定准确。

还有一点很重要,就是单位在制订发展计划时,一定要处理好借鉴国外经验和研究国情之间的关系。我认为可以做以下四个方面的研究:第一研究先进国家的经验,不要忽视对俄罗斯经验的研究,因为两国的出处相同,发端与国情类似;第二研究政府政策的导向;第三研究国际与国内市场的特点与差别;第四研究本单位的实际潜力和发展远景之间的关系。

记　者:针对北京施工的具体情况和特点,应该注意哪些方面的问题?

张在明:因为没有准备,很难系统分析,想到的几点是:北京的工程地质条件、水文地质条件、地震地质背景条件给我们留下了足够的空间,也就是说有许多的难题要解决。

北京的岩土工程条件的特点有三方面,第一个特点是笼统的说北京的土质条件比较好不一定正确。由于市区面积扩大,北京的地质条件和土质条件就变得比较复杂,形成北京土质条件好的很好,差的很差,对比鲜明。譬如潮白河沿岸有可液化土、山区有残积土、城区和近郊区有膨胀土等,北京也存在较严重的地质灾害。就地质条件讲,二环以内最好,二环到三环次之,逐步向外土质条件可能更复杂一些；第二个特点是北京地下水结构复杂。在60年代的时候北京的地下水位还比较高，到了80年代的时候开始大量下降，如今的地下水普遍降到20米左右，这样客观上就形成了多层水，望京地区有5～6层水；第三个特点是北京的地震条件比较复杂。不仅是北京震源机制比较复杂，更由于北京地区基岩埋深变化很大，中心区的某些地段在地震波传播和地震反应分析中，应类似日本的大阪地区，考虑所谓的"basin 效应"，目前好像没有人在做这方面的工作。这就存在着足够的空间来让我们研究解决所面临的难题。

针对现在的工程而言，我觉得有以下几个难点：第一是天然地基传统难题承载力问题和沉降控制问题，特别是埋深大、尺度大的基础承载力问题没能够很好地解决，无论是模型还是计算参数以及根本的破坏模式等都没有很好地解决。譬如埋深大于20m，宽度大于数十米的基础很多，基础持力层可能遇到多层软硬相间的土层，孔压场的分布也很复杂，如何计算承载力，还有研究的空间；与此有关的是沉降性状，如国家大剧院长轴长212.2m，短轴长143.64m，底盘大，荷载不是很大，但是有不利条件：荷载比较集中在周圈和几个剧场下面；靠近基础的地方有软层，我们院做了详细的协同作用沉降分析，作为设计的依据；第二是桩基沉降的协调问题。包括高层建筑与超高层建筑本身各部位的沉降协调，也包括高层的桩基与周边群楼或纯地下结构天然地基的变形协调问题。有些大型公用建筑也存在这样的问题。比如奥运会国家体育场。承载巨型钢梁的24根组合柱不仅竖向荷载可达六、七千吨，水平荷载也很大，其他部分的柱荷载只有数百吨到一千吨左右，大家做在一块板上，沉降如何控制，我们院也做了精细的分析。另外，在北京地区，利用"疏桩"方案控制沉降，尽量发挥桩间土的作用，应该有广泛的推广前景，国外叫做"Pile enhanced raft foundation"。对此建研院地基所和我们院都做过比较深入的研究，但还需要积累工程实录，加强参数研究；第三是桩基的承载力问题。过去我们的桩基规范里的桩侧摩阻和桩端阻力不是用模型提的，用的是经验数据，参数与样本有关，比如公路规范做了146根桩的统计，但桩的长度有限。过去北京地区桩长20m左右，现在常常做到30m以上，个别到50m，承载力如何提供？按国外规范，桩侧摩阻和上覆有效压力有关，这是值得研究的问题；桩端压浆是一个提高承载力的好办法，但存在几个问题要完善，即桩端压浆的工艺要规范化、浆液流量压力的控制、承载力的提高程度等；还有基础抗浮问题。这与北京地下水的流动、水位高低有关，北京地下水几十年以后会恢复到什么程度，必须做出预报，这很重要。

另外我觉得，我们国家的大工程前期准备不够，工期太短，工程的资料整理、研究、分析、方案比选没有足够的时间。上海勘察院做的上海的金茂大厦勘察前后仅用了一年左右的时间,我们做的超高层北京国贸三期更短,国家体育场从进场钻孔100多个、做原位测试、原位水文试验、室内试验、工程分析、出报告,仅仅允许我们用一个月的时间。与之相比,台湾的101金融大厦就在做了勘察及分析之后,做了7种桩单桩、桩群和连续墙实验,以及19种解释方法进行比较。陈斗生博士(台湾富国技术工程公司董事长,陈先生及其公司参与主持了台湾101金融大厦岩土工程)说,这样的工程至少需要5年的时间方能有好的效益。这也是我们的差距。

《工程实践中的土力学》

——土力学学习和研究的好教材

张在明

最近为查阅资料，借来 Terzaghi 和 Peck 写的《工程实践中的土力学（Soil Mechanics in Engineering Practice）》第三版。看书的习惯不同，我是喜欢先看一看作者写的前言或序言，因为好的序言往往会清楚地向读者交待写书的初衷和这本书的主要特点。

该书的最前面，不仅有第三版的序言（Preface），而且还附有当年 Terzaghi 为第一版写的序言。比较这两篇相距近半个世纪对同一本书写的序，可以看出土力学发展的某些轨迹，觉得十分有趣，也能获得对我们学习和研究有用的一些信息，写出来和大家分享。

为了更好地分析这两篇序言，首先应该简单回顾一下土力学发展的背景和 Terzaghi 在撰写这本书前后的有关活动。这样做，对理解这两篇序言的内涵会有所帮助。

一、有关的背景——土力学发展初期的三件大事

土力学的发展历史，是一个逐渐形成的过程。它的早期，可能有三件与本文有关的事情比较重要：

第一件事是在 1925 年，Terzaghi 出版了闻名世界的《土力学（Erdbaumechanik auf Bodenphysikalischer Grundlage）》。这件事的意义非同小可，当时 Terzaghi 工作的 Bogazici University（后来称为 Robert College）校园被人们称为土力学的诞生地。Terzaghi 在这里用香烟盒做了历史上第一个固结试验，可以看成土工力学试验的创始；

第二件事是在 1936 年，当时 Terzaghi 在哈佛大学讲学时的同事，后来被称为他的“左膀右臂（the right hand of Terzaghi）”的 Arthur Casagrande 提出并“说服（convicted）” Terzaghi，鉴于当时土工（earthwork）方面的研究和实践的进展情况，已经有必要召开一次会议来进行一些总结了。这次会议，后来被称为第一届国际会议。

第三件事是上个世纪 40 年代两本书的出版。第一本是 Terzaghi 在 1943 年出版的巨著《理论土力学（Theoretical Soil Mechanics）》。在这本书里，第一次系统地论述了土力学

的几个最基本的理论,主要是,固结理论、沉降计算、承载力理论、土压力与挡土墙,以及抗剪强度与边坡稳定。在今天看来,如果把土力学看成一座大厦,它的基本框架在写这本书时已经成形了;第二本书便是前面提到的《工程实践中的土力学(Soil Mechanics in Engineering Practice)》。这本书,以及后来的版本,大体上都包括三大部分内容,即土的物理性质(Physical Properties of Soils)、理论土力学(Theoretical Soil Mechanics)和设计与施工中的土力学问题(Problems of Design and Contraction)。与前一本书相呼应,本书的前两部分很短,涉及具有工程师平均水平的人需要掌握的基本知识;而后一部分,是本书的重点,或者如作者说的,是本书的"心脏"。

该书写于 1948 年。在 Terzaghi 去世后 4 年,即 1967 年,出版了第二版。我们现在比较容易见到的第三版,则是在 1996 年出版的。人们常常说,这本书是 Terzaghi 和 Peck 合著的。这样的说法,其实不十分准确,因为第三版的作者中,增加了一位 Gholamreza Mesri 教授。Mesri 教授从 1969 年开始在美国 University of Illinois 任教,后来在美洲、欧洲和亚洲做过很多不同类型的工程咨询工作。既然是作者之一,就应该提到,这样做可能公平一些。总之,Terzaghi 以及后来他和 Peck,以及 Mesri 合写的两本土力学,都是十分著名的经典著作,它们的重要性和指导意义,是怎么强调也不过分的。

二、Terzaghi 与土力学

上面提到的土力学发展初期的重大事件,差不多都是围绕 Terzaghi 发生的。其原因,如果简单一点说,因为 Terzaghi 是土力学的创始人,或者土力学之父。但如果对 Terzaghi 的理论和实践活动有一个简单的了解,对他的伟大和某些时代的局限进行分析,可以看出某些深层次的内容。经过下面的分析,大家得到的结论可能是:

Terzaghi 敏锐地抓住了时代的需求,以正确的目的,合理的方法和惊人的创造力创建了一门新的学科。

关于太沙基的生平,已经有很多资料和文章可供参考。其中比较重要的,首先来自他生前的同事、助手和学生。其中比较重要的有,Bjerrum 等人 1960 年写的《从理论到实践的土力学(From Theory to Practice in Soil Mechanics)》。这本书写在 Terzaghi 去世的前 3 年,非常适时地对 Terzaghi 的工作和基本思想作了全面的论述;与他共事 30 余年的 Casagrande 写的两篇文章,则是在他逝世后一年撰写的纪念文章,一篇是《卡尔·太沙基,1883 ~ 1963》,另一篇是《太沙基 1960 ~ 1964 年著作补遗(Bibliography of Terzaghi's works, Supplement 1960 ~ 1964)》。再后来,比较有趣的文章有日本著名学者吉见吉昭 1974 年在《土与基础》上发表的《太沙基与土力学》,该文在我国的《岩土工程学报》1981 年,第 3 卷,第 3 期上作了转载。另外还有很多文献,涉及有关的内容,典型的如 Goodman 在 1999 年写的《The engineer as Artist》，对 Terzaghi 的活动和观点有深入的分析。本节的内容，大部分引自上述文献。

1. 首先，土力学是工程需求的产物

正如 Terzaghi 自己谦逊地提到的，土力学的诞生，不是个人的力量，而是时代的力量，时代的需求。Terzaghi 痛感当时的土工技术在各类建设中大大地落后于其他技术，比如钢筋混凝土技术。他对混凝土技术的熟悉（Terzaghi 在 1912 年获得博士学位的论文便是关于钢筋混凝土方面的）、他在青年时代参加的有关地质和水文的调查以及不同类型工程的处理，使他在比较中敏锐地感觉到，他常常称之为的 earthwork engineering，应当发展成为一门土木工程中的专门学问了，不这样做，便难以应对工程中提出的大量的土工难题。

2. 土力学是从实践中产生的

只要我们简单地回顾一下 Terzaghi 参与的过程实践活动，不难得出这样的结论，即后来被称为土力学的某些规律，大都是藏身于岩土体和它们与工程的相互作用中的，解决工程难题是发掘和利用这些规律的过程，同时也是土力学的建构过程。

Terzaghi 实践活动的广泛性，首先从地域上便可看出：

在吉见吉昭撰写的传记里说，Terzaghi 大学毕业，又返校进修了一年的工程地质学以后，平生中第一次工程实践活动，便是用 3 年的时间，在奥地利建设公司任工程现场负责人，从事土木工程的实际工作；此后又在南斯拉夫参加水电资源开发计划，从事地质和水文调查；当得知俄国圣彼得堡发生地基开挖导致周围建筑下沉的问题后，Terzaghi 自告奋勇地到那里去。仅用 4 个星期解决了问题；此后，从 33 岁开始，Terzaghi 在土耳其工业学校基础工程学担任教授，这一阶段被认为现代土力学诞生的时代，因为正是在这个时期，他用整整 7 年的时间，艰苦地创建了专门的土力学室内实验，研究了粘性土压密理论和砂土的管涌等土力学问题，特别是在 1925 年发表了前面提到的著名的《土力学（Erdbaumechanik auf Bodenphysikalischer Grundlage）》。

Terzaghi 在美国的工作大体上可以分成 3 段：第一段还要追溯到去土耳其的前 4 年，当时美国联邦垦务局（Bureau of Reclamation）在全美的拦河坝和水利工程做了很多试验，地质条件各异。Terzaghi 对此发生了极大的兴趣，在 1912 年以后的两年中，每天在野外调查，搜集大量资料；第二段是从 1925 年到 1929 年应邀在麻省理工大学工作了 4 年左右的时间；此后，在回欧洲在维也纳工业大学工作了 8 年之后，于 1938 年定居美国，开始了在美国的第三段活动，基本上是在哈佛大学担任"土木工程学实践教授（professor of the practice of civil engineering）"－这是哈佛大学专门为他设置的一种职称，73 岁时退休，1963 年逝世。第三段的重要活动除了出版土力学的经典名著《理论土力学(Theoretical Soil Mechanics)》和《工程实用土力学(Soil Mechanics in Engineering Practice)》外,还参与了大量的各类工程的顾问工作,其中比较著名的有受聘为芝加哥地下铁路建设工程的顾问和1954年被任命为埃及阿斯旺大坝建设工程顾问团的团长等等。在此期间,还有两件事值得提到:一件是在MIT时期(在美国麻省理工学院),Terzaghi还对南美洲的热带土壤发生兴趣,专门到南美作了调查;第二件事是在结束第二段美国工作的回国途中,受前苏联政府委托,编写出伏尔加河-顿河运河闸基报告书。

综上所述,除了当时发展水平尚低的亚洲和非洲之外,Terzaghi的实践活动几乎遍及世界各地。

至于,Terzaghi涉猎的工程领域,除了上面提到的在欧洲、美国和南美洲的地质调查之外,从文献中看到的,几乎包括了当时可能有的所有门类,如大规模的土石坝工程、滑坡稳定处理、建筑和桥梁基础、浮船坞、护岸工程、飞机场、公路、永久性冻土中的基础问题、隧道、地下铁路、尾矿坝,以及施工困难问题的解决和工程事故的处理等等。

没有如此广泛的实践活动,要创建一门新的学科几乎是不可能的。实践活动当然要包括理论和实验的内容,我们在下一段要提到这方面的工作。

3. 土力学的体系首先包括正确的目的和方法

当我们在学习土力学的学科体系时,往往比较注重它包含了那些内容。翻开任何一本土力学的教科书,都可以从它的目录中找到这些主要内容的罗列。

毋容讳言,没有内容,便没有体系。但人们在学习和研究时,往往忽略了一个重要的内涵,就是土力学体系之所以能够成立,首先是由于它有了明确的目的和正确的方法。而这一点,在Terzaghi创建这门学科时似乎是特别重视的。

首先是目的,正如他本人多次强调的,土力学是在客观需求的促使下才得以产生的。由于包含土性的工程问题愈来愈广泛,而解决这些问题的手段却明显不够,才产生了这门学科。今天我们可能会有趣地注意到,土力学的教科书中的章节,除了土的物理性质和渗流问题之外,多是针对问题划分的,因为土力学本身就是一门实用的学科。

他反对"为研究而研究",反对为把结论做得好看而采用毫无根据的、或者忽略不利因素的、或者只能满足局限条件的假定,多次对"滥用理论"的现象提出警告。我们可能还会注意到,在计算工具还相当原始的当时,为便于工程师们使用理论,他的著作中包含很多图表,方便查询。日本工业大学著名的教授吉见吉昭在提到这方面的问题时,说的一段话很有说服力:"Terzaghi虽然长期担任大学教授,但他的做法和我国所理解的大学教授的概念有很大的不同。他是一位彻底的实干家,对他来说,合理地完成土工方面的设计和施工就是最大的目的，而数学也好，力学也好，都不过是达到这一目的的手段而已”。这也是在《理论土力学》出版后不长的时间内，立即出版了《工程实用土力学》的原因。而后者，后来被他称为“活的土力学”。

在土力学的研究与工作方法中，Terzaghi 的时代似乎特别强调三个环节，即现场的调查、实验和量化的分析。

Terzaghi 首先是现场调查的高手，这不仅因为他有专门的地质调查的教育背景和长期讲授工程地质学的经历，而且，长期坚持现场调查的经验告诉他，这是解决工程问题的一个最基本的手段。他觉得“对事物认识的不明确，就强烈地感到不舒服”。Casagrande 称赞他，在整理和记录困难工程的大量地质资料时，他能从复杂的资料堆中找出最本质的东西，并且具有迅速的分辨能力。除了特殊的才干之外，我们从中可以窥见他对现场调查的高度重视。至于他晚年的信念：“土力学或岩体力学中未解决的大部分问题，与其依靠理论研究或室内试验来解决，还不如在野外现场通过认真而精细的观查和调查，获得解决”。我们当然可以有不同的看法，但至少说明 Terzaghi 对现场调查的重要性的看法，是始终不渝的。

当我们说，Terzaghi 创建了土力学的时候，应该同时意识到，这里包含了必不可少的试验方法。他们那一代人，在 Terzaghi 的带领和影响下，从前面提到的纸烟盒（cigarette boxes）开始，在伊斯坦布尔 ITU 和 Bogazici University（后称 Robert College）、在维也纳工业大学、MIT 和哈佛大学的试验室里，从无到有地创立了一套几乎区别于其他任何材料科学的试验方法，有的沿用至今。

关于 Terzaghi 进行的原位测试工作，手头资料不多。有趣的是在网上看到人们在介绍他 1934 年在《工程新闻纪录（Engineering News Record）》发表的论文《大型挡土墙试验》时，讲到的一段话，说“（本文）反映了他试验才干的一面。他发明了一项非常具有独创性的设备来量测压力和位移，并由他自己完成了设备的设计、制造和测试工作”。至于后来在芝加哥修建地下铁路时，他和 Peck 针对工程的支撑体系和位移特征，经过实测得到的不同于 Rankin 和 Coulomb 的土压力分布模型，更是很好的例证。我国《岩土工程勘察规范》在早期的版本中，曾经采用过这种模型。

对土性和力学反应的量化描述，特别是前者，正是创建土力学最主要的初衷之一。前面说过，Terzaghi 曾在 1912 年，33 岁时到美国对联邦垦务局管理的大量水利工程进行了广泛的调查，但当他在整理看来极其丰富的资料时，才发现这些资料原来用处不大，主要原因是对土的描述过于笼统而缺乏量化，因此得出下面的结论：“That engineering geology can not possibly become a reliable tool in the hands of earthwork engineers unless and until we acquire the capacity to assign to each material of the earth numerical values which make it impossible to mistake it for another one with significantly different engineering properties”。基于这个思想建立的土力学当然应该是一个强调量化的学科。

4. Terzaghi 的功绩和可能存在的时代局限性

Terzaghi 的功绩和可能存在的时代的局限性,作为一个普通的土工工作者,受能力和眼界的局限,是很难进行评价的。但作为一个土工工作者又不可避免地要学习他的思想、理论和方法,因此又不得不具有自己的认识。这里,只能作为个人的一点体会,供同行批评指正。

前面说到的,都是 Terzaghi 的功绩。简单的一句活,如果没有他的非凡的贡献,土力学可能还在工程建设客观需要的后面徘徊,使土木工程技术成为一支只能是瘸着腿的跛脚鸭。分析 Terzaghi 可能存在的时代的局限性,并不能丝毫损害他的功绩,但对我们今天的工作和研究却是十分必要的。这一点,在下面将通过两篇序言的比较,进行简单的分析。

三、两篇序言的启示

通过对上面的背景的简单分析,我们用今天的眼光来读两位土力学的先驱对同一本书而相距半个世纪的两篇序言,至少可以得出如下的启示:

1.50 年来土力学基本理论的构架没有发生根本性的变化,因此仍然是今天工程师们应该掌握的基本功

在发现了工程的广泛需求之后,土力学的基本框架便很快地在美国和欧洲同时开始搭建。尽管在土性研究和分析方法上取得了长足的进步,但书中第二部分所涉及的基本理论并没有发生根本的变化。具体的体现是当半个世纪后出版第三版时,这一部分内容的增加十分有限。原因如 Peck 所说的,需用的理论工具在 50 年前就已经建立了。有限元或其他的数值分析方法虽然改变了分析计算的模式,但并没有改变上述事实。

换句话说,岩土工程师们应该努力学习和掌握土力学的基本框架和精髓。Terzaghi 的告诫是,只有这样,你才能看清自己在执业的范畴中应该起到的作用。我们想特别强调,没有这样的理论根基,下面要说的工程判断便成了无源之水和无本之木。

2. 工程经验与工程判断(engineering judgment)仍然起到不可替代的作用

即便是在最原始和最根本的土工参数取得上,也需要根据经验的取舍和判断。正如 Green 和 Becker(后者是加拿大主要规范的起草人)指出的,“可以认为,对于特定场地地层的钻探、土与岩石岩性的认定以及由此选取设计参数,实际上并不是一种精确的科学,而是一种‘技艺’。在很多情况下,在很大程度上需要由经验得到的工程判断(engineering judgment)来解释现场勘察的结果,并获得用于设计的代表性数据……从来没有规范对如何从现场勘探数据选定代表性的岩土工程参数做出硬性的规定。也许这样的规定本身就是不合适的。许多加拿大和美国的岩土工程师反对在规范中规定选择用于设计的代表性岩土工程参数的做法”。结论是:“从勘察得到的数据选择设计参数的方法不是一成不变的(not cast in stone)。”应该说,上面这些看法反映了岩土工程工作的客观规律,图 1 反应了对这个规律的认同。在此基础上,Morgenstern 更是将工程判断的作用贯穿在整个岩土工程的工作方法中。图 2 所示的环节说明,在所有的工作过程中,基于理论基础和工作经验的工程判断(engineering judgment)起着重要的作用。

其实,Terzaghi 和 Peck 从一开始就强调了这一观点。在一版的序言中,Terzaghi 说,尽管我们认识到我们的知识水平与复杂的土性之间存在差距,为了在土工工程中取得合理和经济的结论,一个工程师必须利用其包括经验、理论和试验在内的所有方法和资源,而悉心的判断是必不可少的,因为在实践中没有任何完全相同的工程问题。

Terzaghi 的高明之处在于他在 50 年以前就认识到,随着经验的增加,在书的重点 - 第三部分所介绍的某些解决实际问题的具体方法可能会改变,有些方法在若干年后甚至可能被遗弃,因为这些方法只不过是解决问题的权宜之计而已。但是他坚信,书中提倡的利用半经验方法的观点,是不会随时间而动摇的。这一信念,我们在前面部分已经多次引述。

半个世纪以后,Peck 同样认为,在该书第三部分中介绍并强调的半经验方法经历了时间的考验。他进一步说,采用半经验方法甚至成了岩土工程实践的特点(It has become the hallmark of the practice of geotechnical engineering)。

3. 虽然前面已经涉及,我们这里还想再一次强调,Terzaghi 的一生,不仅不曾间断过对工程现场的调查研究,而且多次告诫这项工作的重要性

Terzaghi 在谈到第一版中,对参考文献的选择原则时说,首先选择的是那些对提高野外调查能力有帮助的出版物,有关的信息应当比文章本身更加重要。当然,现场的调查还包括发现施工中出现的问题和对设计的修正,这也明确地写在了序言当中。

Terzaghi 特别强调“活的土力学”。活就活在现场条件的千变万化。土力学及其实践决不仅仅是某些人所说的“以物理学、胶体化学和微分方程贯穿起来的”学问,工程问题也不能仅仅靠剖面图和微分方程来描述。深入到现场去,在今天强调似乎还是不够的。

4. 科学技术的进步凸显了 Terzaghi 的某些时代的局限性

Terzaghi 在 50 年前,曾经批评某种倾向,认为人们在土力学取得一些成就以后,过于强调精细的土样和试验技术,并且仅仅对那些能够取得精确解的少数问题感兴趣。他认为,精确的解答只能在理想化的条件下取得,而且,由于解决问题的过程必须采用特殊的取样和试验方法,因而,适应用的条件也非常有限。这些话,在50年前的技术水平下,也许不无道理。问题在于,他在这个基础上得出的结论出现了偏差。他说,在绝大多数情况下,问题的解决仅仅需要比较近似的预测,如果这样的预测不能做到,那么,对这样的问题无论用什么方法进行预测都是不可能的了,而且,如果非要这样做便可能违背土力学的宗旨。

Terzaghi 写出这段话时已经65岁左右了,可见这个观点是他多半生的经验总结,以后,一直到去世,他一直是坚持着这一看法。Casagrande 在整理 Terzaghi 最后5年的著作时,认为他最后几年中,最重要的观点之一便是这样的信念,即“土力学或岩体力学中未解决的大部分问题,与其依靠理论研究或室内试验来解决,还不如在野外现场通过认真而精细的观查和调查,获得解决”。对此,我们只能认为是对错参半了。

Peck 在写第三版的序言的时候,除了说明,半个世纪以来,由于对土性的研究取得了许多进展而使书的第一部分显著增加之外,特别用较大的篇幅对 Terzaghi 上面的理念提出了自己的看法。Peck 认为,一方面,半个世纪以来,人们坚持不懈地进行了关于取土和试验技术的研究,对于土的基本性质和对土性的概化方法取得了很大的进展;另一方面,由于计算机技术的应用,使得解决包括复杂边界条件和地层条件的问题成为可能。Terzaghi 上面的理念在今天看来就不一定是正确的了。

这个论述,对于引导我们的工作和研究方向的重要性是不言而喻的。

5. 然而,对比较精细的数值解,也要有一个正确的认识

首先,正像 Peck 在肯定这方面进展时强调的,在分析过程中,正确地选择土的特性参数就变得越加重要了,而这种选择必须建立在对土的性状正确理解的基础上。在通用程序的选择范围很广的今天,如果使用的本构关系没有代表性,或者对参数没有足够的研究和确定的依据,甚至选用的模型在限定条件上根本不适用,这样的结果如果用于工程设计或评价,可能贻害不浅;此外,Pack 认为,利用弹塑性分析对经典课题的闭合解与简单、快捷的近似解,二者之间并不矛盾。我们在工程中应该先进行后一种分析,估计解的包络范围,并以此来判断进行更复杂的分析的必要性。

上面这些观点是否正确,希望同行们共同分析。

参考文献

[1] Terzaghi K., Peck R. B. & Mesri G., Soil Mechanics in Engineering Practice, Third Edition, John Wiley & Sons, Inc. New York.

[2] Terzaghi, K., 1934, “Large Retaining Wall Tests,” Engineering News Record Feb. 1, March 8, April 19.

[3] Bjerrum, L., et al., From Theory to Practice in Soil Mechanics, John Wiley, New York, 1960.

[4] Casagrande, A., Karl Terzaghi: 1883 ~ 1963, Geotechnique, Vol. 14, No. 1, pp. 1 ~ 2, 1964.

[5] Casagrande, A., Bibliography of Terzaghi's works, Supplement 1960 ~ 1964, Geotechnique, Vol. 14, No. 1, pp. 57 ~ 58, 1964.

[6] Goodman, R. E., The Engineer as Artist, ASCE Press, Virginia, 1999.

[7] Morgenstern N. R., Common Ground, GeoEng2000, November 2000, Melbourne, Australia.

[8] Green, R. & Becker, D., National Report on Limited State Design in Geotechnical Engineering: Canada, Geotechnical News, June, 2001.

[9] 吉见吉昭. 太沙基与土力学. 岩土工程学报, 1981, 3(3).

我国岩土工程技术标准系列的特点和可能存在的问题

张在明

1 我国岩土工程技术标准系列的特点

我国岩土工程规范系列的特点，可以用以下几个方面来概括：

(1)规范系列完整。我国有关岩土工程的技术标准，基本上涵盖了岩土工程技术工作方方面面的内容，从名词术语、岩土分类、工程勘察、水文勘察、岩石与土—水试验、工程物探、岩土工程设计、地基处理、岩土工程施工及验收、地基检测等等，形成了国家标准—行业标准—地方标准的完整体系。

(2)规范系列基本上反映了我国的国情和在岩土工程领域的技术进步。解放初期，由于工程建设的急需，工程规范基本上照抄苏联的规范；70年代，前国家建设委员会主持全面制定和修订了工程建设标准、规范；近一二年，主要规范的修订不管在技术标准与工作深度的要求上，还是在先进技术方法的采用上，都取得了实质性的进步。

(3)规范系列反映出行业业务的开拓和定位的转变。Morgenstern 在 GeoEng2000 大会上说，过去 20 年，正是世界上岩土工程领域经历巨大发展和变革的时期。岩土工程的业务已经从结构地基基础、地下结构、地面土工结构、渗流控制和地基处理五个传统领域向更加广阔的方向拓展。目前，国际上比较公认的定义认为，岩土工程是土力学、岩体力学、工程地质学，以及其他与土木工程和环境保护有关的学科在工程中的应用。岩土工程除了在土木工程中起着关键作用之外，在环境工程和抵御地震、滑坡等重大自然灾害方面也起着重要作用。从 80 年代开始，这种转变在我国逐步得到体现。规范的作用，当然不会是行业转变的引导者，但现行的某些规范不同程度地体现了这种符合发展规律的转变，从而也就推动了这种转变的进展。

(4)规范系列对保证我国岩土工程的质量与安全起到关键作用。在前一阶段进行的工程勘察质量大检查中，人们得出了这样的结论，凡勘察工作严格按照规范进行的，就没有出现大的质量问题;反之,凡在工程中违反了规范规定的,便可能有这样那样的问题或者隐患。为此,有关部门颁布了有关规范中所有的强制性条文,作为今后质量检查的依据。这足以说明现行规范对工程安全的保证作用。

在充分肯定我国有关岩土工程现行规范的重大作用的同时,也应该清醒地认识到现行规范体系的某些局限性。追溯我国规范系列发展的过程,可以看出,我国现行岩土工程规程、规范在具有上述特点的同时,也明显受到行政结构分隔的影响,带有计划经济的烙印,体系也过于庞杂,囿于过去技术队伍构成的客观需求,所带有的某些特征可能并不反映岩土工程本身固有的特点,因而不利于技术的进一步发展和从业人员素质的提高,难以满足明天发展的需要。总的来说,包括以下方面:

①对工程分析方法和数据的规定过于具体、冗繁;

②规范体系过于庞杂;

③关于可靠度设计方法的推广应用尚有很多问题有待商榷(对于这一点,有兴趣的同志会参见拙文《对我国现行岩土工程规范的几点看法》,本文不拟进一步讨论);

④用世贸组织规则衡量,尚有需要改进的地方。

随着国家的发展和对外开放的加强,许多今天看起来有道理和适用的东西,明天可能成为发展的障碍。

2 规范的构成

岩土工程规范大体由三方面构成,即基本原理(fundamental principles)、应用规则(application rules)和工程数据(engineering parameters)。

先进国家或者经济联合体的规范都强调对基本原理的把握,应用规则是对基本原则的实施性说明,很少向规范使用者具体提供具体的工程参数取值。

我们不妨以大家都比较熟悉的欧洲岩土工程规范(Euro code 7, Code for Geotechnical Design)为例进行说明。

这本规范在体例上便对"基本原理"与"应用规则"进行了明显的区分。在前言中说:①对于不同的条文,(本规范)对"基本原理"和"应用规则"进行了区分;②基本原理包括:基本规定、工作要求和分析模型。其中,基本规定是不可替代的;如没有恰当的说明,后两者也不可替代;③所有基本原理的条文前都冠以大写"P"字母,以示区别;④所有的应用规则都是公认规则,它们跟随于基本原理之后,满足基本原理提出的要求;⑤只要证明所使用的规则与基本原理一致,或者至少具有同等的可靠度,便可用其他规则来代替规范规定的应用规则。

在欧洲,规范的前几章基本上是对基本原理的规定,包括:地基基础的勘察设计应涵盖的工作内容、规范用到的假定和定义、设计工作的基础和对工程勘察参数和报告的基本要求。以后几章则是针对不同工程类型的,包括扩展基础、桩基础、支护结构、堤与边坡。每一章规定的基本原理主要包括:极限状态的定义、作用(action)和设计条件。就是说,针对每一种基础类型,规范的规定是:第一,使用者应该考虑哪些极限状态,保证其不至于发生;第二,在对极限状态的验算中应该考虑哪些作用的存在;第三,设计的适用环境和条件。

在整本欧洲岩土工程规范中,涉及的具体公式很少,且都是以例子的形式在附录(Addendums)中给出的。这些公式包括:扩展基础的承载力公式、沉降计算公式、单桩轴心抗压和抗拔公式、土压力公式等。这些公式实际上都是教科书上最常见的公式,反映一般性原理,并没有附加任何的参数取值要求。规范中没有任何统计关系反映工程参数的取值或者取值范围。

大部分西方国家的岩土工程规范,在构成上与欧洲规范相同。

他们为什么要这样做,我们想引用两位加拿大专家的几段话来说明其中的道理(Green & Becker, 2001;后者是该国主要规范的起草人):“可以认为,对于特定场地地层的钻探、土与岩石岩性的认定,以及由此选取设计参数,实际上并不是一种精确的科学,而是一种‘技艺’(这个提法源于Terzaghi,此处原文是‘art’,此前很多人将其译为‘艺术’,笔者认为译为‘技艺’更妥当一些——本文作者注)。在很多情况下,在很大程度上需要由经验得到的工程判断(engineering judgment)来解释现场勘察的结果,并获得用于设计的代表性数据。……从来没有规范对如何从现场勘探数据选定代表性的岩土工程参数做出硬性的规定。也许这样的规定本身就是不合适的。许多加拿大和美国的岩土工程师反对在规范中规定选择用于设计的代表性岩土工程参数的做法。”……还有一段话可能代表了很多岩土工程师的看法,将原文引在下面:“Data for geotechnical design are site specified. Any statistics tend to pertain one site or to one engineered material. There is not a material history from which various statistics can easily be developed. ……”。作者的结论是:“从勘察得到的数据选择设计参数的方法不是一成不变的(not cast in stone)”。应该说,上面这些看法反映了岩土工程工作的客观规律。其实,我国著名的学者黄文熙教授早在1980年代初期就说过类似的道理:“总的来说,岩土工程犹如医学,并不是一门严谨的科学。针对每一个具体的问题,只有充分利用这门学科的理论知识和实践经验,综合地、辩证地加以分析研究,才有可能找到一个合适的解决问题的方案”(黄文熙,1981,《土的工程性质》)。

我国的岩土工程规范恰恰在这个方面构成了与先进国家基本的区别:第一,我国的规范在基本原理、应用规则和参数取值三个方面至少是并重的,很多规范对于参数如何取值的具体规定占了整个规范的大部分篇幅;第二,大部分国标、行标和地方标准都对承载力、沉降、稳定分析和土压力分布等问题分别给出了特定的公式;第三,在规范制定中特别强调统计关系,不仅规定了统计方法,往往还基于统计关系用图表的形式给出了各种参数或经验系数、修正系数的取值方法。

这样做在过去是不得已而为之,并且也起到重要的历史作用。从我国开始执行"五年计划"起,到以后相当长的一段时期,建设规模逐渐增大而勘察工作人员奇缺,一些转行的同志经过短期培训立即走进工地,担当十分重要的任务。应运而生的规范确实起到了"拐棍"的作用,使人们不管在何处,都能用几乎统一的方法,得到设计急需的数据,虽不一定合理,但保证了起码的安全。

随着我国经济条件和人才资源状态的改变,国情发生了很大的变化,应该对现行规范构成的局限性着手进行研究。

第一,现行规范过于烦琐细致的规定不能反映岩土工程的客观规则。岩土只能以两种形态介入工程,即"原生的形态"("in the ground"或"in-situ")或"加工后的形态('engineered')"。由于天然材料的形成条件、形成历史和存在的环境条件千变万化,其不连续性、变异性、各向异性和应力—应变—时间关系十分复杂;即便是后者,由于原生材料的上述性质,经过施工处理后的材料,再受施工条件和质量的影响,其性质的复杂程度也是可想而知的。对这样的工作对象采用过于具体详细的规定,难免带来以下几方面的问题:

(1)计算模型方面:由于材料的复杂性,任何模型都是经过特定的简化,采用不同的假定得到的,任何计算模型都是针对某种或某些岩土条件的。特别需要强调的一条土力学的基本规则是,由于土工参数往往可以用室内或原位的不同方法求得,对于任何模型来说,应该强调"试验方法—计算模型—安全系数(或可靠度)"三者的配套使用。对计算模型和模型参数规定十分具体,而对土工参数的试验和取值方法却重视不够,势必带来若干具有根本性的问题。比如关于承载力的验算,我国不同规范中大体上分别规定了两种模型,一种是用基于弹塑性假定的、经过修正的 Flament 解,另一种是用基于刚塑性假定的解。前者是二维解,不能考虑基础平面的具体性状;后者在二维解的基础上,经验地考虑基础平面性状影响。由于 Flament 解对材料的 φ 值不及后者敏感,虽在有关规范中,当 $\varphi > 26°$ 之后人为地加以提高,两种规范对同一地基条件的评价差异仍十分明显。实际上,用哪一种模型应该取决于土的特性,而不应该决定于规定必须用哪一本规范。承载力的评价是一个比较复杂的问题,当前基础埋深可达 20 余米,基础宽度可达数十米,基础侧面的约束条件可能由于地下结构的修建而降低,主要持力层往往由软硬不同的地层构成,这些变化对模型的适用性和某些模型参数的非线性性质造成了很大的问题,需要岩土工程师们根据具体条件去把握。再以稳定性分析为例。我国规范对稳定性分析,除了极少数规范(如水工规范对大型土石坝)要求用简化的 Bishop 方法外,基本上都采用"常规方法"(即 Ordinary Method 或称瑞典圆弧法)。这种方法在所有的极限平衡方法中是最简单的,但据近若干年的发展起来的比较精确的所谓严格方法(Rigorous Method)分析,此法在各种圆弧条分法中最为保守,且得到的安全系数与相对合理的严格方法,如 Morgenstern-Price 方法或 Fredlund 的 GLE 方法差距最大。国外规范多采用简化的 Bishop 方法,因其相对简单,且解接近所谓的严格解。在计算机广泛使用的今天,其实很多单位都编写了简化的 Bishop 方法的程序,但大多数规范仍用原来的规定,数十年未变。很多单位编制了比较合理的分析程序,但与现行规范不相符合。

(2)在我国各个层次的岩土工程规范中,几乎都基于统计给出设计参数的取值和取值范围。很多规范是用土的物理性质参数来推算设计需要的力学参数。如用粘性土的孔隙比 e 和液性指数 I_L 推算承载力,用粉土的孔隙比 e 和含水量 $w(\%)$ 推算承载力,用粘性土的液性指数 I_L 推算桩侧摩阻力等等。这样明确的规定,当然方便于使用。但如果仔细看一看,规范建立的统计关系,往往是指数关系,实质上是统计量在双对数坐标中的关系。由于土工参数的上述特性,恐怕也只能是这样。对此,规范的使用者必须深入地了解原理,谨慎选择。

第二,规范作为技术法规,应该是工程活动的原则指导,而不是供工程师查表使用的工具书或者"拐棍"。过于具体细致的规定,不仅不能符合工程实际,也不利于工程师的进取和技术进步。目前,我国岩土工程从业队伍,供大于求的现象十分突出,除了历史原因之外,只要会按规范查表,便可出工程报告,也是造成队伍良莠不齐的原因。此外,这样的规范结构也不利于岩土工程行业技术和劳务剥离政策的推行和岩土工程咨询的开展。

3 岩土工程规范系列的构成

我国工程建设标准规范系列的形成,有其特定的历史环境。建国之初,百废待兴,技术力量较弱,水平较低,技术队伍严重不足,借鉴甚至照搬苏联规范便成了顺理成章的事情。但国家对我国自己技术标准的制定始终是十分重视的。到 1963 年,国家计委两次发文,对设计、施工规范的幅面、格式和用词用语作了统一的规定,使工程建设标准的编写体例有了初步的依据。以后国家颁布了《中华人民共和国标准化法》,建设部则起草了《工程建设标准化管理规定》。于是,为了满足工程建设的需要,各类标准、规程、规范纷纷出台。除了国家标准之外,各部还颁布了行业标准,此后,许多省市还编制和颁布了地方标准,形成了我国自己的规范系列。

细微见差异。在我国解放以后数十年的岩土工程实践中，人们发现，由于工程对象不同，即便是同一工程问题，如地基承载力、地基沉降、稳定性分析、或者地震场地评价等等，已经不能用同一本规范来指导了。这就是前面说的不同行业规范系列和地方规范形成的原因和环境。除了国家标准（国家标准中涉及建筑的代号为 GBJ 或统一的 GB）之外，主要有建筑（JBJ）、市政（CJJ）、公路（JTJ）、铁路（TBJ 或 TB）、港工、水利等等。所有的行业规范都有自己完整的系列，与岩土工程有关的，从名词术语、岩、土分类、试验方法、工程勘察、基础设计、地基处理、工程抗震、工程验收直至某些试验的技术规程，各自均一应俱全，仅与岩土工程有关的都不下一二十本。其他，如过去的冶金部、有色冶金总公司等等，也都有自己的规范编号，制定了若干本行业的规范、规程。除此之外，中国工程建设标准化协会颁布的 CECS 标准系列中还有一些属于岩土工程领域或与之相关。这样，便形成了我国岩土工程行业规范的庞杂系列。当然，这种特色的形成，除了主要是由于我们在第一个问题中分析的规范构成方面的原因之外，也标记了计划经济体制下行业分割烙印。表 1 给出了不同行业现行规范、规程涉及的内容。表中的数字是涉及这方面内容的标准编号。由于有关标准涉及内容较广，表中的一一对应，有的难免十分准确，但大体是没有问题的。需要说明的是，作者并没有着意去收集完整的标准资料，列表只是想说明规范系列的复杂性。

从表 1 中不完全的罗列看，我国在国家标准和行业标准这两个系列中，有关岩土工程的标准达 200 余本。由于岩土工程的地域性特征，北京、上海、天津、重庆、武汉、深圳、南京等大城市及某些省份还编制了地方规范，总数就更多一些。

且不说关于如何规范地方标准的编制问题，就国家标准和行业标准而言，似乎存在下面两个主要问题：

第一，土力学和岩土工程是一门针对不同行业的共同学科，比如承载力问题、沉降分析问题、整体稳定性问题、边坡稳定性问题、土压力与支挡结构问题以致地震工程问题等等，不管工程对象如何，基本原理大体是一样的。随着我国行政体制改革的深入，条条块块被打破，原来属于不同部门的单位和个人，越来越多地跨部门寻找市场，遇到不同的工程类型，过去不重视对基本理论的掌握，把规范作“拐棍”的做法便行不通了。岩土工程师的注册执业考试的工作中，上述规范系列已经对考题设计带来了很大的困难。在我国执业注册的大框架中，将岩土工程归于土木工程，这与国际上的做法是一致的，因此在考题设计中，必须兼顾目前从事各行业的应试人员对规范的掌握。可是，不同行业，上百本规范，哪些列入考试范围，是一件颇费周折的事情。

表1 我国有关岩土工程的技术标准(据卞昭庆提供资料)

	国标	行业标准							
标准类型	GB GBJ-GB/T	建工 JGJ	城建 CJJ	火电 DL DL/T DLGJ	水电 SD SLDL DL/TDLJ	冶金有色 YBJ YSYB/T	铁道 TB TBJTB/T	公路 JTJ	水运 JTJ JTJ/T
土的分类	1				1		1		1
土水试验	2			2	5	2	3	4	
原位试验	1	1			1	8	5	1	
岩体分级	1								
岩体试验	1				2		1		
工程勘察	3(包括水电、铁道)	5	3	11	9	14	9	3	2
水文勘察			1		1	3	1		
物 探			1	1	1	1	1		
地基基础设计	1	4		1		3	3	6	4
动力基础	1					1			
工程抗震	8(包括铁道、电力、核电)	2			1			1	1
特殊类土	2	2					6		
测 试	1		1						
地基处理	1	3		2	2	5	3	1	3
检验监测	1	3	1	1	2	1			
岩土施工	4		1		4	4	6		
总 计	28	20	8	18	29	42	39	16	11
合计					211				

从其他国家的规范看,由于工程对象的性质不同,不同行业是有一些自己的标准的,但决不是面面俱到,自成一统。比如,加拿大国家级的主要设计规范只有3个,即《加拿大建筑规范(National Building Code of Canada, NBCC 1977, NBCC 1995, NBCC 1996)》;《加拿大公路桥梁设计规范(Canadian Highway Bridge Design Code-CHBDC)》——该规范基本上采纳了原来的安大略省路桥规范(《Ontario Highway Bridge Design Code (OHBDC1, OHBDC2, OHBDC3)》并上升为国家规范;以及《近海工程设计规范(Codes for the design of offshore structures)》(Green & Becker, 2001)。其他国家情况大多类似。现在,我国机构改革已经进行,不同行业的规范体

制如何变化,统一哪些,保留哪些,亟待研究;

第二,对于同一工程问题,各规范从计算模型、方法到提供的数据差别很大。这里面固然有工程要求的不同、荷载组合的差异等等,但根本的不同还是来自行业习惯和统计数据的来源。这方面的例子几乎可以信手拈来。比如,对于钻孔灌注桩的单桩竖向受压承载力来说,根据《建筑桩基技术规范》和《公路桥涵地基基础设计规范》都可从桩周和桩端土的物理性质估算,但二者差别甚大。前者的公式是:

$$Q_{uk} = Q_{sk} + Q_{pk} = u\sum q_{sik} l_i + q_{pk} A_p$$

从公式中很容易理解,单桩竖向极限承载力的标准值是由桩侧摩阻力 Q_{sk} 和桩端阻力 Q_{pk} 两部分相加得到,而桩端总的阻力简单地由土的极限阻力乘以面积得到。

《公路桥涵地基基础设计规范》还仍然采用安全系数法,因此,其容许承载力表达为:

$$[P] = \frac{1}{2}(Ul\tau_p + A\sigma_R)$$

不难看出,容许承载力也是由两部分组成的,所不同的是,在考虑桩端阻力时,计算式为:

$$\sigma_R = 2m_0\lambda[\sigma_0] + k_2\gamma_2(h-3)$$

该式等号右边第1项是说,在天然地基承载力$[\sigma_0]$的基础上,乘以"清底系数 m_0"和经验系数 λ,得到一个基本的承载力,并在此基础上经过深度修正(第2项),得到桩端总阻力。

经过比较,对于相邻工程,即便土质基本一样,但二规范考虑问题及统计资料来源不同,计算结果差异非常大。

这样的例子,不胜枚举。再比如,在工程抗震分析中,反映加速度谱特性的,有的称为"地震影响系数(a)曲线",有的称为"动力放大系数(b)曲线"。不仅术语不同,同一场地的地震作用计算结果也有差异。此外,由于地震液化判别式子不同,对于同一水平场地,在相同地震作用下,液化判别的结果也不一样。

4 WTO的规则与技术标准的制定

中国进入世贸组织对技术标准的制定究竟有没有影响,有什么样的影响,是一个十分复杂的问题。对此,可以分成几个层次逐步分析。

4.1 从WTO的发展看国际服务贸易成为国际竞争的新领域

世界贸易组织是一个推动多边贸易体制顺利运行的国际组织,通过实施一系列严格的法律规则,推进全球经济自由化进程。这个组织成立的初衷可以回溯到1920~1921年和1929~1933年两次世界经济危机。人们认识到,各国放弃自由贸易政策导致的激烈"关税战"只能造成各自更为严重的衰退。于是,在英美两国政府提出成立所谓"国际贸易组织(International Trade Organization, ITO)"的详细建议失败之后,便启动了多国、多次的双边谈判。

1947年4月,美、英、加拿大、印度等23国首先在双边谈判的基础上签订了100多项关税减让协议，并将这些协议与联合国经济与社会理事会通过的有关协议合并，称为“关税与贸易总协定”。半个世纪以来，这样的谈判渐成气候，最后终于导致1994年4月《建立世界贸易组织协定》的通过和国际贸易组织的成立。

世界贸易组织建立了十分完整的法律体系，《建立世界贸易组织协定》的序言和16个条款，加上乌拉圭回合谈判达成的一系列协议、协定和谅解，包涵了几乎整个贸易市场。

在这个过程中可能有两个趋势可能与我们讨论的问题有关：一是随着服务贸易的迅速发展，国际服务贸易成为国际竞争的新领域，WTO规则的发展重点逐步从货物贸易转向服务贸易；二是乌拉圭回合谈判后，各成员方的关税减让已经达到较高水平，制定贸易规则的重点由关税措施转移到非关税措施。

4.2 建筑业属于服务贸易领域

按WTO的规定，“服务”的概念是指提供活劳动（脑力或体力）的形式来满足他人需要并索取报酬的活动。一般说，服务贸易中涉及的建设领域的3大类，20项，如表2所列。

据建筑领域的谈判结果，在我国的“承诺减让表”上，包括了《服务贸易总协定》规定的国际服务贸易的所有4种方式，即①跨境交付；②境外消费；③商业存在；④自然人流动。具体的对外承诺的内容有：①建筑工程服务；②勘察设计咨询；③标准定额及其工程咨询；④房地产；⑤城市规划。

表2 服务贸易中涉及的建设领域

分 类	内 容
商业服务	1. 建筑服务
	2. 工程服务
	3. 综合工程服务
	4. 城市规划与风景建筑服务
	5. 房地产租赁与买房服务
	6. 基于收费和合同的房地产服务
	7. 与其他机械和设备有关的服务
	8. 管理咨询服务
	9. 与咨询人员有关的服务
	10. 设备保养与维修
	11. 建筑物清理服务
建筑及相关的工程服务	1. 建筑的总体工程服务
	2. 民用工程的建筑服务
	3. 安装与装配服务
	4. 建筑装修服务
	5. 其他
环境服务	1. 污水处理服务
	2. 废物处理服务
	3. 环保卫生及相关服务
	4. 其他

4.3 学习服务贸易协定有关规则的必要性

通过上面两个层次的分析，我们知道，在研讨我国岩土工程规范系列时，完全有必要将WTO的规则纳入我们的视野。许多内容都是需要我们认真研究的问题。比如，除了它的基本原则，即非歧视原则、贸易自由化原则、透明度原则、公平贸易原则等之外，特别值得注意的是附件1B：《服务贸易协定（GATS-General Agreement on Trade in Services）》和附件1C：《与贸易有关的知识产权协议》。

其中,附录1B的第4章主要涉及“国内法规(Article VI-Domestic Regulation)”。在这方面的诸多规定中,以下两方面似特别值得注意:第一是它的第1条:要求每个成员的承诺承担单位在服务贸易中采取的管理措施应该是合理的、客观的和公平的;第二是第4条:为使有关资质要求与申请手续、技术标准与准许条件不成为服务贸易的不必要的障碍,服务贸易委员会(the Council for Trade in Services)将通过其相应的组织,在客观、透明标准的基础上建立规则,促使成员国除了保证服务质量之外,不再增加任何附加的负担。

这些规则,有些是具体的,有的又比较原则。我们的学习任务,不仅要学习和研究规则的本身,很重要的一个方面,恐怕是要研究外来的服务的供应者(service supplier)如何看待和利用这些规则,要研究国际惯例,找出我们的差距。此外,很重要的,还应研究我们如何合理地保护自己,如何走出国门。当然,在讨论我国规范系列的时候,涉及的主要是前者。

4.4 我们的现状和差距

从入世影响的角度分析,我国已经建立了包括建设法律、建设行政法规、建设部门规章、地方性建设法规与规章以及各类技术标准在内的建筑法规与技术标准体系。这些法律、法规、规章与标准,很多方面与国际贸易组织的规则并不矛盾,但差距也是明显的。比如:

(1)建设法规体系不健全,技术标准的建立和执行无法可依或法律依据不足。建设法规健全性及建设法规——技术标准的衔接方面,尚有很多工作需要完成;

(2)行政条块分割遗留的痕迹明显,不同程度地存在法规与标准部门化倾向;

(3)行政条块分割往往还造成建设项目或建设过程依据的技术法规和技术标准的连续性和稳定性差;

(4)技术标准与国际接轨差。

上面这些问题,往往不是法规或技术标准本身存在的问题。比如同一个建设项目在选址、勘察、设计、地震安全评估、地质灾害评价等方面,分属不同行政部门管辖,市场的准入也要通过多方面的批准,由此造成的诸多不符合国际惯例的问题,并不是这里能够解决的。

5 结语与建议

(1)我国现行岩土工程的规范体系在过去的建设中,曾经起到不可替代的作用。鉴于国情,为了保证工程质量,今天依据规范的强制性条文对工程活动进行规范和检查仍然是必要的。

(2)我国岩土工程的体系带有过去计划经济和行政条块划分的明显烙印,技术法规与技术规范体系不够完善,技术规范体系过于庞杂。面临我国进入WTO和机构改革的深入,对今后规范系列的研究和改革恐怕是势在必行的。

(3)过去在很多有关岩土工程的技术标准中,对工程参数如何取值规定过细,对技术人员能起到"拐棍"的作用,从而也保证了一些起码的错误不致因无知而发生。但是这样的做法并不符合岩土工程本身的规律。随着我国从业人员素质的提高和执业制度的推行,规范的构成应该有所改变。岩土工程的规范应对最基本的问题进行严格的规范,方法的应用和参数的取值则应允许工程师们根据具体条件和工程经验有所发挥。不论地区和环境的差异,千篇一律的规定,不仅不利于咨询业的发展,还会造成工程问题。强制性条文的选取与规定,恐怕也宜以最基本的问题为主。

(4)除了基本原理之外,岩土工程中的确还存在一些在大部分地区或条件下比较普遍适用的方法或者规律,对此,国外在工程、标准和规范(Design specifications, standard or code)之外,由授权特定单位制定一些非强制性的附录(Design Commentary)、导则(Guide Lines)、手册(Design manual or handbook)辅助标准的执行,这个经验是可以借鉴的。

(5)我国地区广大,各地方的环境条件存在各自的共性,宜鼓励地方标准的制定。但对地方标准制定的依据和内容应加强统一的规范。

(6)技术标准体系表现出的某些问题,实际上还存在深层次上的原因,在很大程度上,是我国在行政管理体系在很多方面尚与国际不接轨的反映,需要研究改进。

参 考 文 献

[1] 张在明. 对我国现行岩土工程规范的几点看法:土建结构工程的安全性与耐久性. 工程科技论坛(第二届). 北京:清华大学出版社,2003.

[2] 高大钊. 岩土工程的安全性与标准化:土建结构工程的安全性与耐久性. 工程科技论坛. 北京:清华大学出版社,2001.

[3] 卫明. 工程建设标准编写指南. 北京:中国计划出版,1999.

[4] 王孟钧,杨承惁. WTO与中国建筑业. 北京:中国建材工业出版社,2002,5.

[5] Green, R & Becker, D, National Report on Limited State Design in Geotechnical Engineering: Canada, Geotechnical News, June, 2001.

[6] Euro code 7, Code for Geotechnical Design.

[7] GATS-General Agreement on Trade In Services, WTO.

• 冯叔瑜 小传

工程爆破专家,中国工程院院士，1924年6月20日出生于四川邻水，1948年毕业于上海交通大学土木工程系。

1997年中国工程爆破协会组团赴美国参加国际炸药与爆破技术第23届年会，冯叔瑜（右一）

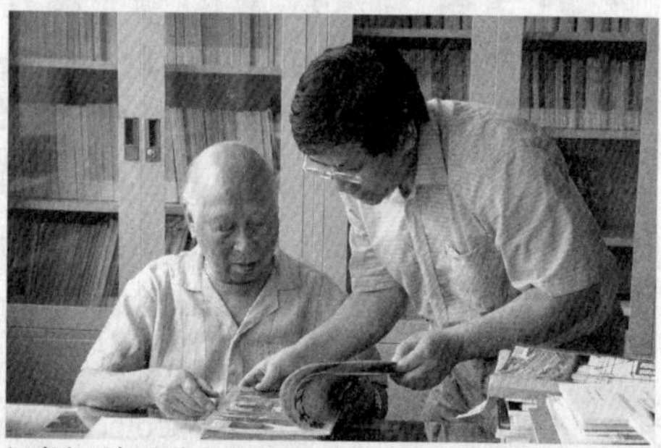

记者与冯叔瑜院士交流

北京市北京医院门诊楼拆除爆破（1985年）

1951年赴前苏联列宁格勒铁道运输工程学院学习铁道建筑专业，获技术科学副博士学位，1955年回国。现在中国铁道科学研究院工作， 博士生导师。1995年当选为中国工程院院士。

主持和参加鹰夏、川黔、成昆、湘黔等线铁路修建的爆破工程，提出我国土石方大量爆破的设计原则、计算参数的选择和路堑边坡保持稳定的方法。

主持和参加东川口、南水等大型水利定向爆破筑坝工程，提出定向爆破筑坝的设计计算方法和坝体堆积形态的抛掷堆积计算方法——体积平衡法。

土石方大爆破、定向爆破筑坝和深孔爆破石方机械化施工等均获1978年全国科学大会奖。

参与和指导国家科研项目“七七工程安全防护技术”的试验研究和我国爆破安全、大爆破、城市拆除爆破三部法规的编写和制定工作；积极推动创建了我国工程爆破协会，担任副理事长和名誉理事长，对促进我国爆破工程作业的安全、可靠和实施起到了积极的作用。

参与交通部广州黄埔港航道炸礁工程，解决了万吨轮通航问题，推动和组织铁道部石方深孔爆破机械化施工,取得了良好效果,大力推动光面预裂爆破技术在路堑边坡和隧道开挖中的应用。提出的建筑物拆除爆破理论，在工程实践得到广泛应用。

合著《大量爆破设计及施工》、《爆破工程》、《城市控制爆破》等，主编《岩土爆破文集》。

在文冲船厂坞门前的水下压缩爆破（1971年）

吉林通化钢厂除尘上料车间部分拆除爆破（1987年）

浙江地矿公司千岛湖条形洞室爆破（1999年）

爆破技术的过去、现在与未来

冯叔瑜

记　者:近些年来,我国在爆破材料、仪器和技术工艺方面都取得了重大突破,特别是控制爆破技术在城市建设和大型基础设施建设方面起到愈来愈重要的作用,在控制被爆体的倾塌方向、爆渣堆积范围及控制有害效应等方面的技术研究与应用处于国际领先水平。您是这方面的专家,请您谈谈我国爆破技术的发展。

冯叔瑜:我国工程爆破技术的发展历程是与国家经济建设的发展需要密不可分的。建国初期,国家为了恢复经济,突出了铁路、交通、矿山和水利工程设施的修复与建设工作。如成渝铁路施工、大批煤矿、铁矿与有色金属矿的复产与开工,治淮工程和荆江分洪水利工程建设等。爆破技术在这些工程建设中发挥了重要作用。为我国建国初期的国家经济恢复与发展立下了汗马功劳。六七十年代中在深孔爆破技术、矿山爆破、定向爆破筑坝技术以及峒室大爆破技术创造了许多宝贵的经验。

改革开放以来,各种基础设施的建设带动了爆破事业的发展。一方面大批新建项目包括大型机场、高速公路、港口码头、水利电力项目以及城市和厂矿改扩建工程相继开工,另一方面许多爆破科研课题被列入国家“七五”和“八五”科技攻关计划。例如:“定向爆破筑高坝技术”、“高边坡开挖爆破稳定问题研究”以及“高台阶深孔爆破技术研究”等。工程爆破技术在这一时期获得了快速发展,主要体现在:

(1)峒室大爆破技术。峒室爆破就是按预定的爆破方案设计要求,在爆破区岩体内挖掘通往药室的巷道,将大量炸药集中埋置于峒内药室之中,并用土、石料封堵后利用雷管引爆炸药,将大量岩石破碎、疏松乃至抛掷于指定范围,达到剥离、开挖和堆存、填筑等各种目的。峒室爆破的布药形式由最早采用的单个或多个集中药室逐步发展到分集药室、条形药室和平面作用药室等,以适应各种复杂地形地质条件和周围环境安全要求与限制下实现安全有序的定时定向控制起爆,以达到预期的爆破破碎效果、堆填范围和限制爆破地震对周围环境的有

2004 年 3 月,中国工程院院士冯叔瑜访谈录。

害影响。在此期间我国峒室大爆破技术的应用范围和爆破规模迅速扩大，已成功地应用于矿山、铁道、交通、水利、电力、建筑、建材、土地开发以及国土整治等部门。百吨级和千吨级的爆破当今已为国人所熟知。1992 年 12 月在广东珠海炮台山的万吨级大爆破，实现一次爆破岩石 1 085 万 m^3，成为“世界第一炮”。如此巨大的爆破工程，若用常规的机械施工方法需历时数年之久。因此，有了炸药如此巨大的能量和功率，就可以做很多一般难以做到的事了。

由于爆炸能级较高，爆破对岩体的破碎效应、岩石运动规律、爆破地震效应引起各类建筑结构的动力反应以及高边坡动力稳定安全影响等问题比较突出。我们结合岩体力学、结构力学、地震工程学、爆炸力学和应力波理论等，建立了一套适用的设计计算和安全评估方法，促进了工程爆破 CAD 系统的研究，岩体爆破机理及破坏范围、条形药包爆破作用场特性、爆破岩石鼓包运动发展规律和抛掷堆积计算方法，爆破地震波谱特性及建筑结构爆破动力响应分析方法，岩质高边坡爆破动力稳定安全分析以及爆破减振安全准则与控制技术研究等等，解决了一批工程技术急需的问题。

(2)水下工程爆破和软基爆破处理技术。水下工程爆破技术主要涵盖了软弱地基爆破加固、水库水下岩塞爆破、挡水围堰拆除爆破以及港湾、航道疏浚炸礁等。软弱地基爆破加固处理技术主要结合港湾港工建设对淤泥地基承重力和稳定性的要求，根据不同情况采用水下爆炸挤淤法、爆炸置换法和爆夯加固法进行地基加固处理。为港湾防波堤、港口码头、泊位以及储仓等设施建设服务。

岩塞爆破技术主要针对某些水库为适应防洪安全调度和扩大对下游地区工农业和城市用水的需要，在已建的水库底部修建通往下游的泄水隧洞时，避免修筑深水施工围堰，以缩短施工期和节省投资的一种施工技术。在七十年代我国东北地区的 211 工程和丰满水电站等水下岩塞爆破成功，取得了以峒室为主结合钻孔法爆通岩塞的丰富经验。八十年代后该技术有新发展，主要结合山西汾河水库和以礼河水槽子电站解决了水库厚淤泥下岩塞爆破方法，结合北京密云水库九松山输水隧洞及贵州省印江县滑坡坝抢险工程中采用深孔法解决大型岩塞爆破技术以及含石碴高速水流在洞内的运动规律与控制问题，使该项技术更趋完善。

水下爆破技术经常应用于航道疏浚。建国初期，对长江三峡航道进行了大量水下炸礁工作，使三峡航道达到了夜航上水的程度。七十年代初广州黄埔大濠洲 2km 航道 50 万 m^3。水下炸礁的成功，创造了水下爆破水面作业国际先进水平的施工方法。

挡水围堰工程是水利水电、港工和大型船坞修建主体工程时必不可少的关键性临建工程。著名的葛洲坝水电站上游混凝土心墙土石围堰、青岛某大型船坞的岩坎围堰以及河南省鸭河口电厂进水口复式深水围堰等，近年来长江科学院拆除了水电站导流洞围堰和大坝施工围堰数十座，其中以长江三峡三期围堰的拆除工程数量、技术难度和重要性等都达到目前爆破技术的最高点，都是技术难度高、社会经济效益很大的重要工程。这些围堰的爆破拆除成功，为各大型工程项目按期投产做出了重要贡献。

我国海岸线绵延数千公里，沿海建立码头、堤岸以及防波堤等工程数量巨大，对于海淤软基处理是一项重大的关键技术问题。七十年代末期就开始了爆炸处理软基的试验研究工作，先后建立了青岛海军防波堤、福建福鼎船坞滑道以及榆林港海军码头等工程。中科院力学所与连云港及交通部有关单位组织联合攻关，取得了突破性进展，总结出一套淤泥软基爆炸处理新技术。

(3) 拆除爆破技术及应用研究。拆除爆破技术主要应用于城市建设和厂矿改扩建工程。特别在闹市区和大型厂矿密集建筑群中进行拆除控制爆破是一项难度很大、技术性要求高和有一定风险的作业。地面建筑结构爆破拆除的基本原理和方法是将少量炸药埋置于结构支承和连接的关键部位，炸药引爆时，使结构的整体性受到破坏，稳定性丧失后靠结构自身重量作用产生倾倒和在塌落过程中肢解和破碎解体。由于建筑结构型式、材质、几何特征和受荷情况各异，拆除爆破工作必须充分了解掌握结构物构件和整体特性，受力状况和稳定条件三大要素，根据建筑力学原理精确设计，精心施工，正确使用爆破器材，将炸药埋入结构关键部位，并按一定顺序起爆，才能做到安全可靠地控制结构破坏失稳、定位倒塌解体的目的。

近十几年国内许多重要的位处复杂环境的高大建筑结构爆破拆除成功，包括原北京科技馆（现国际饭店）3 座钢筋混凝土大楼万余平方米，北京华侨大厦、王府井中国美术工艺楼，广州凯旋大酒店 11 层的员工宿舍楼以及武汉市 18 层危楼局部拆除；各类高烟囱和高塔，如广东茂名石化公司的两座 120m 钢筋混凝土高烟囱整体定向爆破倒塌；山东十里泉电厂 180m 高烟囱分层分段切割控制爆破；辽宁阜新电厂直径 46m，高 54m 的 I－4#冷却塔原地坍塌和定向倒塌的拆除爆破以及大量厂房建筑群同时拆除爆破成功等，积累了丰富的经验。但应该指出，个别工程由于施爆人员缺乏必要的建筑力学知识和拆除爆破经验，亦曾出现过炸而不倒，酿成险情；甚至因爆前对结构预处理不当，而失稳倒塌，造成人员伤亡的重大事故，给国家和人民生命财产带来不应有的损失。上述正反事例充分说明，建筑结构拆除爆破工作对力学知识的重要依赖关系。

(4) 中深孔控制爆破、光面、预裂爆破技术。随着凿岩机具的更新，新品种炸药和高精度、多段位毫秒延期电雷管及非电导爆管的广泛应用，中、深孔控制爆破技术、光面爆破、预裂爆破和微差爆破等控制爆破技术更为精湛、更为安全可靠地广泛推广应用。三峡水电枢纽永久船闸双线五级闸室，总长1 607m，最大开挖深度170m，最大边坡高150m，两杂室设一宽58m的中隔墩，开挖技术难度世界少有。施工采取了直立边坡成型，闸槽底部保护层开挖，光面、预裂和深孔等综合爆破技术，闸室爆破开挖石方1 000多万立方。百米高的边坡稳定、效果良好。广西柳桂高速公路超深孔高台阶光面爆破（台阶高达27m）；青岛市环胶洲湾高速公路山角村段一次实施长470m，共203排、3 080孔的深孔拉槽控制爆破；大区多排微差爆破技术在大冶、南芬和水厂铁矿的实际应用，一次微差爆破段数达100余段，炮孔数超过500个的规模；港深公路梧桐山运营隧道二期工程超小峒距掘进控爆施工以及葛洲坝工程二江电厂基础大面积开挖（19 000m^2）深孔预裂爆破成缝防震的实际应用，体现了该技术的最新进展和广阔的应用前景。

(5)爆破安全技术。改革开放以来，由于塑料非电导爆管起爆系统的推广应用；多种新型安全抗水炸药，如乳化油炸药、抗水硝铵炸药、水胶炸药以及重铵油炸药系列化产品的供应；数码电子雷管、60段高精度雷管和无起爆药雷管的研制成功，大大提高了爆破作业的安全可靠性，大幅度降低了爆破事故的发生。同时由于结合理论研究和工程经验的总结，多种安全技术法规的制定与颁布实施，通过对各类爆破人员技术培训，使我国工程爆破安全技术发展、普及与提高到崭新阶段。

(6)爆破理论与模拟技术研究。工程爆破的瞬间高速和不可重复性增加了其理论研究的难度。多年来，我国不少科研单位和高等院校结合国家大型工程项目的立项到实施，结合硕士生、博土生的培养进行了广泛的研究。在爆破作用机理、爆炸应力波传播、炸药的能量分配、爆破鼓包运动、抛掷堆积形状、预裂爆破成缝机理、建筑物倒塌、拆断的电子模拟、岩石破碎机理、爆破工程地质、岩石爆破性分级以及爆破振动效应观测和分析等研究方面，取得了一大批理论研究成果。结合工程爆破应用技术的研究，在深孔台阶爆破及其参数优化、光面预裂爆破、井巷与隧道掘进爆破、峒室爆破、定向爆破、拆除爆破、水下爆破、切割爆破以及爆炸加工等方面获得了100多项研究成果。大大提高了爆破理论和设计技术水平，指导了工程实践，有力地促进了我国工程爆破技术的发展。目前已经达到了精雕细刻所谓精细爆破的阶段。

我国工程爆破技术的进步是国家经济建设发展的需要，同时也促进爆破理论研究工作的深入。在大量爆破工程实践的基础上，针对不同的爆破工程目的，已有相应的设计计算方法，这些计算方法有的来于大量工程经验的积累，经验公式是在实测大量数据处理分析后给出的，它们也应是爆破物理现象的规律。爆破是一类实践性很强的技术，我们要十分重视实践经验的积累，尊重有实践经验工程师的认知。同时我们看到，经验的东西是有局限性的，现有的一些爆破设计方法和安全评估分析大都用经验和半经验法，还没有足够的理论依据。例如峒室爆破炸药量计算无论属强抛掷或弱抛掷乃至松动性质的爆破，基本上都以保利斯可夫公式为依据，仅在 n 值选用上不同而已。爆破作用指数 n 的含义实为爆破形成的漏斗形状特征参数。松动爆破本无可见漏斗，性质不同，套用无据。因此，爆破技术的深入发展需要爆破理论研究的深化。回顾半个世纪来我国爆破事业的发展历程，我们深深体会到爆破技术的进步离不开国民经济的发展，爆破器材和施工机具的进步，才能适应国家基础设施建设的需要，爆破技术的创新必须依靠科学技术。与此同时，只有紧密结合工程实践，不断创新才有爆破技术的进步。

记　者：国际上这一领域的发展情况如何？主要的理论和技术成果有哪些？

冯叔瑜：国外爆破领域的技术发展比较快。首先在爆破理论研究方面，以美国马里兰大学对裂隙爆破机理研究为新的起点，深入研究了裂隙岩体的爆破机理和岩体结构面对爆破的影响，使研究工作更接近于实际；利用计算机模拟爆破的研究，用于描述裂纹的产生和扩展；预测爆破块度的组成和爆堆形态。计算机模拟用的爆破数学模型有14个之多，加拿大皇家军事学院的BLASPA数学模型和有限元法建立的爆破模型、英国ICI公司HARRIES数学模型、美国EMPIRE矿山公司的爆破块度经验模型等；大量采用的先进量测技术（高速摄影机、图像分析技术、全息动光弹仪等），进一步揭示了爆破的本质。一些新思想、新的研究方法进入爆破理论的研究。例如：把爆破过程视为复杂的系统工程。在研究方法上，利用了60年代发展起来的信息论、控制论和70年代发展起来的耗散结构论、突变论、分形理论和非线性理论。总之，这一阶段爆破理论的研究更加实用化、计算机化和科学化。

在爆破技术方面，国外爆破规模普遍较大，爆破量一般为35～70万吨。大型露天矿均采用高台阶大孔径爆破，台阶高度为14～29m，孔径为310～414mm。中小型矿山的台阶高度为6～12m，孔径150～172mm。爆破大都采用计算机程序设计，考虑各种因素进行参数选定；在控制爆破技术中，虽然仍以预裂爆破和光面爆破为主，但在具体工艺上有不少的变化，如：钻凿超长预裂炮孔、孔内进行多段装药，并分段爆破。特种爆破技术，近年来国外注意研究开发油、气地震勘探和油、气井开发中的特种爆破技术，如井下套管爆炸补贴和整形等特种爆破技术、射孔爆破技术等发展迅速；监测仪器向自动化、微型化和准确化发展，爆破安全监测范围应包括：爆破振动、爆破冲击波、爆破噪声和爆破飞石。但目前应用最广泛的仍然是爆破振动的监测。爆破振动测定仪向着自动化、微型化和准确化发展。例如：美国SAVLS公司生产的NCSC5000型测振仪用电脑控制进行测振和测声操作。

在工业炸药方面，已向着多品种、精细化、可调控的方向发展。乳化炸药品种多种多样，有袋装和泵送散装乳化炸药，袋装有分为雷管感度和需起爆药柱引爆的乳化炸药等；可任意调节密度的重铵油炸药；不同密度和不同粒径的乳化粉状炸药；密度高达1.4～1.7g/ml的高密度炸药。制造工艺设备向小型化、连续化、集中化发展，炮孔装药也实现了机械化，计算机广泛应用于炸药配方设计、高技术生产控制、设备的辅助设计、炮孔的散装装药控制、现场测量仪器和许多其他方面。

在起爆器材方面，精确的起爆器材和高精度灵活的起爆系统发展较快，数码电子雷管是起爆器材领域里最为显著的进展，其本质是用一个集成电路取代了常规雷管的延时元件，改善了起爆的安全性；半导体桥丝雷管提高起爆系统精确性，它用一个电子引火头取代普通的烟火引火头，其结果是点火时间准确度达到10～100us；充气起爆系统是用一根塑料管通过雷管管体，向另一根塑料管充满爆炸性混合气体，以气体爆轰代替电流传递起爆能；低能导爆索起爆系统是由小直径低能导爆索和延期雷管所组成，通常用铺在地面上的普通导爆索起爆炮孔中的低能导爆索，通过爆轰波点燃雷管的延期元件使雷管爆炸，进而引爆炸药；Nonel-无起爆药雷管起爆系统以及油、气井和特种作业用爆破器材。油、气井用爆破器材包括射孔作业用的炸药和火药、雷管和起爆器、导爆索和射孔弹等。国外发展的比较成熟，已形成系列。

记　者：从事爆破工程具有不可预见的风险，不仅有技术、经济风险，而且有人身风险，控制风险的关键是什么？

爆破工程有许多不可预见因素影响，风险大，但随着科学技术的进步，炸药品种的增多，爆破器材的自动化程度的提高，应当是安全的。许多爆破事故50～60年代多为使用爆破器材不当造成的，1956年我在铁道部办了第一期爆破技术培训班，成员中牺牲许多，那时雷管掉地下就爆炸，炸药是硝酸甘油遇冷热都有问题。现在不会出现那样问题，现在出问题都是爆破器材管理问题。我国每年消耗炸药量在250万吨，和美国相当，甚至超过美国，特别是矿山用量最多，矿山许多施工只能用爆破技术，其他施工技术无法代替。

记　者：请您对爆破技术的发展未来做一展望。

冯叔瑜：进入21世纪，随着我国基础工程建设步伐的加快，特别是西部大开发战略的实施为爆破技术提供了更为广阔的发展空间。第一，爆破技术在西部大开发中将发挥更大的作用。西部大开发的重点是交通、能源，铁路、公路、矿山、水电大坝，为深埋隧道、群峒、深路堑控制爆破等提供了新的机遇。特别是西部地区严重缺水，每年的水分蒸发量是平均年降雨量的千倍以上，而高原融化的雪水又没有得到很好的利用，白白的被蒸发掉。

我有一设想,在戈壁滩上利用爆破技术炸几个大的蓄水水库,利用暗河相连,为农业和城市用水服务,改善西部地区生态环境。再有南水北调应建立水利调节水库,水库规模不一定很大,特别是西线要穿越山区等,可以采用综合爆破方法;第二,控制爆炸能量利用技术。炸药的能量利用率如果提高百分之一就不得了,也就是如何控制炸药能量释放。汽车发明初期是用黑火药来发动的,后来因为能量无法控制,改为蒸汽、柴油、汽油做能源,现在能否再回去考虑用炸药发动汽车、火车,主要是控制炸药能量的释放。要研究与创新通过对各种介质在爆炸强冲击动荷载作用下的本构关系、选择与介质匹配的炸药、不耦合装药、起爆分段顺序等的研究,寻找提高炸药能量利用率的新工艺或措施,降低能量转化过程中的损失,利用爆破时的脉冲电磁场、高压或高温,将炸药爆破的技术或能量应用于工业等;第三,强化理论和技术研究。如把爆破过程视为复杂的系统工程,利用信息论、控制论、耗能结构基础论、突变论、分形理论、损伤理论等通过计算机模拟爆破,描述裂纹的产生和扩展,预测爆破块度的组成和爆堆形态等。第四,提升爆破施工的自动化水平。要强化计算机数据采集、处理水平,对一些高空、高温、水下、有毒等环境的爆破施工作业要考虑机械手、机械人、遥控以及计算机控制技术。第五,拆除爆破技术设计研究水平将大幅度提高,科技含量增加。未来的拆除爆破将面临高层建筑物密集,允许倒塌的范围约束多,建筑结构复杂、强度高。对人才的需求提出了更高的要求,要求掌握结构力学、爆破技术、施工技术等综合性技术;第六,爆破安全技术将会有较大发展。爆破振动、冲击波、爆破飞石等的控制技术通过大量检测数据分析和物理模型分析将有新的突破。

创新是工程爆破技术不尽的源泉和动力,可以相信,伴随着21世纪高新技术的日新月异,爆破技术必将迎来飞速的发展。

• 刘宝琛 小传

1932年7月20日生，采矿工程专家，中国工程院院士，辽宁省开原市人。1962年毕业于波兰科学院岩石力学所，获博士学位。长沙矿冶研究院高级工程师，中南大学教授、博士生导师。

我国随机介质理论的奠基者及其应用的开拓者。发展创建时空统一随机介质理论，将其应用于建筑物下、河下及铁路下开采地表保护工程。使在本溪、抚顺、阜新等矿区从“三下”安全采出煤炭达千万吨以上。打破了苏联专家规定的太子河保安煤柱禁区，采出煤上百万吨。又应用于铁矿、金矿及磷矿，从“三下”采出大量矿石，解决了北京地铁建设预疏水地表沉降预测问题，获巨大经济效益。

出版专著5本，发表论文百余篇，培养硕士7人，博士37人。1994年当选为波兰科学院外籍院士。2000年当选全国劳动模范。

1997年当选为中国工程院院士。

岩土工程行业大有可为

刘宝琛

记　者:岩土工程正在形成一门独立的学科。它涵盖的内容不少,您主要从事哪方面的研究呢?

刘宝琛:最近的研究方向是地铁和边坡两个大的方面。整个来说是属于土木工程学大学科内的岩土工程部分,是土木工程学的第二级学科。岩土工程有很多内容,我主要从事的,一个方面是地铁,就是地铁的开挖工艺以及开挖对环境的影响。开挖对环境的影响现在挺受重视。地铁开挖引起一些负面的影响,比如说开挖后地面沉降。一开挖就会沉降几十毫米。其次是引起地面建筑物和地下管线的变形,甚至损伤、破坏;第三是地铁开挖产生噪声、引起地下水动态变化、影响生态平衡。说严重了一点。有关地铁开挖环境评估方面,现在都不成熟,但大家都在做。以前我们做得多的是地铁开挖以后引起土体和地面的沉降和变形。这个方面我们一直在做,做了不少,但是对整个环境的评估还不成熟,没成体系。现在有一个项目正在做,是铁道部的,大概今年底或明年上半年就能结束。另外,地铁还有开挖工艺的问题。特别是地铁下挖较浅,最深十几米以上。开挖后对地面一些建筑物有影响,比如桩基。地铁经常穿过桩基,要把桩给吃掉。这就有一个新的技术叫桩基托换。这个我们在广州地铁二期工程中在做,已经做完了几个桩基托换。结合工程现场,因为上面建筑物有十几层、几十层,开挖以后,桩基被切断,势必引起桩的承载能力下降,整个建筑骨架沉降,沉降以后建筑物就受不了,应力失去平衡,建筑物开裂、重心沉降、倾斜等时有发生。太严重的现在还没有。如果建筑物比较陈旧一点,一般就拆了,这是地铁方面的工作。第二方面就是边坡稳定和加固措施,特别是加固技术。对于边坡,铁路、公路都有路基边坡和路展边坡两类,包括开挖的和回填的两种边坡。这两项都有湿稳的问题。特别是每当雨季发大水,一般铁路中断、公路中断多半都是因滑坡或地滑引起的。所以对于这个问题的分析,虽然已经有几十年的历史了,但方法还不太成熟。特别是动态的,如铁路、货车的振动对边坡的影响。我在水对这方面的影响

2001年7月,中国工程院院士刘宝琛访谈录。

研究的比较多,振动方面的影响研究的不太够。另外涉及学科里的非饱和土方面的问题,一定要弄清楚。搞不好的话,有的边坡要么垮了,要么虽是加固了,却花了很多很多钱,觉得还是有点浪费。加固一边坡花一两千万是经常的。另外就是涉及边坡设计规范。虽然有,但是不完善。按规范设计,设计院就没事了,但运行中又出现病态需要处理。关于边坡稳定和加固的研究我们已经扩展到了水库边坡。最近有个37万的项目,就是湖南有个电站,40万千瓦的凤滩电站。有4个坡要滑,有的已经开始动了。就怕它滑到库里,引起水库的浪涌,造成灾害。今年上半年接受的任务,我们在做,今年要结束这个任务。水库边坡、路展边坡,还有一些自然坡,象西北地区的地滑,大范围的,村庄都滑掉了。我从事的大概就这么多。另外我还从事一些比较特殊的事情,比如公路、铁路下面有采空区,采煤、采矿挖空了,上面修铁路怎么处理。这个是我们的老行当。以前我做建筑下采矿、建筑下采煤,做的不少。做这些项目都肯给钱,因为他没着了啊,他也不会处理。我们给他勘探,用地质雷达或者是普通测量勘探以后,进行回填,钻孔注浆;如果还有困难的话,在路基上再做加固处理。路基回填之后加土工布、土工格栅呀,采取加固路基措施。京珠高速公路我们处理过三段,去年处理完。大概就是这些项目。另外我和学生们有些自然基金项目,偏重理论方面。

关于边坡动态稳定问题有个专题,还有一个还没有拿下来,正在做这方面的工作。再过两天我就进入70了,很多事情都靠学生来做。现在带在读博士生12个,硕士生不带了,给学生去带。我的学生都是博导了。另外一些项目尽量都不挂负责人了,让学生锻炼一下。

记　者:您在完成这些工程的过程中,如地铁或边坡治理呀,采用了一些新的技术,能不能做些介绍?

刘宝琛:地铁的话,就是浅埋暗挖,这不是我的专长,是王梦恕的专长。我原来搞理论搞得太多了,实践搞得少了一点。所以北京地铁浅埋暗挖基本上是王梦恕安排的。另外有一些公路隧道也拿了。以前我们搞的是矿山隧道和铁路隧道。公路隧道有个特点,就是扁、宽,4车道,6车道,扁扁的,那玩意儿稳定性问题很特殊。顶板要挖的很高的话,开挖量就大了,贵多了。所以要做的矮矮的、又扁扁的,椭圆的一半,扁椭圆。这么做,现在有不少问题。按现在一般设计规范一弄的话,衬砌厚0.7米、0.8米厚,甚至有到1米厚的。这显然是不太合理的,从理论上就没有很高的研究。现在我的学生在做工作。另外的话,就是长隧道的通风问题也来了。3公里的汽车隧道,4公里的。最近我们湖南有个雪峰山隧道有5公里,5点几公里,那通风就成问题了。汽车一跑,乌烟瘴气的,所以专门立了个项,研究通风问题。随着经济发展,有些新的问题。关于隧道和边坡的注浆加固,这是老技术,但是现在有新发展。就是说,注的浆液以前是清一色的水泥浆,效果有限,对膨胀土它不太起作用,所以现在用化学浆,稍微贵一点。现在想办法找便宜一点的浆,能够把地层粘起来。你遇到什么流沙层啊,不要直顶。顶的话,深度太大,它顶不住的,但是粘起来,它自己就形成一个注浆拱,与人工支护联合起作用了,衬砌减到200毫米、300毫米就够了。这个呢,当然是设计规范不完善,设计院不太敢用。有时我们胆子大,做些小的实验,还挺好。做化学浆,便宜又要效率高的注浆,以前用水泥、水玻璃,现在改了,不用水泥、水玻璃了,不再是老一套。

我的学生还有研究桩基的。桩基有个什么问题呢,我们几个施工点成功了,就是桩底注浆。桩底是软土,再往下挖还是软土,你怎么挖,挖20米、30米的够深了吧,承载力还是不够。桩底遇到破碎带软土就得压浆。这个有点技术,压的好,它就增高;压的不好,浆跑的到处都是,从地面返浆出来了。软土加了浆以后就变成硬的了,成了水泥土了。水泥加土固化以后承载力比土大好几倍。桩底压浆,别的单位搞了一点,我们也搞了一点,做了一点试验。

在边坡加固方面,以前的话在岩石坡、锚杆、长锚杆、长锚索加上挂网分浆,很流行。现在在土里干,我们叫土钉,不叫锚杆啦,叫土钉墙,打20~30米土钉墙。土钉墙有时还觉得不够,再加抗滑桩,土钉墙加抗滑桩联合作用。以前1m×1m、1m×2m抗滑桩是单独的,不行,桩头钢度不够。用长锚索拉锚到土里去,搞它10米、20米深,才拉住,挡住。

记　者:您最近搞一些工程如处理水库边坡吧,比较忙。能不能请您的学生给报道一下。我认为短的报道也可以体现了您的思路。您接的这些项目肯定有一定难度(刘:没难度,人家也不给咱们)。对这些难度,您采用什么方法,肯定包含了您的经验、有一定新意、有点数据(刘:不光是有点数据)。我们不需要详细的理论推导。但希望报道出来,给大家提供一些思路。别人在遇到类似问题或说遇到困难时可能会想到您,或者说从您这儿得到一些启发。

刘宝琛:总有一点。

记　者:我想就这一点东西在杂志上报道。

刘宝琛:可以。我们认为新鲜的东西就报道报道。大家看了能够得到启发,促进交流。

记　者:所以请您把这个新意写出来,遇到什么困难,难点在什么地方,怎么解决处理的。

刘宝琛:某高速公路底下有个采空区处理,处理完了,报道一下。我们查了一下,全国就两家,一家在新疆处理了一次,第二家就是在湖南。

现在岩土工程方面的项目很多,我们还是做不完,有时介绍给别人做。有的公司有大难题就找我们入个伙儿。还成立了一个公司,名称还没定下来。就是中南大学土建学院和湖南省交通勘探规划设计研究院合伙儿成立一个公司，那将来湖南省交通厅的项目都可能让我们给包了。现在我们也拿不少呢。地下水处理问题项目还没定下来，那个项目很大，重庆市歌乐山隧道和人合场隧道。两个隧道上面有4万居民。隧道很浅，开挖以后地面可能疏水，老百姓没水吃了。另外，一沉降，庄稼长不好了，都来找赔钱。那个项目就是止水，别让它没完没了地放，一个增加排水费用，另一个把水疏干了，上面供水还要重新修管道，都得业主掏钱。那是铁道部的项目。

记　者：您近来做过的或正在做的、典型的、比较有新意的工程项目有多少个我们可以报道？比如您刚才讲的软基的、水库的、隧道的、治边坡的（路基边坡和路展边坡）、地铁对环境的影响。

刘宝琛：这个要晚一点，面大了点。还请来农业大学的有关教授帮助分析分析，地下水位下降对农作物有什么影响，除了定性，还有点定量的东西好一点。另外我们还作了这样几个项目，包括振动的影响。我们有支队伍专门监测振动。最近在一个隧道，这个隧道穿过一个山包。上面有个军事工程，说什么放炮放不得。我们说放炮放得，我们给你监测。不行的话，我们就采取控制爆破措施，减少地表振动。最近正盯着测，放一炮，测一测，结果报告给部队。海军说能行就接着测，接着爆。现在还没说不行。正在它底下，山头底下穿过去，离它就100多米。石头还好，是花岗岩，振动波衰减很慢。但是他们不放心，设计时我们去了就提出了这个问题。正好我们张主任来了，给他们定了这个项目，也是30万。象这种项目都是赚钱项目。学生们又喜欢做这样的项目。我就说，你做可以，你做的过程中要有点有新意的东西。不然的话，老一套，炒现饭，弄了半天，还是这点玩意儿。你做点分析，做点机理，做点效果，后果的影响。从工程任务带点学术工作，光挣钱不行。

我们基本上这一年除了在湖南干，顶多到广东、深圳。这边都没来。

记　者：青藏线参与了吗？

刘宝琛：青藏线啊，参与了。那边也有点新意，冻土。沼泽地、永冻层、软基、流沙，这些特殊问题在内地不大遇得到的。永冻层在下面，夏天上面就化几米，冬天又全冻起来。它一冻就胀，一化就塌了，铁路就不稳定。不好处理这事儿。科学院冰川冻土研究所在兰州，研究这玩意儿都研究几十年了。有措施，都没有实践。因为这条路还没有。

新疆处理采空区你们报道过。从那儿追，追到文章。公路底下有个采空区，小煤窑，采乱了，乱了怎么办，怎么处理呢？勘察，勘察完了打钻、注浆。

土工布研究挺多的，一个是材料、一个是基底、，一个是试验。这个技术有十几二十年了，但是有些机理和使用范围还受到一些限制。有些规范不大用，打不破。我觉得规范很约束发展。设计院就很习惯按规范设计，出事他就没责任。我们设计改一改可以。哪儿不敢改，做点试验。做好了你要改，先修改规范。规范几年不修改一次，没办法。然后就搞一些局部规范的，省级的。我们一个从美国回来的教授，王永和教授在搞土工布。列点项目，搞一个局部的省级规范。

• 陈梦熊 小传

我国著名水文地质、环境地质专家，中国科学院院士，生于1917年，浙江上虞人，1942年毕业于昆明西南联大地质地理气象系。

陈梦熊夫妇与国土资源部研究中心祝寿座谈会到会同事合影

中国地质学会80周年纪念大会与部分水工环老同事合影

1998年欧洲考察，摄于罗马古斗兽场

陈梦熊，水文地质、环境地质专家，原籍浙江省上虞县，1917年10月12日生于南京市。1938年至1942年在西南联大地质地理气象系学习，毕业后考入中央地质调查所，1952年调入地质部。从1954年开始，长期担任水文地质工程地质局主任工程师、副总工程师。从20世纪80年代开始，改任地矿部科技顾问委员会委员、科技高级顾问、国土资源部咨询研究中心咨询委员，兼任长春地质学院等院校客座教授。1991年获选中国科学院学部委员（院士)。

陈梦熊早期重点在甘肃、青海进行地质矿产的调查研究，发表《泛论甘肃中部之变质岩系》、《祁连山东段之山系》（1951）等文章。1945~1950年他在黄汲清领导下参加地质编图，完成我国第一幅1：300万中国地质图（担任西北部分）和1：100万天水幅地质图。1950年~1954年，他担任并完成跨越秦岭的宝成线新线从选线到技术设计阶段的全部工程地质勘测任务，并发表《近年来我国铁路工程地质的发展》（1955）等文章。

20世纪50年代，我国地质院校创建了水文地质、工程地质专业，为了反映我国水文地质的特点和独特规律，陈梦熊主编出版了第一本主要以应用本国实际资料编写的《实用水文地质学》（1959）。陈梦熊组织、编制、出版了我国第一幅1：300万中国水文地质图。60年代组织北方各省编制出版1:100万黄淮海平原和

施密特博士代表德国地质学会授予陈梦熊院士2005年度“Loepold von Buch Medal”奖

松辽平原的水文地质图系，开创了新的编图方法，建立了中小比例尺图系的典型模式，1978年获科学大会奖。1956年他到柴达木盆地，建立了青海省第一支水文地质队，担任队长和技术负责人，完成了冷湖地区两个图幅的水文地质普查任务。

1954~1982年，陈梦熊历经30年的时间，组织领导并完成全国区域水文地质普查，制定了水文地质图的编图方法和一系列规程规范，在普查工作基础上，组织各省首次完成全国地下水资源的计算和评价。由于考虑地区的差异性，陈梦熊分别制定了平原、丘陵山区、黄土、沙漠、岩溶、滨海和冻土等不同类型地区的水文地质普查要求，为保证水文地质普查质量创造了有利条件。

为了加快普查工作的步伐，1974年组建了中国人民解放军基建工程兵水文地质部队，承担边远地区最艰巨的190万平方公里的水文地质普查任务。陈梦熊作为总工程师，从组织队伍、培训人才、制定计划、建设基地，到建立实验室和配置勘查设备，奔波在祖国大地上。70年代初他与北京大学合作，建立了我国第一个遥感水文地质培训班，培养了我国第一批遥感水文地质技术人员，并根据大量实际成果，分别编制了我国南方和北方地区遥感水文地质图像集（后者由陈梦熊主编）。

上世纪70年代，陈梦熊发表了《我国水文地质地质编图工作的发展和成就》和《我国岩溶地区水文地质编图经验》两篇总结性文章。创立具有中国特色的《综合水文地质编图方法和图例》，编制出版了大量图幅、图系或图集，在国内外获得好评。他把中国的含水层按含水介质分为5种类型：孔隙水、裂隙孔隙水、裂隙水、岩溶水和冻结层水，分别用不同色调表示，并且用颜色深浅反映其富水性，用宽窄相间的条纹表示含水层的结构，大大简化了地质内容，全面反映了地下水的基本特征。

陈梦熊发表论文140多篇，出版《中国地下水资源与环境》（1992）和《中国水文地质工程地质事业的发展与成就》（2003）等专著多部，获得国家科技进步二等奖、地矿部科技成果二等奖、三等奖，国际岩溶水文地质贡献奖，以及何梁何利基金地球科学奖等多个奖项。2007年为纪念陈梦熊院士90华诞暨从事地质工作65周年，出版了陈梦熊的《中国地下水研究论文选集》。

陈梦熊广泛参与与国际水文地质活动，从1982年开始参加国际水文地质学家协会（IAH）和国际水文科学协会（IAHS），担任这两个国际组织的国家委员会委员和IAHS国家委员会副主席，1988年在我国桂林成功的召开了IAH第21届年会。通过国际交流，吸收国外先进理论和先进技术，积极参与国际合作，完成国际水文计划（IHP）两项国际合作课题，陈梦熊在“地下水系统研究”专题组所完成的论文《华北黄河平原地下水系统》，成为全球六大典型实例之一。另一课题《水资源开发的副效应与管理》中的地下水部分，也在国际上获得高度评价。为了表彰他为促进国际交流与国际合作所做出的突出贡献，德国地质学会特授予他2005年度的“Leopold von Buch Medal”荣誉奖。该奖每年从全球选拔一位有杰出贡献的地质学家，陈梦熊是二战以后获得该奖的第二位中国地质学家。

关于岩土工程及其理论体系

陈梦熊

随着我国国民经济建设的迅猛发展,岩土工程日益受到各个工程部门的重视与关注;因为不论何种工程建设,无不都与岩土工程紧密相关,成为各类工程建设中一个不可缺少的重要组成部分。岩土工程以工程岩土体作为主要研究对象,原本属于土木工程范畴,但自我国实行改革开放以来,通过大量工程实践,并在工程地质学、水文地质学、土力学、岩体力学等学科的基础上,与土木工程学相互渗透,已形成一门新的具有边缘学科性质的独立学科,或可称为岩土工程学,并正在逐渐形成一个新的完整的学科体系。不少有关院校已设置"岩土工程"专业,相应的学术团体纷纷成立,并已出版"岩土工程界"、"岩土工程技术"、"岩土工程学报"等刊物,有力地推动了这门新学科的发展。

因此岩土工程学是一门综合性的应用技术科学,包括勘察、设计、施工、监测等全过程,在工程建设中占有举足轻重的地位。举凡建筑工程、水利工程、道路工程、海港工程、矿山工程、地质工程等等,无不涉及岩土工程问题。由于岩土工程条件受各种自然因素与人为因素的影响与制约而显示高度的复杂性,因此岩土工程直接关系到各类工程建设的合理设计、施工方案、质量保证,及工程造价,往往成为工程成败盈亏的决定性因素。所以岩土工程如果作为一门独立学科,就需要建立一个完善的基础理论和技术创新体系。

现代科学的发展过程,主要表现在高度分化和高度综合的轮回上升,即由分到合,由合到分,不断循环或同步前进的进化过程。岩土工程学同样遵循这一规律,在工程地质学、土力学、岩体力学、水文地质学等学科的基础上又形成许多新的分支学科。例如通过基坑工程正在形成基坑岩土工程学,通过基础工程形成基础岩土工程学或桩基岩土工程学,通过路基工程形成路基岩土工程学,通过边坡锚固工程形成岩土锚固工程学,通过地下工程形成地下建筑岩土工程学,等等。

以上这些分支学科,虽然发展程度不同,但已成为促进学科发展的主要动力;它们相互渗透、相互溶合,使岩土工程学上升到一个新的高度。以上所列新形成的各分支学科，主要属于应用技术范畴；作为一门应用科学，主要应包括基础理论与应用技术两部分。因此基础理论研究更应走在应用技术的前面，两者相辅相成，相互促进，逐渐创立一个新的完善的学科体系。

众所周知，岩土力学是岩土工程最重要的理论基础。20 世纪 80 年代以来，由于在基岩地区工程建设的日益增多，中科院地质研究所在岩土力学的基础上，进一步把裂隙岩体的力学特性作为岩体力学的研究核心，提出"岩体结构"的新概念，创立了"岩体工程地质力学"，并进一步发展成"岩体结构力学"。原地矿部地质力学研究所用地质力学理论结合构造应力场的分析，研究岩石变形与流动，称为"岩石力学"。岩体工程地质力学与岩石力学、岩体结构力学等理论，基本是相辅相成，相互渗透，形成多学科交叉，岩土力学输入了新的血液。

应当指出，对于岩土力学的研究，不能忽视地下水的作用。在岩土工程中，经常会遇到水的问题，例如开挖基坑或矿山坑道，在施工阶段首先就要解决地下水的疏干问题，否则就会影响基坑或坑道的稳定性。上世纪 50 年代笔者曾在宝成线参加新线工程地质勘察，当时穿越黄河水系与长江水系分水岭的秦岭大隧道，是全线控制性工程之一。经过勘探工作，认为隧道主要穿越一个比较完整的花岗岩体，工程地质条件比较良好。但南峒口开挖以后，发现在花岗岩体内有一个巨大的片岩包裹体，小断裂十分发育，在风化带内地下水的活动也十分强烈，使片岩软化，并沿断裂面滑动，造成峒口严重坍滑事故。对于这样一个复杂岩体，在地下水作用影响下，如何进行岩体力学的定量分析，做出峒口工程的合理设计，对岩土工程来说就是一个不易解决的难题。因为这不仅涉及岩体力学问题，同时还涉及裂隙岩体的岩体水力学问题。

近年来对岩体水力学的研究，已逐渐形成一门专门学科，并将成为岩土工程基础理论的重要组成部分之一。岩体水力学应用水力学和岩体力学的基本理论，结合地质体——岩体的具体特征，研究岩体与地下水相互作用的演变规律。例如研究在岩体应力场（包括人类工程力）作用下地下水的运动规律，以及在地下水渗透力作用下的岩体渗透稳定性等问题，为工程设计和施工提供理论依据。所以岩体水力学是在岩体结构理论、岩体渗流理论与岩体力学理论的基础上，所创立的一门与岩土工程密切相关的新学科。

岩体力学与岩体水力学的发展，有利于解决基岩地区岩土工程经常遇到的许多复杂的工程地质、水文地质问题，并将使岩土工程的理论体系更臻完善。

参 考 文 献

[1] 王思敬，等. 工程地质力学发展. 地震出版社，1994.

[2] 陈庆宣，等. 岩石力学与构造应力场分析. 地质出版社，1998.

[3] 许彦卿，等. 岩体水力学. 西南交通大学出版社，1995.

● 刘广志 小传

1923年3月11日生，探矿工程专家，教授级高级工程师，中国工程院院士。

刘广志院士是新中国地质部门探矿工程的奠基人，从事探矿工程近60年，是我国涉足石油探采、水文地质、工程地质等钻探、掘进工程专家。

解放初期，他奔波于白云鄂博、铜官山、攀枝花等大型矿山，组织多工种综合勘探，做出重要贡献。鉴于当时我国探矿工程落后局面，领导人造金刚石小口径钻探配套技术研究与应用，1985年获国家级一等奖；领导研究推广定向钻探、绳索取心钻探、空气钻探、反循环钻探、孔底动力机钻探五大技术，使我国钻探工程不仅居世界先进行列，还为一批老矿山探明了深部备用储量。

创造性的为上海治理地面沉降、用小型钻探设备治理广西田东煤田严重喷气失火事故、钻成松辽盆地第一口油井等做出突出贡献。

为促使我国地质学向地球深部发展的世界总趋势，倡议开展中国大陆科学钻探，科钻1井已于2005年6月胜利完工，井深5118米全用金刚石取心钻探，居亚洲首位，获地球深部众多最新信息。

主编中英文版《金刚石钻探手册》获部级科技进步一等奖。主编《科学钻探》信息资料三卷8集计250万字。论文200余篇，专著34部(册)。

1995年当选为中国工程院院士。

钻探、掘进从工程技术走向工程科学

刘广志

20世纪以来，随着科学技术的飞跃发展，探矿工程也有了迅速进步。我认为它的发展大趋势有三个方面：

1 受控定向钻探工艺学有了广泛的应用，占有工作量很大

受控定向钻探工艺学是一项特殊钻探工艺学，它包括地质岩芯钻探中各种方式的定向钻探（图1）、对接井（图2），油气钻探中的大、中、小曲率半径的定向井丛式井等，以及大位移水平井（图3、4、5）。

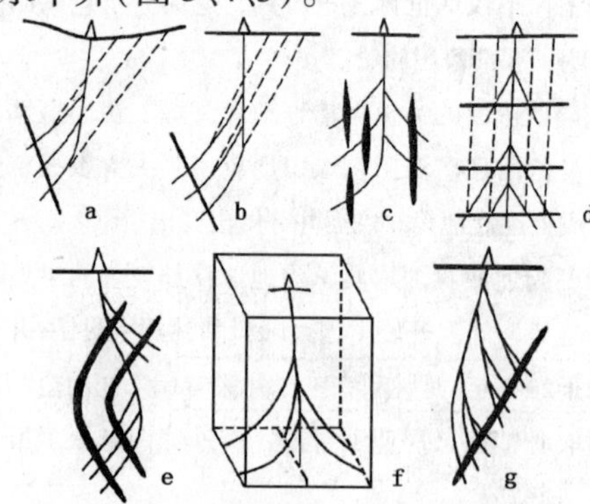

图1 按施工实例综合的定向孔分类

a－主孔倾斜的单向羽状孔；b－主孔垂直的单向羽状孔；c－主孔垂直的双向羽状孔；d－主孔垂直的双向分支孔；e－支孔不对称分布的双向羽状孔；f－空间型集束孔；g－多级分支定向孔。

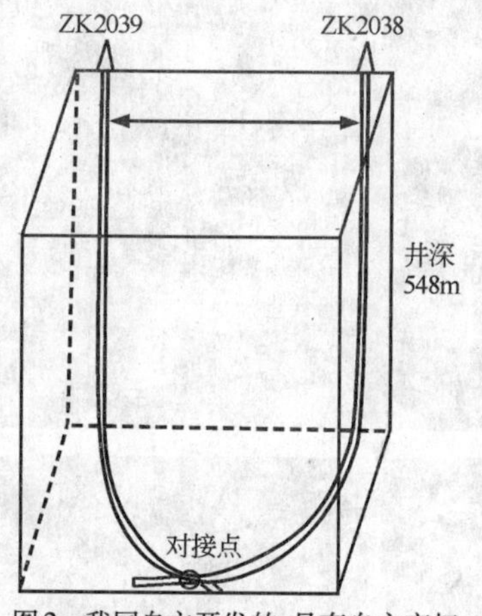

图2 我国自主开发的、具有自主产权的采卤定向对接井

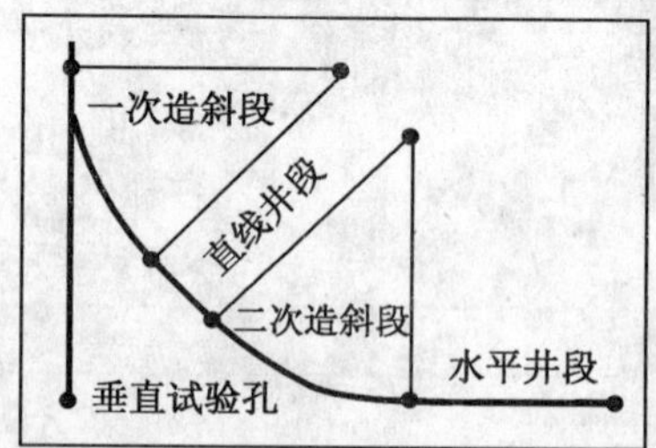

图3 钻孔孔身二次造斜剖面图

其发展趋势，大有逐渐取代用方格布井和按勘探线布井进行钻探工程的趋势。这种趋势是必然的，因为随钻测量（MWD）、随钻测井（LWD）、定

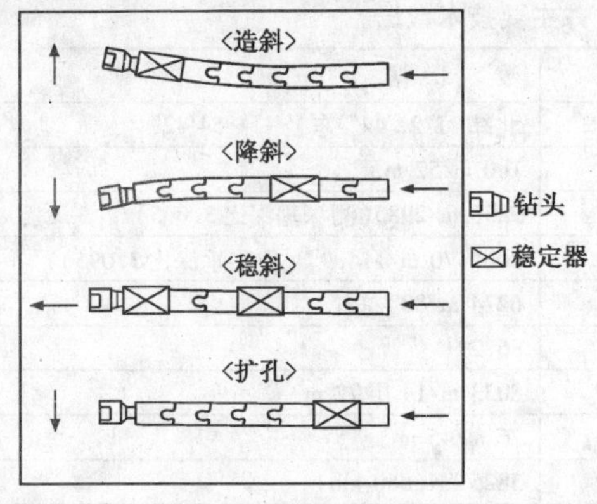

图4 不同稳定器安放位置不同形成造斜、降斜、稳斜、扩孔作用

向器具，以及近年发展起来的所谓"地质定向"技术与仪器(Geo-Stering Tools)的研制成功，更促进了它的应用与发展。从而明显地使钻探工艺的高科技含量猛增，拉动了钻探工程自身的发展，钻探工程已不单单是一种工程技术，而悄悄地转变成为一门"工程科学"，北京地质大学、长春地质大学均专设了探矿工程系。实践证明，高科技含量高了，不但节约了大量工作，成本投资也大大减少，勘探速度加快，还会增加各种固体矿产的开采和油气开采量。当前受控定向钻探工艺，经过近年的研究与开发，取得了许多新成果：①用微机和软件设计定向钻孔的轨迹参数(造斜点KOP、曲率末端点EOC，曲率半径ROC)等；②高科技钻头、新型测斜仪与随钻测量(MWD)配套钻成大批陡斜矿床孔、采盐卤对接井和难度很大的大位移水平井；③已定型的定向孔模式向三维设计定向钻探方向发展；④城市非开挖铺设管缆工程的另一种群的钻探设备、工艺成果大规模推向市场。

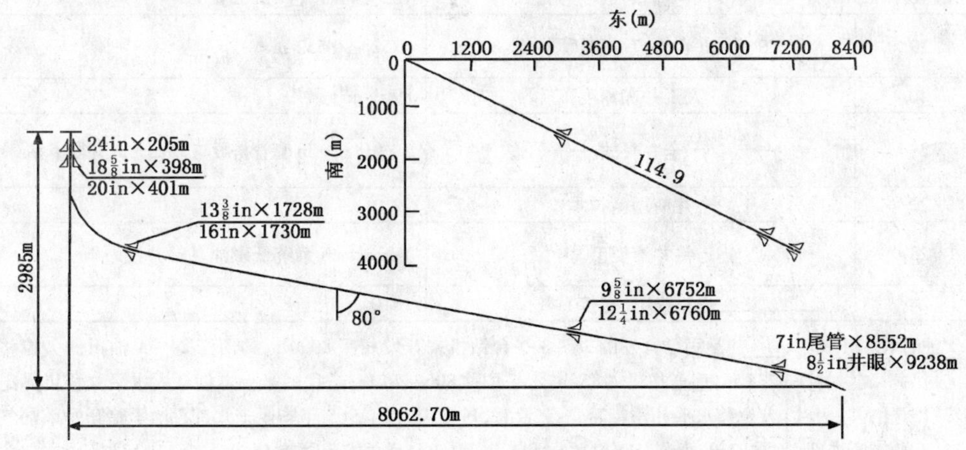

图5 西江24－3－A14井井身结构示意图

总之，定向钻探工艺学发展之快、成效之好，令人吃惊。这项技术昔日的老面孔焕然一新，它今日的高科技内涵，无论是理论、设计、实践，早已跻身于钻探(钻井)工程的顶尖科技范畴。它不单是一项新技术，而且形成了一门"工程科学"。

我国钻成第一口创世界纪录大位移水平井——西江24-3-A14井。(表1)

表1　西江 24-3-A14 井主要技术数据

序号	项　目	数　据
1	位　置	北纬 21°22′44″,东径 114°54′42″
2	水深/补心海拔	100 m/52 m
3	测量深度/垂直深度	9238 m/2985(测深垂深比 3.095)
4	水平位移/闭合方位	8062.70 m/114.9°(位移垂深比 3.095)
5	稳斜段长/稳斜角	6274 m/80°左右
6	最大井斜角	86.2°
7	第 1 靶深度/钻穿油层厚度	8033 m/14 层 72 m
8	设计中靶半径/实际中靶半径	76 m/45 m
9	实际最大提升负荷	3825 kN(860 klb)
10	最大排量	4 m^3/min(1060 gpm)
11	最大泵压	33 MPa(4800 psi)
12	最大扭矩	69147 N·m(51000 lb·ft,1200 A)
13	最高日进尺	927 m
14	全井使用钻头数	12 只(最高单只进尺 1494 m/纯钻时间 41 h)
15	一般机械钻速/全井平均机械钻速	6~49 m/h/13.44 m/h
16	旋转钻进与滑动钻进时数比	82:18
17	建完井周期	101 d(2423.65 h)
18	生产时效	1850.40 h(占 76.35%)
19	$9\frac{5}{8}$ in 套管/7 in 尾管下深	6752 m/8552 m
20	人工井底深度	8961 m
21	全井事故	2 次 $18\frac{5}{8}$ in 套管挤毁与 $12\frac{1}{4}$ in 井段卡钻
22	全井使用新技术	22 项
23	钻井液类型	Versaclean 系统低毒油基钻井液
24	全井费用(直接)	1810 万美元

注:西江 24-3-A14 井是用已开发的 24-3 平台钻机来开发相距 8000 m 的西江 24-1 油田的大位移井,测量井深 9238 m,垂直井深 2985 m,水平位移 8062.70 m,是我国第一口创最大水平位移世界纪录的井。(注:大位移水平井作者简介:张武辇,1943 年生。1965 年毕业于北京石油学院开发系油气井工程专业,曾在四川、贵州从事钻井技术工作,曾任公司总工程师兼 16/06、17/22 合同区中方首席代表、高级工程师、SPE 会员)。

当前最核心的技术问题是:研制我国有自主开发产权的地质导向仪器中的 MWD(井下定向仪)系统或不如就研制新型的 VDS(垂直定向系统)。但其难点是要考虑油气井和岩芯钻孔的口径、信号传输方式、滤波、防噪等问题。目前,国外这种仪器的核心部件,还不允许我们进口。

2 掘进工程大进步、大发展

近20多年来地矿部门的掘进工程从单纯为勘探找矿服务,走向社会、走向市场,为交通(60~80 m^2 的公路隧道)、水电(50多平方米的泻水隧洞)、环保、引水(引青济秦等)、铁道、地铁、国防等需要的各种大断面隧道施工了近百条,累计进尺达数十万米。与北京西客站配套的双向四车道特大断面隧道,达223.5 m^2,可谓亚洲之最。施工中创造性地采用了"新奥地利法",即NATM(New Austrian Tunneling Method)。具体采用了:光面爆破、围岩量测、挂网喷锚等措施,顺利完成了许多项艰巨任务。

据1985~1993年底的不完全统计,大断面隧道已建成43条,除上所述223.5 m^2 最大隧道外,云南安楚高速路2号洞断面110 m^2,长112 m,3号洞断面×长度为120 m^2×80 m,内昆阳宗海1号洞50~67 m^2×350 m。

环境治理隧道:含引水、改水、灌溉、排污、排涝和水土保持等功能,如西湖引水隧洞长1 605m,解决了西湖800多年自建成以来未换过水的难题,杭州西区灌溉洞长6 400m,引青济秦隧洞长7 075m,不仅解决了秦皇岛240万人饮水和大型海轮添加淡水问题,还解决了附近3个县的灌溉需要。

电站引水隧洞:浙江丰潭(3 025m)、文成(3 200m)、河北丘窝(1 097m)、河北桃林口截流(575m)、磨房沟(2 000m)等10处。

矿山探采洞:河南桐柏(6 000m),辽宁锦西(3 340m),义县(1 600m)。四川什邡(2 400m),大华山(2 630m)等5处。**大断面公路隧道:**辽宁八盘岭(66m^2×627m)、吉林小盘岭(88m^2×601m)、贵州江界河(91m)、井冈山(716m)、浙江嵊县(2 800m)、山西红子山(140m)、司庄(335m)、河北梯子岭(1141m)等10处,掘进施工难度极大,可称掘进工程之最。

铁道隧洞:浙江桃花(600m)、石笕岭(50m^2×1 756m)、吉林图门(426m)、四川渠县(2 800m)、贵昆(300m)、广西米花岭(680m)、贵州册享尾下(730m)等9处。

这些大型隧道都是在改革开放、市场经济的带动下,进行施工的,既支援了国家重点建设,又获得了可观的经济效益,并锻炼了一支能打硬仗的多功能队伍。主要经验是:

(1)创造性地采用新技术,发展了"新奥法"。按照"岩变我变","辩证施治"的观点施工,从而取得一个又一个的胜利。

(2)在强风化、大断层带,采用大管棚超前支护,顺利贯穿了北京西单地铁、引青济秦27处断层和安楚公路2号洞16m大塌方等一系列难题。

(3)围岩量测是掘进工程的"保护神",探矿工艺所在安楚公路隧道内外设了110个传感器,及时对边坡位移、地面沉降、净空收敛、拱顶下沉、围岩内移、锚杆应力、喷层应力、围岩压力等10多项细微变化,及时提供量化测量数据。既保证施工安全,又提高了掘进效率。

(4)按照岩体特性和施工需要,因地制宜地采用全断面或正台阶分层掘进法。应用已有的长独头3 000m隧道通风,获得满意的通风效果。将高压电缆在工作面变压成工频使用。

(5)用电瓶车、大型梭车、立爪式装岩机等提高长距离运输效率问题。

(6)用锚杆、钢筋网与喷锚支护相结合,治理滑坡、保持边坡、顶板稳定,万无一失,已获得了多次成功经验。

(7)队伍讲团结,尊老爱幼;不打无准备之仗;发挥人才、技术、设备、科研优势,从而创造性地发展了"新奥法"。

施工跨越江底的小断面隧道是另一项刚开始的掘进新任务。

在支援塔里木至上海的长距离石油管道的铺设工程中,有许多次要跨越长江与其他河流,开凿小断面(2.5×2.5m等)的跨越江底的隧道。这类隧道具有不防碍水面通航,隧道内又便于维护检修和铺设多种管道、电缆、光缆等优点。四川境内已掘进成功长短不同的这类隧道5条,重庆市内从南岸至江北的一条长1 062m的跨长江隧道,被评为优质工程;被誉为跨越"长江第一隧"。是由四川915工程施工公司承包施工的。另一条由忠县至宜昌的跨长江隧道正在施工,断面2m×2m,全长1 640m。目前施工正顺利进行。

他们施工的诀窍和经验是:

(1)隧道开工前先在设计好的隧道轨迹上,在激光制导的情况下,从隧道两端,用HDD法,即水平定向钻进,取出全套岩芯,逐段做岩石物理力学性能测定,特别应注意裂隙、断裂、断层等的确切部位。作到掌握隧道全程岩石情况。

(2)按照掌握的岩层情况,认真细致地制定隧道全程各处的"渗水、漏水、突水"的治理方案。

(3)作好管棚支护的各项准备工作。

(4)在可能突水的掌子面前方,用坑道钻机打探水孔,并准备堵水器物。

(5)用架设管棚或挂网喷浆,或锚固的办法,治理松软岩层等。

(6)施工中采用"新奥法",并加强围岩量测工作,作到万无一失。

3 非开挖工程将与地下空间工程接轨

近年来我国"非开挖工程"发展速度令人吃惊,是始料莫及的。举例如下:国家将投资数百亿人民币,推进地下空间建设,将200座城市的各种架空明线缆从空中转埋入地下,非开挖工作量急剧增加。北京地铁5线已经用从德国亨利克公司进口的直径6.19m的盾构机,施工雍和宫—北新桥的5线地铁;广州二线自三元里至越秀公园顺利掘过14m深13条铁道的火车车站;深圳地铁也将用盾构机掘进。上海盾构机械施工公司,据说已经承包了17条各地的地铁施工合同,种种迹象表明,我国地铁施工方法已经从传统的掘进施工方法,**逐步向**

现代化的地下空间整体施工方法转变,这是值得庆幸的。小型盾构机,直径0.8~1.0m的,已经多家引进。北京亮马河北路污水水泥管道,直径2.7m,全长1 696m,也是用小盾构机施工的,从1999年9月~2000年1月,掘进750m,日进10m多,总投资预计可从4.5亿元降低到1.5亿元。

西气东输的管道全长1 412km,投资约1 200亿元,非开挖工作量极大:上海跨越黄浦江江底的管道,直径0.5m,全长1 700m,水深15m,已经用HDD法将深东海平湖海上油田的天然气,从浦东送到了浦西用户。北京高碑店污水处理厂,位于左安门至永定门之间,是北京地区最大的污水处理厂之一,距离24.7m,用顶管法将直径1.0~1.2m水泥管顶入到位。天津大力神非开挖公司承接了天津西热力公司10 kV、双电源铺缆工程,缆径70mm,缆重10 t,许应拉力10 t,经精密计算实际拉力2.3 t,穿越过程中采用自行研制的滚轮减磨器,全长800m,仅用1.5 t拉力、50min,顺利拉过。

上海奉贤污水南非工程穿过海堤进入海底,长1 856m,超长水泥管道,直径1.6m,一次顶入创下"顶程最长、顶速最快、轴线控制最好"三项国内最新纪录。成都电信管道公司用黄海机械厂制造的FDP—15B钻机钻进2个直径550mm的钻孔(分7次扩孔),长度80m,在每个孔内分别铺入直径110mm PE(聚乙烯)管12根。

北京中关村西区最近建成一条市政综合廊道,全程1 900m,分上、中、下三层,断面13.6m^2,层高2m,一层为2条小汽车道,2座人行梯,还规划三万个停车位,各种市政管线集中在管廊内铺设。实质上地下综合管廊是我国第一项"地下空间工程"。

凡此种种事例,浩如烟海,数不胜数,说明我国非开挖工程发展迅猛,成绩斐然,分析其原因如下:

(1)于1998年成立了中国非开挖协会(CSTT),首先把30个非开挖单位组织起来并加入了国际非开挖协会(ISTT),信息网设在国土资源部信息院。三位负责人(颜纯文、何宜章、宋翔雁教授)主动认真地负起责任,有力地推动了协会的运作与活动。

(2)由于非开挖工程是一项全新的生态环保、绿色工程,受到了国内各大传媒和专业刊物的重视,及时作了多次的宣传和报道,中国工程院为此也专门发了刘广志院士题为"**不叫马路开膛破肚,倡议推广非开挖铺设地下管线技术**"的建议,以引起中央、国务院等高层领导的注意和支持。

(3)HDD的设备、工具、工艺和各项配套的设施,经过中国地质装备集团公司所属各个探矿机械厂的努力,以及国土资源部各研究所的共同研制,不久,从小到大,各种国产非开挖钻机就用在了全国的施工现场。几个开创部门带了个好头儿,如北京水利勘测总队、勘探技术研究所,长春科技大学等等。到2001年4月,据不完全统计全国现有非开挖钻机生产厂家8家,产品21种型号;水平钻机生产厂家3家,产品5个型号;水平顶管钻机生产厂家4家,产品8种型号;气动锚、夯管锤生产厂家6家,产品10多种。西安探矿厂还生产了一种自行式长行程螺杆连续墙钻机,实行钻孔、灌浆一次作业。这几年为了急切地开展工作,从国外也引进了一些非开挖设备。一些外国公司也进入中国市场,Ditch Witch 在上海设厂,为美国 Vermeer 公司在北京、上海、天津、广州等地设了办事处;以制造全断面(0.8~1m)TBM 机而闻名的日本三大公司(小松、伊势、罗丝)也摆出进入中国市场的架势,外国销售施工公司的活动态势,无疑将是对我们工作的另一方面的促进。许多外国专业刊物的进口,对我们了解国外发展提供了可贵的信息。

(4)非开挖工程的优越性,对绿色生态环境的贡献日益明显,已逐渐为建筑、市政、铁道、交通等领导部门重视。上海已有明文规定,开沟伤害 $1m^2$ 绿草地要赔偿多少元;据人民日报2001年6月12日报道,广州市扩建工程办公室宣布《广州市道路挖掘管理办法》,今后管道施工,必须纳入总体规划,换句话说就是不准再给马路“开膛破肚”了。

非开挖工程的发展前景广阔,将与城市地下空间工程接轨,我国许多有远见卓识的专家提示,城市可持续发展所面临的主要难题是土地、水资源、环境污染。大力开发地下空间是有效之道。在欧洲一些国家已经开始动作了,首先因为他们的土地面积有限,十分拥挤,不开发地下空间已无其他出路。我国虽无他们的难题,但人口众多,城市集中,从现在开始就应该考虑这个即将面临的严重问题。

这里我们还应该先探讨非开挖的前景。作者认为,按照当前情况预测,非开挖工程横向将会向广阔的实用领域自然开拓;这一点我们不应该为她顾虑和担心;非开挖工程的纵向发展倒是应该好好研究一下。非开挖本身应用面越来越广,能作的工程越来越大,而且这种工程国外叫战略性隐蔽工程(Strategic Infra-Structures),顾名思义,她可以把堵塞的交通引入地下,拥挤的商场可以建在地下,通过统一规划可以建统一的管廓,容量大又便于维护检修更换等等。专家们预言:开发城市地下空间,将从非开挖工程技术为起点,到时候大中小型盾构机和其他新机具新工艺将应需而出。专家们预见今后:① 城市地下空间利用的主要趋势是综合化;② 逐渐分层化深层化;③ 市内城市间高密度化交通的地下化;④ 地铁隧道将减小断面,建设成本降低;⑤ 单体地下空间的建筑形态将多功能化、艺术化。“9.11”美国纽约世贸大厦(110层,高410m)遭恐怖分子袭击,受到严重破坏,幸而有完整的地下空间建筑,否则损失更加惨重(据说大厦下面有地铁十几条,广阔的商业中心和大片停车场,均完好无损)。

地下空间工程发展前的前期发展:

(1)隧道掘进机与盾构机应成为

隧道快速掘进的普遍工艺；

(2)钻爆法掘进中的数字化掘进趋势要逐步加强；

(3)微型隧道掘进工程要加速发展,为大型掘进工程准备技术；

(4)勘察、设计、施工的信息化技术重新协调归并、整合。

(以上内容参考钱七虎院士意见,见2001.6.23《科学时报》)

总之,钻探与掘进工程的现代化,已从工程技术走向工程科学,将为我国地下空间建设作出更大贡献。

参考文献

[1] 刘广志."中国非开挖工程发展迅速成绩裴然".北京国际非开挖会议,2001.

[2] 张武辇."我国第一口创世界纪录大位移井西江24－3－A14井".石油钻控工艺,1998年增刊.

郑颖人 小传

岩土工程与地下工程专家，中国工程院院士，1933年11月5日生，浙江镇海县人；1956年毕业于北京石油学院，现任后勤工程学院教授，博士生导师，岩土工程研究所所长。

1933年，郑颖人出生在浙江镇海，当时正值抗战时期，他几次辗转逃难，几次辍学，但也有幸受到了进步人士的熏陶和关怀，度过了他坎坷而又愉快的童年。他早年就读于父辈们捐资兴建的启绪小学，后又转入具有光荣革命传统的凤湖中学读书，凤中在抗战时期，暗中接受党的领导，曾输送了不少师生踏上抗战与革命的征途。

小学毕业时，恰逢抗战胜利，正当全校师生兴高采烈时，浙东新四军奉命北撤，学校解散，他辗转到上海求学。

中学时期，他爱读书，好思索，潜移默化地激发和培养了他的品德、激情和献身科学的理想。高三时，在抗美援朝、保家卫国的声浪中，抱着“国家有难，匹夫有责”的决心，毅然投笔从戎。他记得当时二哥送他踏上征途，坐在黄浦江的汽轮上，迎着阵阵秋风，望着层层波涛，脑海里时时隐现着“风萧萧兮易水寒，壮士一去兮不复还”的悲壮诗句，这是他人生的第一次转折。

参军后，经过预备学校政治思想与军事素质的锻炼，转入哈尔滨空军一航校机械科学习，毕业后又受军队派遣到清华大学石油系储运专业学习，后并入到北京石油学院，直至毕业。

四年美好的大学生活，使他幼年献身科学事业的理想再度萌生。当时，大学里充满朝气，没有后来那种政治动荡，师生之间关系和睦，大家都感到解放胜利了，扬眉吐气，一心学习，准备报效祖国。在这样的环境下，尽管自认智力平平，但他刻苦学习，喜爱思索，弥补了他的不足。大学时期就开始阅读国内外文献、杂志、翻译文章，取得优良成绩。

大学毕业后，他被分配到哈尔滨军事工程学院，从此进人高等军事学府的殿堂，先分入工程兵工程系，后转入空军工程系机场场道建筑教授会，传授机场油库建筑课程。到校后，当时只有一本苏联教材，他边翻译，边写讲义，四个月后就登上了讲台，得到了学员的一致好评。

在几十年的教研生涯中，郑颖人院士干一行，爱一行，努力把工作做得最好，他认为这是教师应有的责任。由于学校课程改革，系里决定让他改讲力学理论较深的“地下建筑”课程，从油料机械专业改行搞土木专业，相距十万八千里，难度很大，但他认为只要人民需要、国家需要，就要不畏艰难钻进去，这就是他人生的第二次大转折。几个月后，他带着两本书，接受了带领学生到现场进行毕业设计的任务。此后，多次任务变更，环境变迁，他都能很好地适应，使他专业面越来越广。六、七十年代军事地下工程蓬勃发展，他承担了空军第一个地下洞库建筑的设计任务；提出与完成了软弱地层中一种掘开式飞机洞库的结构型式；1969年提出了圆筒形地下油库的设计计算方法，获全国科学大会奖，并获全国科学大会先进个人称号。以后又进行了军队地下仓库结构型式的改革，在地下军事工程建设中为部队解决了一系列技术难题。他工作敬业、执着，教材年年写，年年变，使他的学识大有长进，这些教材后来逐渐演变成专著。

90年代初，他从西安调到重庆，进入后勤工程学院。重庆是座山城，随着环境的变化和社会的需求，他提出了在浅埋洞室上，不采用结构方法，直接在洞室上修筑高楼的设想及其设计计算方法，并在自贡市实践了这项理论，为后来重庆等地修建类似工程提供了范例。重庆是个地质灾害严重的山城，到处是边坡与滑坡工程，为适应这一环境变化，他从研究地下洞室改到研究山体边（滑）坡方向。近十年来，结合三峡地区众多的边坡、滑坡工程进行了边（滑）坡稳定分析方法的研究，提出了岩石边坡的实用计算方法，并为国家编制了第一个边坡工程的国家标准，获得广泛的应用。他指出了现行规范中边（滑）坡稳定分析的一些错误；解决了库水位升降情况下边（滑）坡稳定分析的计算方法；进行了三峡库区碎石土强度与渗透系数的调研与实验；应用有限元强度折减法，开创了抗滑桩的长度设计，考虑桩土共同作用的抗滑桩与埋入式抗滑桩新的设计方法，提升了边（滑）坡治理技术水平，经济效益十分显著。与他人合作，出版了著作《边坡与滑坡工程治理》，全面介绍了当代边（滑）坡力学与边（滑）坡治理工程中的勘察、设计、施工与监测方法，2008年获全国“三个一百”原创科技图书奖。论文“有限元强度折减法在土坡与岩坡中的应用”获得2007年中国百篇最具影响学术论文奖。

由于军事工程的地域范围十分广阔，区域性土成为军事及工程建设中的重要研究领域。他在主持的“湿陷性黄土地区机场跑道沉降原因分析及其修复技术”课题中，提出了“压实黄土虽然消除了原黄土的湿陷性，但在一般情况下，仍会遇水产生湿化沉降”的观点，揭示了山西某机场20年来沉降不均，多次翻修无效的原因；他还参加了国军标《膨胀土地区营房建设技术标准》的修订，完善了膨胀土的判别标准，对一些不易确定的土进行了二次判别，并考虑当地气候，修正了胀缩变形的计算公式。通过大量实验，提出了基于含水率变化的膨胀力和膨胀率的新概念及其相应测试与计算方法。他还提出机场场道地基与边坡的膨胀土判别标准与分类方法以及膨胀土场道地基的处理标准与边坡处置方法，产生了显著经济效益。1998年完成的“某机场软基处理技术研究”课题，通过了4次现场试验，找出了软粘土（淤泥及淤泥质土）地基强夯处理屡遭失败的原因。通过采用人工排水与低能量、逐级加能、多遍少击强夯新工艺，突破了强夯的禁区，取得了重大经济效益，已在国内、国际广为应用，获国家科技进步二等奖。

郑颖人院士重视基础理论的研究与应用，他坚持基础理论是创新的基础、创新的灵魂，因而特别关注岩土力学学科的发展。

上世纪60、70年代，他发现当时广泛应用于地下工程设计的普氏拱理论有很大局限性，他在国内最早引入了弹塑性理论于隧道工程，翻译了卡斯特乃的“坑道与隧道静力学”著作，修正了芬纳公式。1977年底，率先导出了圆形地下结构的弹塑性与粘弹塑性位移解答，基于围岩与结构的共同作用，提出了围岩压力计算公式，从而揭示了锚喷支护的力学原理。他出版了《地下工程围岩稳定性分析》一书，这是一本对国内岩土界中青年学者有很大影响的著作，被推荐参加国际书展。

80年代他涉足本构关系的研究，发展了应变空间、多重屈服面塑性理论，出版了著作《岩土塑性力学基础》，全书从力学观点把岩土本构关系形成了系统的学科，被专家誉为一本具有国际水准的教材，获水利部优秀科技图书一等奖。

90年代他在经典塑性力学中引入岩土摩擦材料的特殊性，建立了广义塑性力学理论体系，发展了岩土塑性力学，出版了《广义塑性理论——岩土塑性力学原理》专著，多次重印，受到广大读者的青睐。

近10年来，他结合边（滑）坡工程治理研究，专注于有限元极限分析法这一新的研究领域，不断完善其基本理论与基本方法，提出了莫尔——库仑等面积圆准则，平面应变条件下莫尔——库仑匹配准则，大大提高了计算精度。他努力开拓这一方法的应用范围，在边（滑）坡工程领域，从土质边坡扩大到岩质边坡，从二维边坡扩展到三维边坡，从稳定分析扩展到支护设计，从稳定渗流扩展到不稳定渗流，并把它应用到基坑、地基基础、地基处理、现场测试等全方位岩土工程领域，目前，正和同行及学生一道努力进行岩土工程设计方法的全盘改革，包括隧道与地下工程设计、地震边坡抗震设计、加筋土挡墙设计等方面。

执着追求、安贫乐教、探索创新、求是务实是郑老师的第三个特色。他常说人是要有些精神的，专心致志、矢志不渝，一心扑在科教事业的发展上，不贪求权力、不追求虚荣、生活低调，这正是他工作毅力与耐力的所在。中科院孙钧院士给了他一个恰如其分的评语：“潜心专研、默默奉献”。直到今天，古稀之年，依然青春常在，老骥伏枥，壮心不已。国内一些学者称他为常青树，硕果累累，在学术上带领着年轻同行不断前进。

“探索创新，求是务实”是郑老师的治学格言，探索、探索、不倦地探索是他的精神，只有探索，才能创新，是他的信念。他相信科学来不得半点虚假，他也认为人的认识是有一个过程的，在不断的认识过程中也要勇于吸收别人的长处，不断修正自己的错误。

对待研究的创新成果，他常说：一要不断的检验，要使你本人与你的同行都确信不疑；二要不断的宣传，三要不断的完善，提高与扩展成果。

郑老师平易近人，学术民主，常与学生一起探讨问题。至今，他已经培养了硕士、博士80余人。

郑老师兼任重庆市科协副主席，中国力学学会岩土力学专业委员会副主任，曾任中国岩石力学与工程学会、中国土木工程学会隧道与地下工程分会、防护工程分会等常务理事；发表论文500余篇，著作8部，获国家科技进步二等奖、三等奖各1项，省部级科技进步一、二等奖12项，全国科学大会奖1项，国土资源部全国地质灾害防治科技进步特别贡献奖，重庆直辖十年建设功臣，1996年获总后“一代名师”称号。

2001年当选为中国工程院院士。

岩土理论是岩土工程发展的基石

郑颖人

记　者：郑院士您1996年就被总后勤部授予“科学技术一代名师”，多次获得国家级奖励。在岩土工程理论方面更是颇有建树，创造性的开拓和发展了地下岩土工程领域的围岩稳定理论、锚喷支护结构理论、软粘土地基强夯新工艺、广义塑性力学等理论体系，指导并解决了岩土工程一系列重大技术难题，引起了学术界和工程界的广泛关注。英国著名岩土科学家辛克维兹称赞道：中国的岩土科学家不仅创建了地下工程崭新的理论成果，而且走在了国际同行的前列。您最近的新著《广义塑性力学——岩土塑性力学原理》在总结前人成果的基础上，提出了具有3个塑性势的广义塑性位势理论、屈服面与塑性面必须相应但不一定相等的原则及包括应力主轴旋转在内的广义塑性力学，书一面市即销售一空，现已再版。郑院士，我们就从您的这本新作谈起吧，您提出的广义岩土塑性力学与传统的塑性力学有哪些区别？撰写此著作的初衷是什么？

郑颖人：适应于岩土材料的塑性力学研究比较早，像1773年库仑土压力理论，后来发展为莫尔—库仑准则、1929年Fellenius和1943年Terzaghi的极限平衡法、1952~1955年德鲁克和普拉格提出了极限分析法并在岩土极限承载力分析方面做了许多工作。岩土塑性力学逐渐形成一门学科是在上世纪50年代后期，1957年德鲁克等人提出了平均应力会导致岩土材料产生体积屈服，需在莫尔—库仑的锥形的空间屈服面上再加上一族帽形的屈服面；1958年Roscoe等人提出了土的临界状态，1963年又提出剑桥粘土模型。70年代以后研究更为活跃。1968年Roscoe等出版了第一本岩土塑性力学方面的书《临界状态土力学》，1982年W F Chen出版了《工程材料本构关系》，1984年Desai等人出版了《工程材料本构模型》，逐渐形成了岩土塑性力学学科。

我接触岩土塑性力学这门课比较早，70年代我从事地下工程，隧道、矿山巷道围岩压力—变形计算，推导过圆形峒室弹塑性、粘弹塑性等一些力学解答。80年代初正是改革初期，学术氛围比较好。当时国际上也没有明

2003年6月，中国工程院院士郑颖人访谈录。

确的岩土塑性力学这门学科，但对岩土本构模型研究已经十分活跃。国内搞岩土塑性大多是土工方面的一些学者。我没有学过塑性力学，但对此感兴趣，查阅过一些资料，包括一些老先生翻译的国外这一领域的资料，蒋彭年先生把国外的研究作了一些归纳，对我很有启发。岩土都是在塑性状态破坏。当时我想岩土领域有许多问题非常值得研究，研究空间很大，可以在搜集、整理和进一步研究的基础上建立一个体系。当时想法不一定成熟，开始请教了塑性力学的一些专家，搞了一些调研，自己的想法是写成有岩土特色又像力学一样的书，搞成一个比较系统的学科。1982 年底我写了一个初稿，1983 年初印出（油印本），这里特别要感谢沈珠江院士在病中审阅了全书。一要尽量体现岩土的特点，二要形成像力学一样的教科书，有一定的体系。建立一个比较系统的学科。这就是我写书的初衷，因为当时还没有见到这样一本书。我认为首先要考虑岩土的特点，如：摩擦作用、体积变形和剪胀（金属没有内摩擦、塑性体积变形和剪胀）等，这本书着重作为教材，定名为《岩土塑性力学基础》，当时国内这方面的书比较少，因此，书印出后，反响挺大，包括像清华大学在内的一些硕士博士生也都复印这本教材，航空航天大学的姚仰平教授讲：我在日本搞岩土本构研究，这本书一直是我的老师。1983 年夏天，对西安七所院校的老师和研究生讲述这门课，在讲授过程中也发现存在一些问题，当然这也是一个学习的过程。经过第一次讲授、研讨，修改出版了修订本，在重庆又举办了一个学习班。参加学习的有后勤工程学院、重庆大学、重庆建工学院、重庆交通学院和中科院煤研所等，第三次是在北京地质力学研究所讲授这门课，听课的有一百多人。建设部综合勘察研究院的陈雨荪总工觉得这本书很好，主动推荐联系建工出版社出版。当时浙江大学的龚晓南也写了一本，内容侧重经典土力学的极限分析，经同济大学郑大同教授联系，我和龚晓南认识、合作，再次做了修订，从 1982 年油印本到 1989 年正式出版拖了很长时间，这中间我又研究，修改和增加了许多内容，吸收了国内清华大学和沈珠江等人的一些研究成果，又增加了应变空间、多重屈服面等一些研究成果。这本书出版后很快脱销，一些学者反映，这本书跟一般的塑性力学书不一样，从基本理论研究、基本公式推导、方法都有很大不同，中科院武汉岩土力学研究所原所长袁建新先生和原《岩土工程学报》主编蒋彭年这样评价本书：在深度、新度、广度方面不亚于国际水平，形成独特的力学体系，是一本有国际水准的教科书，1992 年本书获得水利部优秀科技图书一等奖。

记　者：现在这本《广义塑性力学》是《岩土塑性力学基础》中理论的发展和延续。

郑颖人：是发展和延续，但有突破性的进展。在我以往的教学与研究中，深感岩土塑性力学与其他力学不一样，理论没有统一的准则，建模有很大随意性，甚至在同一个模型里容纳两种截然相反的理论。屈服条件的建立也有很大主观性，不是完全依据客观的试验结果来定。1994 年岩土力学专业委员会在重庆召开学术讨论会，会上河海大学殷宗泽教授提出按当前理论会得出一些矛盾的结果，沈珠江也指出，目前的理论推导与岩土试验结果有差异，包括国外的一些理论。有些同行建议我做些这方面的研究。我从分析理论与实际矛盾出发，寻找矛盾的根源，发现经典塑性力学已经作了 3 个假设。矛盾揭露出来，必须消除矛盾，需要建立崭新的理论去代替。最明显的有两个问题：一是屈服面有一个还是多个？1963 年剑桥模型出台后，70 年代就发现采用一个塑性势面和屈服面很难使计算结果与实际相吻合。双屈服面与多重屈服面模型应运而生。二是塑性应变方向与屈服面是正交还是非正交问题。采用关联流动法则会出现过大的剪胀。我认为解决问题应从力学原理出发，这样才能确保理论与实际的统一。当不计应力主轴旋转时，应用了具有 3 个塑性势的广义塑性位势理论，提出塑性应变增量方向由 3 个塑性应变增量分量的方向与大小来定，而 3 个分量既与塑性势面有关，又与屈服面及应力增量有关；依据矢量的基本概念，塑性应变增量矢量的方向由塑性势面确定，而大小与屈服面有关，从而提出塑性势面和屈服面必须相应，但并不要求两者相等的原则；广义塑性力学中，还考虑主轴旋转所产生的塑性变形，而经典塑性力学是不考虑的。我们通过应力分解把应力增量分解为共轴应力分量与旋转应力分量，并导出了旋转应力增量与绕主应力轴旋转的旋转角增量之间的关系，然后按广义塑性位势理论建立能考虑应力主轴旋转的广义塑性位势公式。与此同时，提出完全用实验拟合方法确定土体屈服条件，力求使这门学科更为客观。应当说，这本《广义塑性力学》著作吸收了国内外他人的研究成果，尤其是国内学者，除 3 位作者外，引入了俞茂宏、殷宗泽、殷有泉、李广信、杨光华等学者的成果，充分体现了中国学派的特色。

岩土比金属有更加复杂的强度特性和变形特性，如：压硬性、剪胀性、等压屈服特性、与路径的依赖性和软化特性。广义塑性力学是在经典塑性力学的基础上发展起来的，但比经典塑性力学更具一般性，适应于岩土和金属。它反映了塑性变形增量方向与应力增量的相关性及主应力轴旋转产生的塑性变形，消除了应用经典塑性力学而引发的过大剪胀变形。这样形成的广义塑性力学体系，将推动岩土本构关系、岩土极限分析的新发展。

记　者：地下工程特别是矿山巷道、山岭隧道、各类地下洞室支护技术发展很快，支护理论中的“新奥法”影响较广。您自 1959 年主持第一个空军洞库的结构设计以来，主持和参与了多个地下工程的设计与科研工作，提出了地下工程弹塑性、粘弹塑性位移解及围岩压力计算公式，完善了地下工

程围岩压力理论,《地下工程围岩稳定分析》、《地下工程锚喷支护设计指南》被学术界和工程界广泛引用,这两本书是我们80年代读研究生时的主要参考书,很受推崇。

郑颖人:70年代初国外形成了隧道力学弹塑性理论,当时只有一个公式即芬纳公式,描述了支护的压力与塑性区半径的关系,1957年法国Telaober写了一本《岩石力学》的书,引入了芬纳公式,表示支护和围岩之间力的关系。但当时还没有导出变形的关系,也没有衬砌与岩体之间的关系。到了1978年前后,国际上结合新奥法,做了初步的理论探索。1975年我和同济大学翻译了《隧道与坑道静力学》,我对书中的力学分析、公式推导作了研究,并和芬纳公式作了比较,对芬纳公式作了修正。1978年初我把隧道的变形公式推导出来,变形公式有了,变形与衬砌之间的关系也就推导出来了。这里就包括了时空效应,因为有一部分力已经释放掉了,围岩自身也有承载力,这样就把变形巷道围岩压力之间的公式全部推导出来。1978年初出了油印本、1979年初发表在《地下工程》杂志上。后来我们4人合作写了《地下工程围岩稳定分析》这本书,其中解析解部分是我和方正昌高工合写的。国内的一些专家认为是地下工程的一本经典著作,80年代许多研究生读过这本书,撰写论文时,常常参考这本书。这本书比较全面,各类地下洞室弹性、弹塑性、粘弹塑性解及弱面体解都有,1978年国外在隧道的内力与变形分析中定性给出两条力与位移的曲线,称作特征曲线。但没有导出两条特征线的定量关系。而我国1978年就把位移与围岩压力公式推导出来了。

记　者:岩石地下工程与边坡工程中,锚喷支护技术用的比较多,岩石和土体的支护原理是否一样?

郑颖人:岩石与土体的支护原理有相同之处,但也有很大的不同之处。岩土支护都要充分利用岩土的自撑力,这是共同的;但岩体与土体的性质不同,土体是一个均质体,基本上是连续的,变形特性和强度到处相同;而岩体有许多结构面,结构面的强度要比岩石强度低的多,岩石的强度有三种:岩块的强度:没有裂隙的岩块强度最高;岩体的强度:岩体存在许多结构面,这些裂缝会降低其强度;结构面强度:一般结构面强度比岩块强度低几十倍甚至百倍以上,假如岩体边坡有一向外的结构面,它起控制作用,支护设计不好,就有可能沿结构面滑下来。但结构面向里,就不会滑下来。这时它不起控制作用。对土体而言,哪儿受力最大就沿哪儿破坏或滑动;对岩体来讲,它有许多结构面,破坏常发生在一些受力大,强度又低的结构面上。可见岩体与土体支护原理不同,它们的破坏模式是不一样的。锚喷支护是一个柔性的结构,锚喷支护的主要机理就是通过柔性支护让岩体自身变形,使岩体自身的承载力充分发挥出来。材料进入塑性状态不一定破坏,塑性发展到破坏有一个过程,塑性是可以利用的。但塑性区不能过大，否则会破坏坍塌，因此要有分寸。到现在锚喷支护机理仍然有争论，理解不一。可见搞地下工程也是一门艺术，要把握火候。土体的锚喷支护要充分利用土体的摩擦特性，如让挡土墙后面土体产生稍微的移动，就可使土体滑移面上产生摩擦力，从而减少挡土墙上的土压力，因而土体支护特点是应充分利用土体的摩擦力。

记　者：郑院士您给我们的感觉宽容、平和，做学问却是一丝不苟、锲而不舍，心静如水、淡泊名利，一心一意的育人、做学问。

郑颖人：感谢你的赞扬，你过奖了。是责任，也是兴趣。作为科学家不仅要提出一个方向，而且要提出解决问题的办法。理论就要形成系统的学问，而且要符合实际，能解决问题。所以我要求我的学生理论功底一定要扎实。作实际工程，解决实际问题，一定要从实际工程特点出发，根据实际碰到的问题，结合理论进行解决，从而发展理论。特别是博士研究问题既要结合实际，又要有一定的理论高度，这或许是我们搞应用研究人的特点。

● 陈祖煜 小传

水利水电、土木工程专家,中国水利水电科学研究院教授级高工,中国科学院院士。 生于重庆，1966年毕业于清华大学，1991年在清华大学获博士学位。兼任中国土木工程学会土力学及岩土工程分会理事长。

记者采访陈祖煜院士

陈祖煜院士长期从事边坡稳定理论和数值分析的研究工作。发展完善了以极限平衡为基础的边坡稳定分析理论；得出了边坡稳定分析上限解的微分方程以及相应的解析解；将有关理论和方法推广到三维问题的求解，实现了边坡的三维稳定分析；先后提出并解决了小湾、天生桥、漫湾、二滩、天荒坪等大型工程滑坡险情的工程措施并成功实施；编制的边坡稳定分析软件STAB已形成一个具有141个应用单位的用户网。

2005年当选为中国科学院院士。

关于工程规范的思考

陈祖煜

记　者:建筑工程质量问题是当前的热点问题,如何制定科学的工程技术规范,并认真贯彻执行,对于提高工程质量具有重要的意义。国外在这一方面有没有一些成功的经验。

陈祖煜:应该说,在发达国家,如美国,制定对各行业均有强制性约束力的规范十分慎重,因而数量也越来越少。我国大概是每年颁布规范最多的国家。国外工程、学术界对我们这些规范也很感兴趣。我经常收到国外同行索要此类规范的来信。在国外,关于建设工程的规范也存在比较大的争议,不同的专家、不同的专业部门,对相关的技术规范和要求存在不同的甚至对立的观点。但是,美国政府相关部门提供了一定经费,邀请了不同观点的专家组成了一个委员会,大家通过辩论和探讨形成了一个具有指导意义的文件。例如,20 世纪 90 年代,美国科学院下属的美国国家科学研究委员会曾组成一个从事可靠度和传统分析方法的专家人数相同班子,由该两领域的著名学者 Wilson Tang 和 James Duncan 牵头,对可靠度方法在岩土工程中的应用和存在的问题进行全面的研究,最终提出了一个题为“岩土工程中的可靠度方法”的研究报告。这一文件澄清了在岩土工程中使用可靠度方法的一系列重要问题,为规范中合理地引入可靠度方法创造了条件,成为指导和管理工程建设的重要依据。

记　者:相对于世界先进国家的成功做法,我国这方面的工作有哪些特点呢?

陈祖煜:由于我国的行业管理的部门比较多、比较分散,分行业、分地区、分部门管理的现象比较突出,相互之间又较缺乏协调。这造成很多规范难以操作。这是一个方面。另一方面,一些管理部门制定规范的时候,并没有邀请同行专家参与。有的即使邀请了专家,专家水平比较高,知名也比较高,但专业不对口,有一点外行制定规范,内行执行规范,这给我们的实际工作造成很多的困难。例如,堤防设计规范中对 I、II 级堤防的土料碾压标准从 I、II 级土石坝的 0.96 ~ 0.99 降低为 0.92 ~ 0.94(I 级大堤的重要性并

2001 年 10 月,中国科学院院士陈祖煜访谈录。

不比Ⅰ级土石坝低)。这一微小的数字差别导致了近几年在我国堤防加固工程的千里大堤上见不到一台羊足碾,一台汽胎碾的局面。大批乡镇企业也就堂而皇之地进入了国家级堤防的施工现场。这恐怕是规范编写者始料不及的。

记　者:你认为比较科学的规范应该具有那些特点?

陈祖煜:规范是人制定的,必然带有一定的主观因素。但为了保证规范的科学性,我认为,规范应该反映行业发展较高的学术水平,同时又是对已被实践证明行之有效的经验的总结。首先要经得起工程历史实践的检验,其次还要具有一定的前瞻性。对于工程技术的发展有一定的积极的导向。

有个别的规范借用一些时髦的概念和所谓"前卫"的理论,没有经过广泛的讨论,就发布执行,这给工程建设造成一定的混乱和损失。工程规范的编制是很严肃的事情。应该严格地按程序办事。在规范初稿、送审稿的审查会上,与会专家均是非常慎重地逐字逐句斟酌的。但是一旦散会,编写者仍可随心所欲的修改。客观上是编写者需要根据会议纪要补充完善留下的稿子,但这也为具体工作人员留下了想象和发挥的空间。最近,在某规范中出现了一个有关安全系数标准的实质性的规定,在实际应用时导致了严重的后果。这个规范的审查会我自始至终参加了,无论在送审稿的文字中和还是会议讨论时,从来没有涉用过这个问题。如果在送审稿中有这样实质性的规定的话,我一定会据理力争,把它拿下的。因此,我建议在审查会进行的过程中使用微机及时对文件进行同步修改。会议结束时,这一修改后的稿子将随同纪要一起成为编写最终稿的依据。

记　者:您对工程规范的重要性有什么看法?您是搞水电的,水电工程与岩土工程的关系是什么样的关系?

陈祖煜:"不依规矩不成方圆"。如果依了规矩也成不了方圆这就难办了。所以我说,我们的政府部门应该下决心在这一重要环节上抓一抓。很多大的事故和悲剧就是没有按技术规范去做,或者规范本身不合理造成的,这样的教训,我们体会得太多了。

关于水电与岩土工程这个问题,其实在工程和学科上,很多东西都是相通的,但由于行业管理体制的原因,很多东西都被人为地划分开了。例如,我始终认为,我们水利水电系统背上了抗剪强度的"纯摩"、"剪摩"概念的沉重包袱,如果把眼界扩展到铁道、矿山、工民建,就可能使这一问题迎刃而解。你们杂志可以打破这个界限,多宣传宣传水利建设中的岩土工程。为岩土工程行业的规范发展做出应有的贡献。

• 李广信 小传

1941年10月生,教授，博士生导师。

李广信教授1960年进入清华大学水利系本科学习，1966年毕业。后在黑龙江省呼兰县工作，曾任水利局副局长。1981年和1985年分别获得清华大学岩土工程专业工学硕士和博士学位，被清华大学授予优秀博士生奖，为国家教育委员会和国务院学位委员会授予“做出突出贡献的中国博士学位获得者”。1988年与1991年分别晋升为副教授和教授。1993~1999年任土力学教研室主任，1999~2004年任清华大学学术委员会委员，1993年赴美国科罗拉多大学，1998年赴新加坡国立大学作高级访问学者。现任中国土工合成材料协会理事长、国际土工合成材料学会（IGS)中国委员会主席、土力学及岩土工程分会常务副理事长、中国水力发电学会荣誉理事、注册岩土工程师考试专家组副组长、《土木工程学报》副主编、《岩土工程学报》编委会副主任，国际低平地协会（LTI）理事等职。

主要研究方向为土的本构关系、土工合成材料、高土石坝筑坝材料、基础工程等，发表论文320多篇，主、参编教材与规范及出版专著共30余部。“土的本构关系研究”获得国家自然科学三等奖，“土质防渗体高土石坝研究”获国家科技进步一等奖，2006年《岩土工程学报》黄文熙讲座报告人，2008年获得茅以升土力学及岩土工程大奖，也获得省（市）部级科研奖励多项。

多年从事土力学教学工作，培养硕士、博士各十余名，现任《土力学》国家精品课负责人。主编的《高等土力学》被评为北京市高等教育精品教材及教育部推荐的研究生教学用书，作为课程负责人和第一获奖者获得2004年北京市教学工作优秀成果二等奖一项、清华大学教学一等奖四项。

感知与揭示

李广信

记　者:土的本构关系是土力学研究中的理论基础,您从事多年这方面的研究,土的本构关系揭示了土的哪些性质?土有哪些最基本的特点?

李广信:土的本构关系实际上就是指土的力学的基本性质,包括应力、变形、强度的关系,英文称behavior,就是相当于物质的力学性状。人对于土是从感性认识开始的,几千年前人们就离不开土,在实践中从感性认识土。一直到20世纪五、六十年代也都很难把它定量化。

真正的把它用数学公式表示出来比较难,究其原因,一方面是土的性质太复杂,不像其他的如:钢材、混凝土等,遵循虎克定律,或者具有理想塑性特性;另一方面是工程应用中的计算手段不行,此前如果计算非线性,要用计算尺或者手摇计算机。即使用条分法进行稳定分析,几十个滑动面需要好几天的时间,这样的计算手段限制了非线性分析。

20世纪60年代以后,一方面高、重建筑物的工程发展很快,像深覆盖层上100~200米高的土石坝、核电站厂房、大型的高层建筑,它所对于变形的要求就比较严格了,这时线性和非线性的区别显得非常的重要,如上海的磁悬浮轨道对于软土地基变形要求精度达毫米级,这同以前建一个普通的房子是不一样的,提出了变形及变形过程计算的必要性;再有就是非线性计算可能性,20世纪60年代以后,计算机的技术的发展使人的计算能力大大的提高,所以各种复杂的非线性增量计算都可以实现了。

到80年代和90年代,人们对土的本构关系认识逐步深化,发展很快,提出的模型也非常多。但此后,研究的人以及论文的数量大幅度减少,有些人开始怀疑土的本构关系是否有用,因为本构模型常常很复杂,但是针对实际的问题的计算误差还是很大,预测的结果不理想。在80年代的几次"考试"中,先让一些单位做基本试验,要求将预测结果与目标试验对比,基本试验的结果是公开的,目标试验是保密的,谁提出本构模型都可以参加预测,给你目标试验的应力路径和

2005年5月,清华大学李广信教授访谈录。

利用基本试验确定参数，要求算出应变。据我所知这样的“考试”和“竞赛”进行过就有4、5次，像欧洲、美国、加拿大都举办过这样的活动，但最终的结果不是很理想。尽管有的模型很复杂，最多的参数有23个，仍不能预测一些土的复杂变形性质，定量预测则更有差距，这样就造成了人们对本构模型的怀疑：“搞的这么复杂还解决不了问题”，而且这仅仅是在室内的测验，跟工程实践之间的差别会更大。在20世纪末对土的本构关系研究的怀疑是比较突出的，认为本构关系研究太复杂又用不上，对研究基本上持否定态度。尤其工程界的人，一听说弹塑性模型头就疼，觉得太复杂了，脱离实际，有的甚至相当反感。

如何看待土的本构模型的研究，我感觉应该一分为二。在早期的60、70年代到80年代的研究高潮中，不仅仅表现为数学理论公式方面，还带动了室内外试验，使试验的手段得以提高，像三轴试验、真三轴试验、空心圆柱扭剪试验、土的循环与动力试验等，这些试验揭示了土的复杂的变形特性。比如近几年提出土的卸载的体缩、各类循环加载下的不可恢复的体变的积累，这些现象都是通过试验揭示出来的，使人们对土的认识达到了一个前所未有的深度，在美国时一位教授曾对我说：土的本构关系搞清楚了，土的其他问题也就都解决了，这是有一定道理的。

对于研究土的本构关系来说，尽管定量很难，但是定性的研究对土的认识会相当的深入，对土及其基本原理的掌握是有很大意义的。如关于土的剪胀性、土的围压的影响、循环加载下的性状等概念性的认识非常有用。比如复合地基问题，无论是用夯、挤，还是爆，对于土来讲，密实的土最好不要去扰动它，一扰动它可能会剪胀，越来越松。对地基处理还是要动松土不要动密实的土，这就是土的剪胀原理。我的导师黄文熙先生曾经问过我一个问题，砂土地基如果地下水位上升了，上面的楼怎么变形。我理解因为应力卸载，应当是地基回弹，其实恰恰相反，地基会下沉，因为砂土的模量是与其围压有关的，围压减小了，土的模量也降低了。这一点在邓肯—张模型中有反映：初始模量 E_i 与土的围压 σ_3 成 n 次方的函数关系。对土的本构关系的理解，使人对土的认识深入得多了，所以说是不能够抹煞土的本构关系的研究，持完全否定态度。这是其一；其二就是对土的本构关系的研究过程中把相邻的力学学科、数学学科、不确定性的理论知识和成果都用在土力学当中来，拓宽了土力学的手段和领域。其三就是它还是解决了一些重大工程问题，比如说像三峡二期围堰，十几个单位用了七、八个模型平行计算，结果和测试的结果相比可能不是那么完全准确，但最后的数量还是比较接近的，特别是对于方案的比较，设一道还是两道防渗墙，哪道先修和后修都有比较，应当说还是有效果的。像解决三峡二期围堰、小浪底高土石坝，还有目前的一些面板堆石坝，只能是通过数字计算对方案进行比较，因为也不太可能去做原形试验，离心机模型试验作不了那么大的坝，因此只要是符合实际情况，对解决问题还是有用的。

现在土的本构关系模型研究的去向如何，是继续提出模型还是有别的方法，目前国内一个比较统一的认识就是对于提出的众多模型尽量的去简化、选择，如分层总和法，虽然粗糙，但实践多了就有了经验，还是能基本符合实际。邓肯—张双曲线模型大家用的比较多，用的多也就熟悉了，知道问题所在和能够解决什么问题。我国在高土石坝数值计算中，逐渐凸现出几个模型，被人们所熟悉和使用。其次就是一些特殊的问题，比如循环加载的问题、特殊土的问题、非饱和土的问题、结构性土的问题等。这几年关于损伤模型、损伤理论、非饱和土吸力模型，有较快的发展。当然60、70年代以后的研究有些是脱离实际的，这也反映了一个问题，把模型做的太复杂，参数达到20~30个，参数如何确定，使得盲目性增大了，所谓“阳春白雪，和者盖寡”，工程界的人一看就反感；还有一种情况，模型的提出者并不在模型的应用上下功夫，而是对模型过于精雕细刻，有的文章提出一个模型，给定一些参数，自己来验算好的不得了。其实这里关键是参数是怎么来，如果从试验中来，再去算那些试验，那就不叫验证，只能叫参数拟合，自己闭合的东西算来算去，没有意义。现在国内比较热的一个是结构性模型，跟损伤有关；另一个是非饱和土模型，但是也应当总结以往的教训。

国内20世纪末以前提出的土的模型基本是重塑土的本构模型，更多的是针对土石坝、围堰等工程，对基坑的数值计算就不是很准确。现在研究土的结构性，一部分土是损伤的，就是扰动土，一部分没损伤的，就是原状土。德塞(Desai)在80年代提出的“扰动状态”的概念，就是说土的扰动是有多方面原因的，比方说对于变形，热、水、温度、冻融对土都有扰动。目前的损伤模型往往只把损伤当成一个简单的变形的函数。而膨胀土、湿陷性黄土是跟水有关的；像永久性冻土、季节冻土是跟温度和其他外界的环境有关的；所以广义上引起土的变形不是应力一个因素，有多种因素。现在的理论研究是逐渐的加深了，把热的运动、力场、变形场、水都耦合在一起考虑，那将相当复杂，距实际工程应用还有很大差距。我感觉还可以走另外的一条路线，譬如我们绕过这些复杂因素，建立更简单的模型。对于非饱和土，弗雷德兰德(Fredlund)提出了吸力的概念，它本身并不仅仅是一个简单的力，在很多情况下数值计算还有困难。吸力的加入到底起到了什么样的作用，是不是跟力一样？这一点不清楚。如湿陷性黄土含水量增加，吸力减少了，那就塌陷了；对于膨胀土来说，含水量增加吸力减少了，反而膨胀了，这里面不能用一个简单的力来解释这些问题。说明它只是提出了一个方向，现在建立的模型也是很多的，但是非饱和土的模型不是很容易成功的,原状土的模型也不是很成功,与实际工程的应用有距离。所以对于原状土的研究应当在取样技术和现场测试等方面下工夫,这样可能离实际问题的应用更近一些。

现在的探索有两种方向:一种是从细、微观方面的力、热、水的渠道出发建立力学的关系;另一种就是建立一个表观的关系,如在弹塑性模型中把含水量直接放到硬化参数里面去,省去中间的过程,直接建立关系,可能是一个应用的方向。像原来搞土石坝,第一次蓄水坝体会发生浸水变形,这是堆石料干变湿的变形过程,称为湿化。在"七五"和"八五"科技攻关的时候,我们都提出了很多的湿化的模型。不只是土石坝,很多土,例如黄土、新近沉积土等都有湿陷性,其变形不是力的变化而是含水量的变化。一个变形由力引起的,一个变形由水引起的,可以把它耦合起来,各自计算。在工程界和学术界往往思路不一致,工程界希望能简单化,实用化。像邓肯—张模型比较容易理解和接受,像弹塑性模型就比较难。对于工程界来说更希望看到是工程上可以借鉴的资料,而不是大量的方程公式和数学模型。如何让学术界的研究更加贴近工程而不是偏离,是应该考虑的。

记　者:现在的一些模型往往是工程完工后进行计算与实际结果对比验证,如果根据实际工程的基本条件、基本要求事先利用模型和数值程序进行计算分析,工程完工后根据实际测定参数验证模型的正确与否,其准确性将会有什么区别?

李广信:在美国曾经举办过一种活动(VELACS),用土工离心机做了九种工况的地震反应试验,有基础、墙、坡等,分A、B、C三类考卷,A是在实验没有做之前只告诉拟进行的试验的情况,让其预测;B是试验完成以后交待了试验的过程但不告诉其实验的结果;C告诉你试验的结果。最后的"考试"结果是C的预测成绩明显的高、B其次、A末之。知道实验的结果,就有明显的定向趋势了;知道实验的过程,对边界条件较为贴近;而试验尚未进行,完全的"盲测",对于土力学问题其盲目性就会很大。目前国内的一些论文有一些是在编参数凑结果,这是十分恶劣的。

从土的预测角度讲,土还是太复杂,在不作弊的前提下尽可能多知道一些结果,会更符合实际情况。如在美国丹佛做过的加筋土挡土墙的足尺试验的"考试",先告诉粘性土、砂土和筋材的参数,对于粘土给出了排水、固结不排水和不排水三种强度指标,结果就发现用不排水的强度指标算出的最贴近实际,用其他两种方法算出的结果和实际差距比较大。如果没有试验结果的对比,在这种工况条件下,用排水还是不排水方法很难说谁对谁错,但在工程施工有了经验之后,很明显用不排水指标好,当然计算结果非常有效。土的性质非常复杂,应尽可能的知道边界条件、初始条件和参数,辅以一定的经验,计算误差在30%左右就很不错了。上述两个例子都还是模型试验,直接用实际工程验证理论模型往往不可靠、不可信。这时关键在于参数的合理确定,对边界条件和施工过程的合理模拟。

记　者:总的看,土的本构关系定性的指导实际工程意义更大一些。基本条件已知的越多,对工程的环境越熟悉,实际经验越丰富,对工程也就越容易掌握。

李广信:我刚才讲的几个案例都是属于水利工程中的填方工程,实际上这些土都属于重塑土,像围堰、大坝等,是人为的压实填筑的。室内的试验模拟与现场的土基本一致,参数是可靠的,所以现在数值计算土石坝用的比较多,算的也比较准确。而最大的难点在于原状土,譬如基坑的问题,基础沉降问题,纯理论计算出来的位移很难精确(有丰富经验的估算反而可能较为准确)。关键是如何取得原状土的不扰动试样,进行合理的试验,合理地确定参数是很难的。所以往往土的本构关系、土的基本理论都是对于像室内的重塑土、饱和土确定的,实际在最近几年的基坑当中的问题比较多,主要原因还是在于对天然的、非饱和的土的认识差异很大。现在的非饱和的土、结构性强的原状性土本构关系还是挺粗糙的,真正实用的不多。也许通过现场测试及监测,反算模型的参数是一条可行的路线。

记　者:北京基坑开挖越来越深,水的问题也比较突出了,相应的事故也比较多,你是怎么认识的?

李广信:目前北京总的来讲地下水比较的低,所以北京的基坑按规范或其他理论的计算余量很大,所以大家都在悄悄地吃这个潜力,按规范垂直挖4米以上的基坑是不允许的,但是北京的条件就常常可以,在我校附近的一个基坑接近垂直开挖到9米,也没有出事。类似的情况在土钉墙、护坡桩的设计中也都有这种情况。现在的原状土的性质、强度都没有理论能够反映,实际上大家是凭经验吃这个潜力和承载余量,但是一旦碰上麻烦问题就不行了。其中最为严重的是地下水的问题。我讲北京基坑事故百分之八十与水有关,顾宝和大师讲可以说是百分之百。也就是说基坑开挖局部一遇到水,土的结构强度破坏了,吸力也丧失了,就会倒塌。地下水的影响因素是很多的,首先是土的吸力丧失了、岩土被软化、强度降低了,再有自重应力增加、渗透产生渗透力,环境恶化,所以水的因素很重要。

土中的水是其主要组成部分,并且是随着时间和季节在变化的。像十月份在三峡地区刚降完雨,就出现很多大小滑坡,说明土的性质在水的影响下产生恶化。另外水是运动的,有水就会有渗流,地下水向外的运动会把土给带出来,亦即发生渗透破坏;如果水沿坡渗流,坡体的安全系数就会减少50%以上。但是水的渗透反过来也有正面的作用,如现在的钻孔灌注桩,在地下水以下钻孔肯定是站不住的,采用灌水加泥浆,使水从里往外渗,产生逆支撑,水力坡降加大,所以孔就不会塌。土中水一般讲是不利的因素多,不管是基坑、地下工程、边坡几乎出事都跟水有关系。像上海的地铁四号线就是粉细砂施工中出的问题;三峡库区现在就有上千处潜在的滑坡,库区水位的提升,会使原来稳定山体出现滑坡,说明水对土的工程性质的影响非常的大。

基坑的人工降水中会发生两个问题,第一就是会对周围的建筑物的影响,降水漏斗在降水漏斗范围内的建筑物会出现不均匀沉降;第二个就是对城市里的大基坑长时间的降水,对水资源是种很大的浪费,所以现在讲工程施工中地下水的控制,而不是简单的基坑降水。可以是抽水再加上四周回灌使得附近地下的水位不至于降的太低;另外就是隔水,用墙把水隔住,只是降基坑部分的地下水;近年来,在北京用引渗的办法,北京的地下水是分几层的,中间如果有黏土层,层间打通穿透,让它自己补充渗透到下一层,这样水资源没有被排走浪费,也节省了抽水的电能,是比较环保的,有条件的话还是提倡使用此法的。

土钉墙一般发生的位移比较大,可能会造成管线、污水井等漏水加剧,最后恶性循环。土钉墙在北京还是创造了很大的效益的,目前大部分做的很不错,成功比例很大,效益很大。但是也有滥用和设计施工粗放的情况,连续发生了一些事故。土钉不是加固,而是加筋,所谓的加筋就是说整个的土钉长度都是灌浆的,不分锚固段和自由段,和土是混在一起的形成复合材料。在很多国际学术会议上都有涉及土钉的研究论文,土钉作为一种加筋技术已被比较广泛的接受。目前的问题有认识的问题和市场竞争问题。特别是市场恶性竞争导致价格一降再降,价格由200元/m^2降到150元/m^2,甚至还有90元/m^2,基坑深度越来越深,土层的状况了解不详,引发基坑出事的也多起来,所以黄熙龄院士和顾宝和大师一再谈到这个问题。

记　者:您怎么理解大岩土这个概念?

李广信:大岩土的问题分两方面讲,一方面是学科,与当前的总的学科的认识有关系,近几年岩土工程的范围不仅是地表,也深入到陆地和海洋及地球深层,甚至涉及了太空。岩土中的土和岩石都是天然的地质产物,涉及的问题是多方面的,主要是岩土的环境生态。从广义上讲,板块运动、地壳沉降、海水入侵、降低地下水所引起的地面大面积沉降、地震海啸等自然灾害等都属于岩土问题。认为岩土即工程建设的观点已经落后了。岩土应该是一个更为广泛的概念了,它涉及大尺度的地质灾害;小尺度的地下水污染、打桩、地下开挖造成的附近建筑物的影响;再有固体垃圾、有毒有害废弃物、对于岩土和地下水的污染、生态环境的污染等等;还有地下工程造成的生态、气候的变化,也就是说岩土考虑的范围不仅仅是建设工程的问题,国民经济的可持续发展到一定的程度就要考虑环境岩土的问题了。

另一方面就是工程实践和市场的问题,国外的公司是遇到什么问题就做什么,不管是水利的岩土、建筑的岩土或是交通的岩土,真正开放的市场是必然要有大岩土这样的学科支撑的。而我国目前岩土工程被束缚在不同的工程门类之中。在注册岩土工程考试中,可以明显地感到建筑、交通、水利水电、矿山地质等不同工程部门中岩土工程师之间的隔阂及岩土工程知识面的狭窄。

案 例 趣 谈

李广信

时常与学生们讨论《基础工程》中的一些案例，有的是一些重大工程；有的是身边的校园工程；更多的是一些失事和失误的工程的案例。它们是我在工程中见到和遇到的，有的是在评审论文或报告时发现的，总之绝非杜撰，否则不会那么精彩。

1　奇特的扩底桩

一次在北京西北地区某工地与一技术员（实际为包工头）讨论桩的荷载试验问题。那是一个人工挖孔扩底桩，桩长大约20m。他讲扩底部分在地下水位以下，所在地层为粉细砂层。我问他怎么施工，因为倒坡开挖无论如何是站不住的。他讲不用担心，我早已扩底了，就是从地面往下挖的过程中，一级一级地扩大，挖成一个瓮形，到了地下水位以下的粉细砂层就好挖了。他挖的扩底桩见图1。

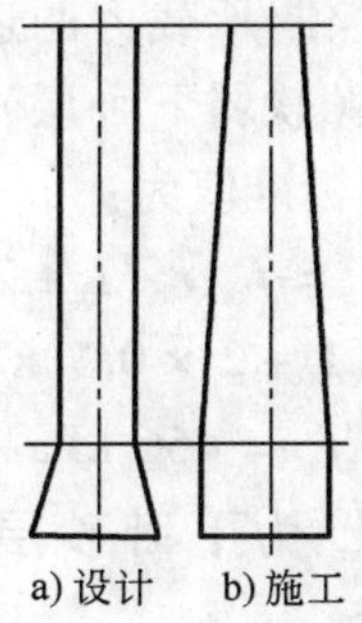

图1　某单位施工扩底桩示意图

这样的扩底桩，当受荷载向下沉降时，桩身将与桩周土脱开，设计的摩阻力根本不会存在，因而达不到设计的承载力。不知设计者知不知道？

2　无用的荷载试验

北京某工地一座20层左右的建筑物，原拟在砂砾石地基上作天然地基筏型基础。开挖后发现大部分基底在几米厚的稍密粉细砂层上，承载力标准值只在150kPa左右。他们拟用挖出的砂与一定比例的水泥混合，作70cm厚的水泥土垫层。要求作荷载试验,使承载力标准值达到 270kPa。

应当说,如果在垫层上作荷载试验,承载力的标准值肯定会超过 270kPa,但这一承载力根本无法用于设计,如图 2 所示。

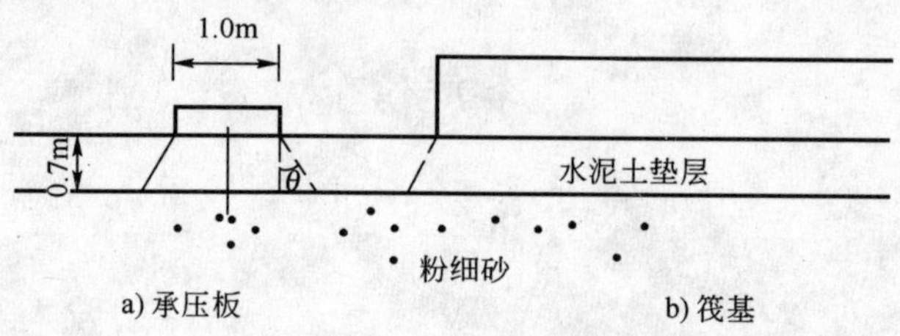

图 2　某单位在垫层上作荷载试验的示意图

设荷载试验的承压板为 1.0 m × 1.0 m,扩散角 $\theta = 28°$。因为水泥土强度较高,控制承载力的还是垫层下的粉细砂层(软弱下卧层),则可计算出承载力的标准值为:

$$f_k \times 1 \times 1 = f_{kz} \times (1 + 2 \times 0.7 \times \tan 28°)(1 + 2 \times 0.7 \times \tan 28°)$$

$$f_k = 456 \text{ kPa}$$

其中 f_{kz} 为下卧砂层承载力标准值。

但是,如果筏基尺寸为 10m × 10m 则:

$$f_k \times 10 \times 10 = f_{kz} \times (10 + 2 \times 0.7 \times \tan 28°) \times (10 + 2 \times 0.7 \times \tan 28°)$$

$$f_k = 173 \text{ kPa}$$

由于承载力由软弱的下卧层控制,456 kPa 的荷载试验结果是无意义的。

3　冻坏了的基础

辽西某住宅楼,条形基础埋深近 2 m,按道理说不存在冻害问题。可是施工时看到基础在冬季施工,基底暴露,基土潮湿,然后又很长时间未及时砌砖和回填。后来楼墙体发生开裂。这显然不是设计的埋深不够,而是施工期已发生了冻胀,后来融陷不均匀所致。所以,工程成败不全在设计。

4　另一部分水哪里去了

关于基坑支护结构上水土压力的分算与合算之争已很久了。其中有一部分人认为作用在结构上的水压力与基础的浮力,不应用静水压力 $p_w = \gamma_w E$,而应当用 $p_w = n\gamma_w h$,其中 n 为孔隙率。并且有理论上证明的,有从实测上证实的。这些姑且不论。

话说有某作者举出了如下算例:

有一桶饱和土,桶内总重量或者说是作用于桶底上的总压力为:

$$W = Ah\gamma_{sat} \tag{1}$$

A,h 分别为桶面积和高度;γ_{sat} 为土的饱和容重,这一算法被其称为水土合算。如果水土"分算",所有土骨架重量:

$$W' = Ah\gamma' \tag{2}$$

所有孔隙水重量:

$$W_n = Ah \cdot n\gamma_w \quad (3)$$

二者相加：

$$W = W' + W_n = Ah(\gamma' + n\gamma_w)$$
$$= Ah\gamma_{sat} - Ah(1-n)\gamma_w \quad (4)$$

比较(1)式与(4)式会发现，“水土分算”有一部分水$(1-n)\gamma_w Ah$莫明其妙地丢失了。该作者据此认为水土分算与合算不同，并且总结了他们在工地实测的一些水压力，认为所有水压力应乘以孔隙率n。

但是根据物质守恒定律，无论如何要追究式(4)中丢失的那部分水哪里去了。显然以上“分算”中有明显的错误。式(2)中如果土骨架自重按浮容重γ'计，则式(3)中作用在桶底上，还有骨架作用在水上的浮力的反作用力大小为：

$$W_f = Ah(1-n)\gamma_w \quad (5)$$

这样分算与合算就会一样。如果只计算孔隙水中的水重量，则土颗粒重量部分应当用颗粒(矿物)的容重$G_s\gamma_w$与颗粒体积$(1-n)Ah$之积，或者用全体积乘以干容重γ_d。大家可以试一试，结果怎么样？

5　加深加宽基础总是对承载力有利吗

一般在总荷载不变时，加深加宽基础会减少基底压力，提高地基承载力，对于建筑物的安全肯定有利。可实际情况复杂，应具体问题具体分析。下面是我们学校院内某住宅楼的例子，见图3(为了说明问题，某些数据作了调整)。

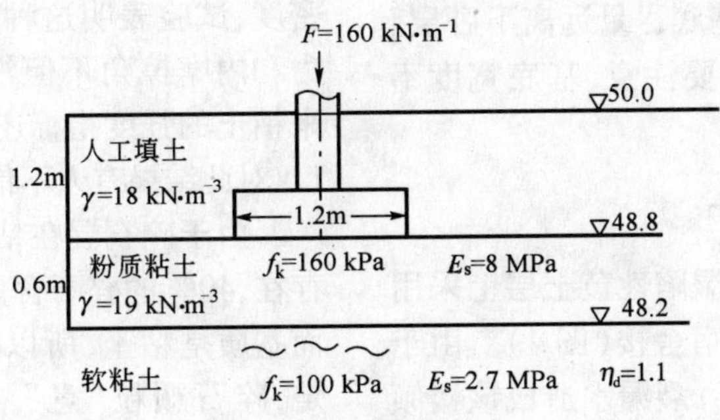

图3　某宿舍楼条形基础

设计1：

条形基础基底在48.8 m高程，宽度1.2 m

基底压力：

$$p = \frac{160 + 20 \times 1.2 \times 1.2}{1.2} = 157\text{kPa}$$

基底附加压力：

$$p_0 = 157 - 1.2 \times 18 = 135 \text{ kPa}$$

软弱下卧层顶附加压力：

$$p_e = \frac{p_0 \times 1.2}{1.2 + 2 \times 0.6 \times \tan 23°} = 95 \text{ kPa}$$

$$p_e + p_{ze} = 95 + 1.2 \times 18 + 0.6 \times 19$$
$$= 128 \text{ kPa}$$

软弱下卧层承载力设计值：

$$f_w = f_k + 1.1 \times 18.5 \times (1.8 - 0.5)$$
$$= 127\text{kPa}$$

大体上可满足承载力要求，但还差一点，可加宽基础，增加埋深。

设计2：基底放在48.5 m高程，宽度为1.4 m

基底压力：

$$p = \frac{160 + 20 \times 1.5 \times 1.4}{1.4} = 144\text{kPa}$$

基底附加压力：

$$p_0 = 144 - 18 \times 1.2 - 19 \times 0.3 = 117\text{kPa}$$

由于这时 $z/b = 0.3/1.4 = 0.214 < 0.25$，扩散角 $\theta = 0°$

则 $p_z = p_0 = 117$ kPa

$p_z + p_{ze} = 117 + 1.2 \times 18 + 0.6 \times 19 = 150$ kPa $> f_w = 127$ kPa

可见在这种情况下增加基础宽度，可使扩散角减小，增大基础埋深除可使扩散角减小之外，还会使扩散面积减少，适得其反。所以，在有软弱下卧层情况，要使基底尽量远离下卧层。如持力层较薄也要注意，基底宽度不宜太大。

6　桩为什么断了

在洛阳某处湿陷性黄土层上采用桩基础修建了一宿舍楼（图4）。由于楼附近自来水管开裂漏水造成该楼倾斜。挖开地基检查，发现灌柱桩断裂，

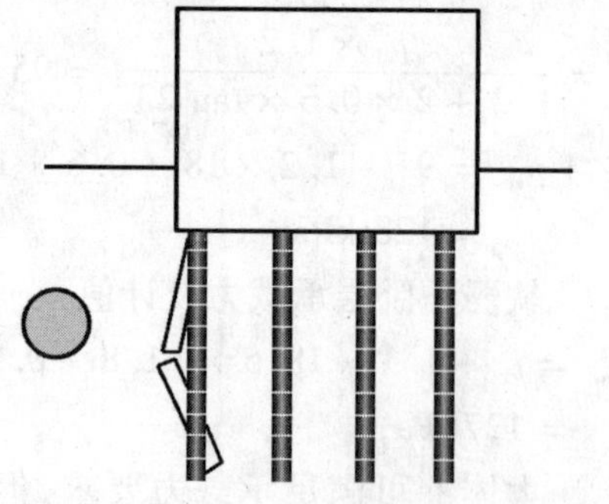

图4　湿陷性黄土的断桩案例示意图

混凝土质量很好，钢筋配筋也满足设计，为什么桩会断裂呢？

这可能主要由于水管断裂处黄土湿陷，地基软化，局部塌空，桩两侧横向土压力不平衡而受水平力破坏。

7　1+1<1的故事

云南雾坪土石坝是修在软土地基上最高的土石坝（最大坝高58 m），用振冲碎石桩加固地基。置换率 $m = 0.40$。如何将处理后的地基当成一种假想的均匀地基土进行数值分析，关键在于确定"复合材料"的参数。在讨论中有人提出将占总体积40%的碎石材料，与占总体积60%原地基土的材料均匀混合制成试样，作大三轴试验，确定参数。二者密度都用原状密度，试验表明这种混合试样的粘聚力和内摩擦角不但没提高，而且比原来粘土的强度指标还低。所谓1+1<1。对此结果有人不信，试分析如下。

由于碎石混在粘土中呈单个颗粒存在，40%的碎石含量不能形成骨架，而基质是粘土，所以其性质由粘土决定，碎石颗粒"悬"在粘土中被包围（图5(a)）。在图5(b)中：

（1）混合前：

对于碎石：$V_{V_1} = 0.4 \times 0.33 = 0.133$

$V_{S_1} = 0.267$

对于粘土：$V_{V_2} = 0.264$

$V_{S_2} = 0.336$

（2）混合后：这时 V_{S_2} 这部分粘土固体体积分布在一个更大的体积中，即由混合前总体积 $V_2 = 0.6$，变成混

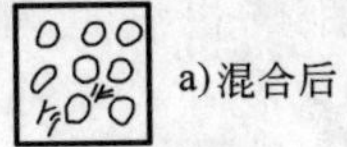

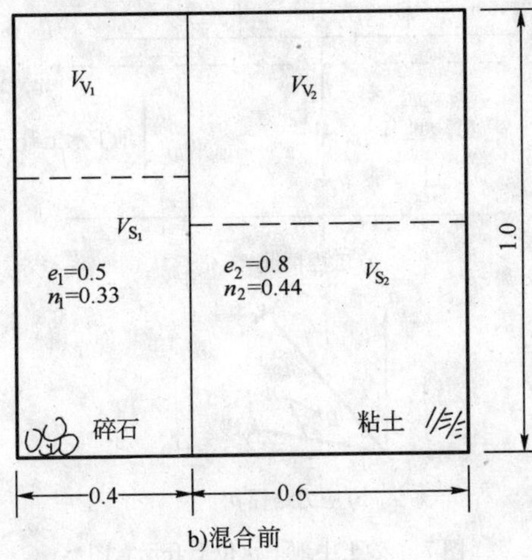

图 5　混合试样示意图

合后总体积，$V'_2 = 0.264 + 0.336 + 0.133 = 0.733$。由于混合前后土的固体体积不变，粘土密度变小了。

混合后粘土孔隙比：

$$e'_2 = \frac{V_{V2} + V_{V1}}{V_{S2}} = \frac{0.264 + 0.133}{0.336} = 1.18$$

可见，粘土的孔隙比从原来 0.8 变到 1.18，而强度指标主要由粘土决定，所以强度必然降低。

通过分析得到如下结论：

(1) 在碎石桩复合地基中，碎石桩是作为一个整体以其力学特性与桩周土之间相互作用，提高了地基承载力及刚度。

(2) 两种材料简单混合是不对的。尤其是粗粒料体积含量少于 60% ~65%，在混合料中形不成骨架，其混合料性质主要由细料（粘土）决定。

(3) 如果粗、细两种材料都按原来密度混合，则细料在混合后密度下降，而粗料含量少不足以形成骨架，则混合料性能将比原来的细料有所下降。

8　模量叠加的一个误区

根据《建筑地基处理技术规范》JGJ79 - 2002，复合地基的压缩模量可计算如下：

$$E_{sp} = mE_p + (1 - m)E_s \qquad (1)$$

E_p 与 E_s 分别为桩及桩间土的压缩模量。还是第 7 个案例的情况。有人建议对于振动碎石桩复合地基的体变模量数 K_b（Duncun - Chang 模型中）用置换率来进行参数叠加。

结果碎石桩：$K_{b_1} = 1054$，粘土 $K_{b_2} = 30$。按 $m = 0.4$ 计算，复合地基 $K_b' = 440$，用此数进行数值计算，发现误差极大。这是由于参数叠加的错误（图 6）。

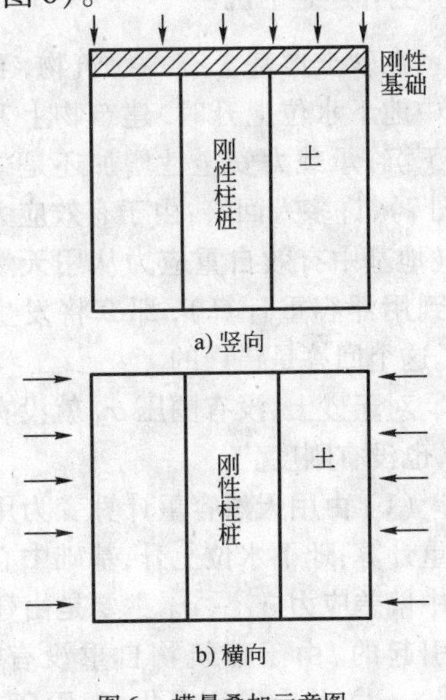

图 6　模量叠加示意图

如果在土中埋设一刚性柱桩（如岩柱）情况：

(1) 竖向 E_1：根据公式(1) $E_1 = E_p m + [(1-m)E_s]$

$E_p \to \infty$　则 $E_1 \to \infty$，这是对的。因为竖向有刚性柱桩，在刚性基础竖向压力情况下位移几乎为零。

(2) 横向：如仍用式(1)计算，$E_2 \to \infty$，显然错误。这时应当用：

$$E_2 = \frac{1}{\frac{1}{E_s}(1-m) + \frac{1}{E_p}m} = \frac{E_s}{1-m} \tag{2}$$

亦即在横向，刚性柱桩不可压缩，但土的部分与压缩量不可忽略，复合刚度有所提高，提高的倍数为土的模量的 $1/(1-m)$。

上述的体变模量数 K_b 应当用式(1)和式(2)近似计算。

9　上升还是下沉

在砂土地基上有一建筑物，当砂土中地下水位上升时，建筑物上升还是下沉，承载力安全性增加还是减少（图7），许多人回答：由于有效应力减少（地基中有效自重应力从用天然容重到用浮容重计算），那么将发生回弹。这个回答是错误的。

对于砂土，没有围压 σ_3 就没有强度，也没有刚度。

(1) 由用天然容重计算变为用浮岩重计算；地下水位上升，基础中心处土中偏差应力 $\sigma_1 - \sigma_3$ 主要是由建筑物引起的。由于建筑物自重没有变，$(\sigma_1 - \sigma_3)$ 并未发生变化，但围压 σ'_3

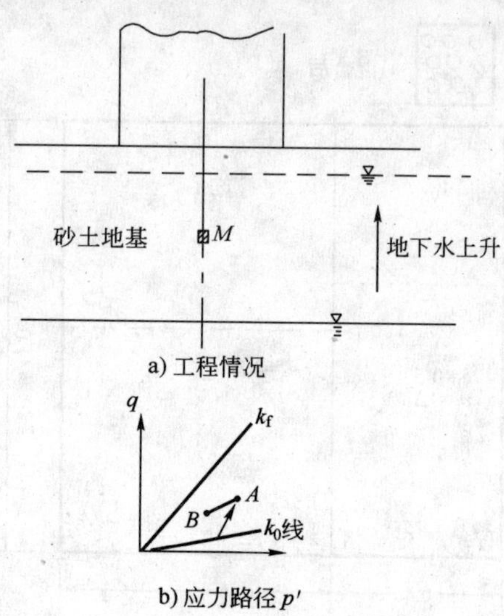

图7　砂土中地下水位上升示意图

减少了（由用天然容重计算变为用浮容重计算，亦即扣除水位变化部分土体中的浮力），根据 Duncun - Chang 模型中公式：

$$E_i = kP_a\left(\frac{\sigma'_3}{p_a}\right)^n$$

E_i 将减少，所以建筑物将下沉。

(2) 分析图7b)的有效应力路径，发现由于点 M 处增加了一个静孔隙水压力，应力点从 A 移到 B，更接近于破坏线，所以承载力安全系数降低了，甚至会引起建筑物的倒塌。

10　灌浆能挤密什么地基

在既有建筑物加固和灌注桩后灌浆等技术介绍中，人们常提出灌浆的各种功能机理，其中总有对地基土的挤密作用。事实真是如此吗？

在北京丰台附近有一办公楼，由于门厅部分比设计多作一层，用灌浆加固挤密地基。地基土为接近于饱和的粉质粘土,在一个小范围内灌入了几十吨水泥。灌浆固结后做标贯试验,发现灌浆后的地基土比未灌浆的地基土的标贯击数还略少一些,强度指标也基本未变。看来“挤密”作用只是一个愿望了。

在高饱和度粘土中灌浆,即使在地基中形成一个灌浆泡,占据了部分体积,但地基土在灌浆的短时间内,相当于三轴不排水试验,体积并未变(可能有地面隆起及侧移),并在土中产生较大的超静孔隙水压力。随后孔压消散,这时灌浆泡已经固化了,形成固定边界。本来随着超静孔压消散,转化为有效应力,使土固结加密,如同预压固结的情况。但在灌浆的情况下,孔压消散伴随着应力松弛(因为边界是固定的),土不会被加密。这种灌浆只会部分破坏原状土的结构使强度下降。

以上案例分析可能有不当之处,敬请专家指教。同时亦期抛砖引玉,能够使专家大师们分析更多更精彩的案例。

岩坛六弊

李广信

近来各行各业都各祭一坛，早有名气的如文坛；另有画坛、书坛、歌坛、影坛、体坛等；就连最不争气的中国足球也号称足坛，更是新闻不断，煞是热闹。为岩土工程立坛，也就名正言顺。本文主要涉及土力学的研究和论文方面的问题，似应叫“土坛”为宜，但一查字典，所谓“坛”者乃是土堆的台，故“土坛”有犯复之嫌，故称岩坛六弊。岩石可能无弊，但“城门失火，殃及池鱼”，与土为邻，难免受到牵连。是为岩坛。

本人担任《土木工程学报》副主编之职，每月初审几十篇岩土工程方面的论文，加上多家期刊送审的投稿论文、各校的学位论文，基金项目评审，职称评定的学术水平评审，学科建设评审等，对于岩土工程的研究成果和科技论文所见甚多。这些研究硕果累累，自不必说，但是也存在一些不良倾向，有所感，经归纳总结，是为六弊。

无米之炊

L. A. Zadeh 讲过：“当系统的复杂性日益增加时，我们做出系统特点的精确而有意义的描述的能力将相应降低”。对于岩土工程这一极其复杂的系统，精确可能是一个奢望。因而不确定性理论方法应当是强有力的工具与武器。笔者在上个世纪的 80 ~ 90 年代曾经对于不确定性的理论方法给予很大的热情和期望[1]，可惜后来的发展令人颇为失望。

所谓不确定性理论有多种，有些是很古老和经典的。由于计算机技术的发展，不确定性理论近年得到极快的发展，也使实际应用成为可能。因果关系破缺的问题可以采用统计、概率、优化、可靠度等理论；互补率破缺的问题，亦即无法准确判别彼此的问题有灰色、模糊、混沌、分形等理论与手段；而在各种仿生学基础上，提出了神经网络、遗传进化、专家系统等理论方法。值得注意的是这些只是解决岩土工程问题的有力手段和方法，而其基础还是资料、案例、经验和岩土工程的概念等。以《建筑地基基础规范》(GBJ 7 – 89)对于地基承载力的标准值确定为例[2]，其回归修正系数为：

$$\psi_{\mathrm{f}}=1-\left(\frac{2.884}{\sqrt{n}}+\frac{7.918}{n^{2}}\right)\delta \quad (1)$$

这类统计意义上的方法,其最为重要的是样本数 n。没有足够大的样本数,统计与概率的方法就毫无意义,不会得到有意义的标准值。另以模糊数学为例,其关键是模糊判断中的权重,一个复杂的岩土工程问题,各个因素的权的合理判断,只能来源于对大量的实测资料的合理分析;实践中积累的丰富工程经验;不同条件下的信息集成;对于岩土问题基本概念的深刻理解及对于各因素的耦合的正确认识,否则只能是数学游戏。

目前,各类可靠度分析与神经网络文章充斥各类期刊及学位论文中,且投稿还在源源不断地涌进。一些人将可靠度、神经网络、模糊数学的标签,贴到一切见得到的岩土工程问题。在这类文章中,5 个试验就号称“大量的试验资料”;从三个压桩试验,学习了十万次,就得到了“重要的成果”;少的可怜的资料成了点缀和标签。无米而炊,用几个米粒熬出一锅高度稀薄的粥。

由于资料和经验的匮乏,这类数学游戏败坏了不确定性理论方法的名声。这就难怪一些在工程实践中工作的老总们,对于这些“成果”与“论文”持完全否定的态度。

先箭后靶

“文革”中有一句口号是“毛主席指向哪里,我们就打到哪里”。一些研究者似乎反其道而行之,那就是“我们打到哪里,我们就指向哪里”。也就是先射箭,后画靶,打到哪,指到哪。

其一是用不知从哪里来的有限元计算程序 + 不知在哪里来的模型参数 + 不知从哪里来的实测(试验)资料 = 天衣无缝、完美无缺预测结果;

其二是建立或者移植了一个理论模型 + 不知哪里来的参数 + 不知哪里来的试验结果 = 预测结果好的不得了!

在一些论文和报告中,可以见到预测与实测结果完美符合到令人可疑程度的情况,如图 1 所示。地质学家告诫我们:无瑕的美玉是人造的;最近又听说,无瑕的美女也是人造的,那么对于性质极其复杂的岩土材料,这些无瑕的曲线是天生丽质吗? 在岩土工程中,数学模型及其计算程序中的关键是参数的获得,如果参数是一个(些)可以任意打扮(整容)的小姑娘,应当说“预测”可以是相当完美的;如果连需要验证的试验(观测)资料也是可以任意打扮(整容)的,那基本上是无胜而不往,百中而百发了。

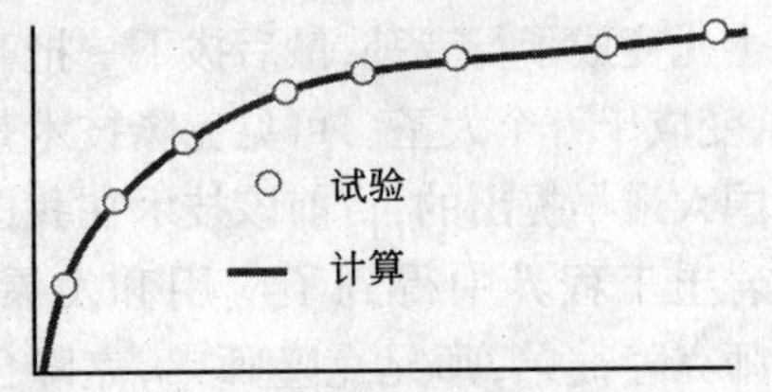

图1 计算与实测结果的比较

在 20 世纪 80 年代以前,土的本构关系模型蓬勃发展时,这种自己提出模型,自己验证的情况很多,总是“符合得很好”。自己种瓜,自己品尝,无不夸瓜好。后来欧美岩土界组织了多次对于土工试验、本构模型和数值计算的“竞赛”,或者“考试”。亦即公布土的基本试验以供参赛者确定模型参数,也公布目标试验的应力路径及其他条件;然后在全球征集参赛者,十八般武器各显神通;按期上交预测结果;最后公布目标试验的结果。记得一个会议的主席总结道“尚不能给任何一个模型戴上王冠”[3]。这种闭卷考试体现了其客观性、权威性和公正性,也考验了射手们真正的箭法。

稀释克隆

某些研究者或者研究团体在一个狭窄的领域取得了一些理论、解析半解析算法或数值计算方面的成果,于是寻找一切可以贴上其标记、能戴上其帽子的题目:不同土层的排列;不同荷载、边界条件和计算方法的组合;不同坐标系的变换,生产出大量相似的研究成果、学位论文和期刊投稿。似曾相识的文章散见于各个期刊,常常无法识别其差别。《西游记》中写孙行者与妖怪斗法,一会儿变成者行孙,一会儿变成了行者孙,最后拔下一把毫毛,变成千万个大圣。可见克隆技术是中国人最早提出的,目前该技术在我国的岩土工程界中得到了应用和发展。导师克隆徒弟,师兄克隆师弟,克隆出一代一代的“大圣”,近亲繁殖,遗传缺陷,使成果的学术水平递减,研究的实际意义萎缩。

另一种情况是,将成果高度稀释分割,改头换面(有时甚至不换面),投出和发表出双胞胎与多胞胎的文章。有的文章笔者先后在不同场合见过5次。

翻炒冷饭

这是一种从经典土力学中找题目,从土力学教材的夹缝里找课题的情况。例如:考虑自重的地基承载力公式;考虑粘聚力的库仑土压力公式;非线性的强度准则下的朗肯土压力;考虑三维效应的地基沉降计算;考虑竖向渗流的土压力等。这些经典的土力学问题几十年来已经被人们广泛地关注与研究,基本没有得到创新性成果的可能。有的此前已经有了相同或者类似的成果;有的是基本没有实际意义;有的是在计算机和计算技术高度发达的今天,已经没有研究的必要。例如考虑三维效应的地基沉降计算,20世纪中期以前就提出了不下十种计算方法[4],目前还是方法简单、富有经验的单向压缩分层总和法在广泛应用,而如果希望考虑三维和非线性的影响,各种有限元法已经使上述的计算方法基本没有必要。

小题大做

将其他学科和新的的理论方法引进岩土工程研究中,是我们提倡的技术路线,也是岩土工程取得原创性成果可能的途径。但这是一条充满荆棘的艰苦探索之路,而非捷径。应以严肃和科学的态度,有实事求是之心,无投机取巧,哗众取宠之意。

例1:有人用数学上的凸集理论

证明:在平面上三个顶点与中心等距的非凹的屈服轨迹的上限是圆周,下限是等边三角形。如图2所示。

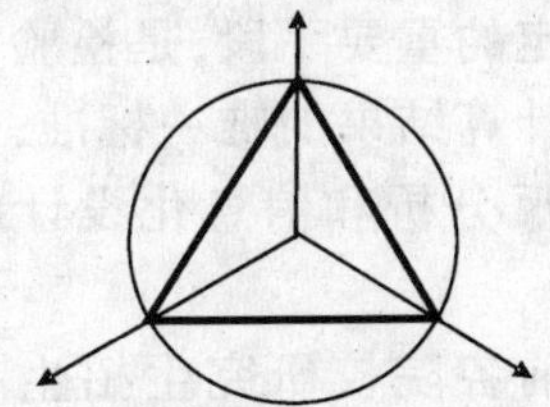

图2　平面上的屈服轨迹上、下限

从直观上看,如果不想使曲线出现下凹的部分,确实向外不能超过圆周,向内也不能超过等边三角形。但是它更像一个中学的几何问题,用凸集理论证明似乎大材小用了。

例2:用系统论证明土的一维压缩是一个稳定的体系(如图3所示)。从感觉上和用试验都会发现,土的侧限压缩不会使土体剪切破坏。似乎无需系统论那么高深的学问,也可以证明如下:如果粘聚力 $c=0$,

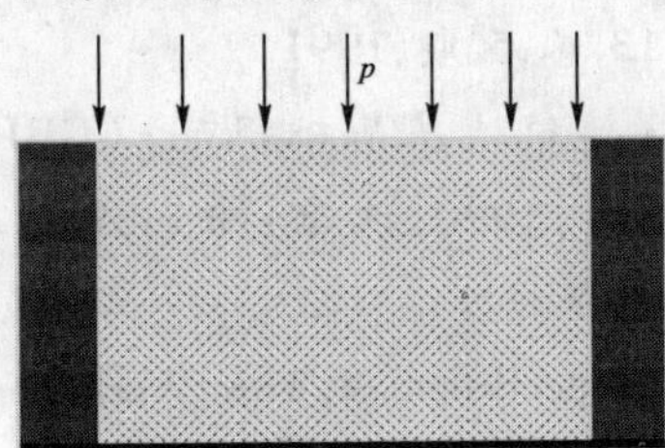

图3　一维压缩是稳定体系

$$\sigma_1 = p \tag{2}$$

$$\sigma_3 = K_0 p = (1-\sin\varphi)p \tag{3}$$

$$\frac{\sigma_1-\sigma_3}{\sigma_1+\sigma_3} = \frac{\sin\varphi}{2-\sin\varphi} < \sin\varphi \tag{4}$$

可见,在单向压缩情况下,土体不会达到莫尔－库仑的极限状态,亦即总是稳定的。

这些"研究成果"在土力学中是为人所熟知和不言而喻的,而从其他学科借来的法宝在那个学科大概也属于基本的方法手段。这种对于土力学的发展没有什么创见,对于所借鉴的学科也没有什么推动的研究,是将简单的问题复杂化。似乎是在这个学科"忽悠"我们,在那个学科"忽悠"他们。一般认为学科的交叉可产生硕果,有时杂交也会产生怪胎和垃圾。

大胆综述

所谓综述,应当是综合与评述。综合的基本要求是全面,基于纵横方向、时空领域、国内国外学科前沿全面了解和资料的掌握,介绍全局性、整体性的发展过程及研究现状;而评述则要求对于成果的准确评价,成果在目前体系中的地位与意义。综述的另一个要求是对于课题或者学科的过去－现在－未来的把握,高屋建瓴的分析、对发展动向的展望。在文字方面要求博采约发,井然有序,质先文后,繁简得宜。这需要对于学科和课题的深入和全面的了解,在这一领域中有相当的资历和研究成果,不是初出茅庐的研究生所能胜任的。

可是目前常见的综述性文章,有的所知所述明显不足;有的分析很弱,基本是材料简单堆积;有的讲一些大家熟知的成果和结论,缺乏有独特见解的展望。基本是其硕士或者博士学位论文的第一章部分。学位论文中的综述常常是一个课题入门者的学习结果,在学术期刊中发表一般是不够的。高水平的综述应当由学科的专家和大师们花一定的精力才能完成。也有的论文中确有大师和院士署名,但观其内容实属拉大旗作虎皮。

结　语

六弊反映了岩土工程中学风的浮躁,一些人不愿作刻苦踏实的试验和实际工作,企图寻找一条不费力气而事半功倍,投机取巧的捷径。

有的学校招收研究生过多,指导力量和试验条件不足,只能寻求最容易作的题目和路径对付答辩;有的导师让研究生打工赚钱,临到毕业时就选一个蒙人的题目(如模糊数学);有的为了职称和毕业而追求论文的数量,稀释克隆在所难免;有的学校缺少研究的基础和设备,研究工具只有书桌、书本和计算器(机),就只能在土力学教材中找课题;也有人只重视建立模型或者编制(改造)程序,而采用假设参数,或者寻找国内外其他人的试验资料确定参数和进行验证,结果总是符合很好。这些人应当更多地接触和理解工程问题,在实践中确定课题。

由于土的力学性质的复杂性,土层分布的随机性,土工问题中条件的多变性,土力学是一门充满了感性的学科。解决土工问题最基本的手段是试验、测试和经验的积累;是基本理论概念与工程实践的结合。在土力学的研究中,在人才培养中,试验及测试工作是不可缺少的环节。试验和观测是认识和揭示土的力学规律与机理的基本途径;是理论模型和数值计算中参数的确定的重要手段;是检验与验证模型和计算结果的唯一标准;也是岩土工程反分析和信息化设计施工的基础。

目前各院校研究生招生越来越多,学科划分越来越狭窄,硕士生的学制普遍缩为两年,研究生的培养和学位论文的选题和研究工作的技术路线是值得思考的问题。否则培养出的岩土工程硕士和博士可能基本不懂岩土的基本性质,没有解决岩土工程问题的基本能力,也达不到一个合格的岩土工程授课教师的要求。

参 考 文 献

[1] 李广信,关于土力学理论发展的一些问题,《岩土工程学报》,13卷,5期,1991.

[2]《建筑地基基础规范》(GBJ 7－89),1990,北京:中国建筑工业出版社.

[3] Proceedings of The Workshop on Limit Equilibrium, Plasticity and Generalized Stress-strain in Geotechnical Engineering, Mogill University, 1980.

[4] 李广信主编,《高等土力学》,2004,北京:清华大学出版社.

案例十析

李广信

1 天气预报与自然灾害预报

不知从什么时间开始，在雨季电视台的天气预报之后常常紧跟着自然灾害预报。其具体的内容就是滑坡及泥石流等。为什么降雨会引起边坡失稳呢？

降雨引起滑坡的原因有多种，其中它使土体自重变化；饱和度提高造成基质吸力减少甚至完全丧失，从而使土的抗剪强度减小；土中水的渗流增加滑动力等是主要因素。

弗雷德隆德(Fredlund)提出的非饱和土强度准则可表示为[1]：

$$\tau = c' + \sigma'\tan\varphi' + (u_a - u_w)\tan\varphi'' \tag{1}$$

若表示成通常的莫尔－库仑强度准则，则为：

$$\tau = c'' + \sigma'\tan\varphi' \tag{2}$$

其中，$c'' = c' + (u_a - u_w)\tan\varphi''$，后一项也称为“假粘聚力”，$s = (u_a - u_w)$是基质吸力，随着饱和度增加，吸力减少，使粘聚力减小，抗剪强度下降，从而引发滑坡。与此相似，土中水也可能使岩土矿物软化、泥化，土体或者岩体裂隙中的土夹层中孔隙水压力增加也会使土的抗剪强度降低。

降雨引起的渗流一般接近于沿坡渗流，其渗流方向与滑裂面方向夹角不大，因而渗透力主要是滑动力(矩)。例如对于有沿坡渗流的无限砂土坡，其安全系数几乎是无渗流情况的一半(γ'/γ_{sat})。

土的重度的变化也是引起滑坡的重要原因之一。按简单条分法土坡稳定的安全系数为：

$$F_s = \frac{\sum(c_i l_i + W_i\cos\theta_i\tan\varphi_i)}{\sum W_i\sin\theta_i} \tag{3}$$

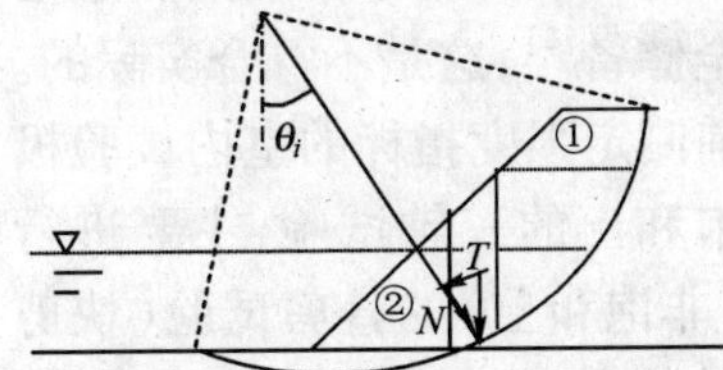

图1 土中水对土坡稳定性的影响

从图1和式(3)可见，θ_i 较小的土条(即土坡下部)$\cos\theta_i$ 较大，抗滑力矩也大，有利于稳定；反之，θ_i 较大的土条(即土坡上部)$\sin\theta_i$ 较大，产生的滑动力矩大，抗滑力矩小，不利于稳定。如果降雨使①区的土变湿，重度增加，则不利于稳定。如果降雨达到下部积水，②区的土体重度变成浮重度，抗滑力矩骤减，也可能引发滑坡。水库初次蓄水而引发的库区滑坡就是如此。

2 土钉墙的灾星

近年来，土钉墙在我国基坑工程中广泛和迅速地推广，创造了很大的经济效益。人们的胆子也越来越大，相应的事故也不少见。总结事故的原因，十有八九是土中水引起的。所以称土中水是土钉墙的灾星似不为过。

一般使用土钉墙支护的基坑或者位于稳定的潜水位以上，或者采用人工降低地下水。所以由于水引起的土钉墙失事主要由于降雨、局部积水、地下管线漏水和局部水源等。其原因主要由于土的强度降低。在式(1)中，非饱和土的基质吸力 $s=(u_a-u_w)$ 对于强度的贡献有时是相当大的，尤其是对于粉细砂土、粉土和粉质粘土。有人认为这种吸力对于强度的贡献是一种安全储备[2]，这是不符合实际的。因为目前测定强度指标的室内试验极少采用饱和土的三轴试验，主要进行原状土(非饱和土)的直剪试验(快剪或者固结快剪)，在设计的强度指标中其实已经包括了吸力所构成的“假粘聚力”，亦即其粘聚力为式(2)的 c''。一旦浸水，吸力丧失，强度急剧减少，土的结构破坏，土与土钉间的摩阻力减少，造成浸水部位土钉墙的垮塌。另外局部的水压力或者渗透力的作用也是引发事故的原因之一。

3 翻旧成灾

在2003年北京某18m深土钉墙支护的基坑倒塌事故中有一个特殊的问题，那就是它首先发生在施工中改变基坑平面形状的部分。原设计基坑在平面上有一半圆形的突出部分，已经使用土钉墙支护开挖到10m以下，后又决定将其挖去。这样就从上而下一段段拆旧，一段段开挖，同时一段段修建新的土钉墙支护。结果在开挖到14m左右时，下部开挖的已暴露部分土体无法直立，土不断流出，墙后土松动外流，最后基坑倒塌。

由于土钉是全长注浆，没有预应力张拉，土钉发挥作用需要一定的土体变形，使土达到主动土压力状态。这就会使墙后土体发生一定程度的松弛及土的结构性扰动。在拆除旧的土钉墙时对土体的扰动进一步加大，这时土钉墙壁后的土已非原状土，土体的暴露段不能自稳，对已建成的土钉不能提供足够的锚固力。在裁缝业有个说法，宁肯作十件新衣，不翻改一件旧衣，就是这个道理。

近来也常遇到下述的情况：在拟开挖的基坑水平距离10m之内存在已建的地下结构物。如果原结构物的基坑施工是采用护坡桩和地下连续墙加锚杆支护的，新基坑在这一段土体使用土钉墙较为可行；如果旧基坑也是土钉墙支护，这一部分土体实际已经扰动，新建的土钉墙可能会有上述类似的问题；如果原来是放坡开挖，肥槽土回填不实，则十有八九会出事。

4 挂在树上的鸟巢

最近以来复合土钉墙(或称加强土钉墙)使用较多,即将土钉与锚杆一起使用,据说可用于较深的基坑,减少变形。成功的例子不少,失事的案例也时有发生。

在国内外学术会议中土钉是被列入加筋(reinforcement)专题的,加筋实际上是土与筋材共同作用,性能互补,形成一种新的复合材料。土钉全长注浆,通过土与筋材的在微分尺度上的摩阻力约束土体,提高其抗剪强度,使二者合而为一。而土层锚杆则严格区分自由段与锚固段、主动区与被动区,力的传递和作用十分清晰:锚杆对于主动区的土体施加外部的拉力,增加其稳定性,亦即是一分为二的。在复合土钉墙中,土钉与土形成一个加筋的整体,类似编织成一个鸟巢,锚杆则是将这个整体与其外部土体连起来,类似于将鸟巢挂在树上的拉带。亦即土钉是加强加筋土体的内部稳定;锚杆是增加其外部稳定。

但是在一些设计计算中,常见一个圆弧滑裂面同时通过土钉与锚杆,它们的设计拉力都用以计算滑动土体的抗滑力矩。可是锚杆是施加预应力张拉的,充分发挥其设计拉拔力的位移很小,而土钉没有自由段,不施加预应力,其产生设计拉力时需要的位移较大。那么会不会锚杆充分发挥拉力时,土钉尚没有发挥作用;土钉发挥设计拉力时,锚杆已经失效呢?也就是可能发生渐进破坏。

5 桩基的渐进破坏

说起渐进破坏,涉及一个桩基础的案例。某电厂的锅炉基础有454根桩,桩长43~68m,原设计均为嵌岩桩。由于勘察的失误,将含粘土的碎石层误认为凝灰岩基岩。致使施工中大部分桩没有嵌岩。其中75根可判确为嵌岩桩,其余桩的桩端基本落在碎石土层,甚至可能落在粘土层上。下部还有10~30m厚粘性土⑤、砾砂$⑤_2$,坡积土⑥等。如图2、3所示。

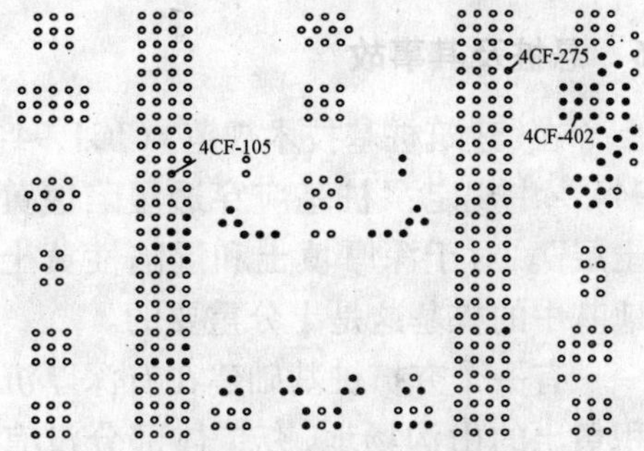

图2 筏板基础下的桩分布平面图
(黑点表示嵌岩桩)

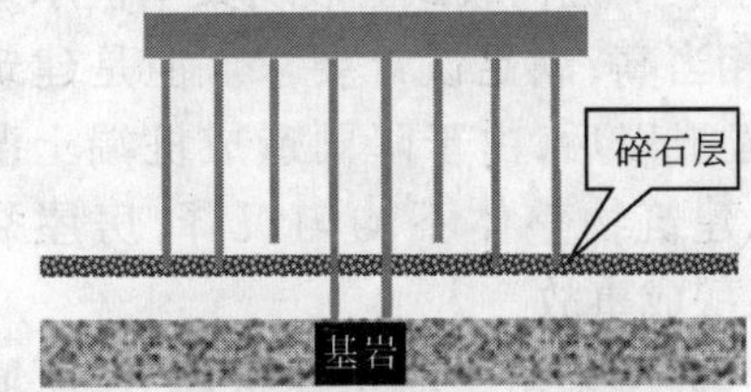

图3 各桩受力的示意图

单桩的荷载试验表明,两种单桩的荷载沉降曲线及极限承载力基本相同。那么在刚性的基础,中心荷载情况下,它们是否能够承受相同的竖向力呢?实际上,群桩在相同的基础位移情况下,嵌岩桩桩端基本没有位移,其桩顶位移全部由桩身压缩产生;其他桩由于桩端以下土层的压缩，桩端发生位移，桩身平移，桩身压缩变形较小。这样，嵌岩桩将分担更大竖向力，可能使桩身混凝土达到抗压强度而破坏，丧失承载能力；然后将荷载向桩端土相对较硬的桩上转移，使其破坏；最后使其余的桩破坏，导致整个桩筏基础失稳。是一种渐进破坏。

在目前较为流行的长短桩、疏桩、调平桩等设计中，经常某些桩按极限承载力设计，一定要进行共同作用的分析，避免这种渐进破坏的情况。

6 悬桩及其事故

在《建筑桩基技术规范》(JGJ 94-94)[3]中规定："桩基应穿透湿陷性黄土层"。对于深厚填土和湿陷性黄土地基中的桩基这是十分重要的。

有一个夯扩桩基础建在有深厚沉积黄土的山沟场地，夯扩体部分没有落在原状地基土上，悬在湿陷性黄土层中。单桩荷载试验表明其单桩承载力相当高，满足设计要求。但是建筑物建成以后，由于降雨造成桩端土湿陷，建筑物整体不均匀沉降，房屋裂缝，酿成事故。

近年来由于城市地价飙升，原城乡接合部成为房地产商所倾爱的地段。但是这些地区常常存在规模巨大的建筑材料(砂石料)取土坑，后用建筑垃圾及杂填土填平。这些地区首选的基础方案是各类桩基础，夯扩桩也是主要的桩型。但是一定不要做成悬桩，否则后患无穷。

上述两个例子表明，单桩的性状与群桩不同，考虑了上部结构－基础－桩的共同作用以后的桩的受力变形情况与单桩荷载试验的情况也不同。

7 基础旁边有个洞

目前在城市住宅楼和办公楼之下和之旁建造地下车库已经十分普遍，天然地基旁的纯地下结构对于地基承载力的影响一般采用等代埋深法，或称为等代土层法。

有一筏板基础埋深10m，一侧修建一个同深度的三层地下车库，每层自重$25kN/m^2$，上部覆土1m，覆土重度为$20kN/m^3$，地下水位距设计地面3m，水上土的重度为$18kN/m^3$，水下为$20kN/m^3$，地基承载力的深度修正系数$\eta_d=1.5$。问承载力的深度修正部分为多少？

这一问题有如下几种情况与计算方法：

(1)如果没有地下水，

$\Delta f=\eta_d\gamma_m(d-0.5)$，$d=(3\times25+20)/18=5.3m$。计算得到的深度修正部分的承载力为$\Delta f=130kPa$，这比没有车库时的$\Delta f=257kPa$要小很多。

如果有地下水，又有如下几种算法：

(2)按10m土层计算加权平均重度γ_m和等效埋深：

$\gamma_m=(3\times18+7\times10)/10=12.4kN/m^3$，$d=(3\times25+20)/12.4=7.66m$

$\Delta f=133kPa$，这比没有车库时的$\Delta f=177kPa$也要小很多。

(3)由于等代的埋深d小于10m，

加权平均重度 γ_m 不宜用10m 土层计算，按实际情况计算加权平均重度如下：

$\gamma_m=[(d-7)\times18+7\times10)/10$，$d=(3\times25+20)/\gamma_m$，得到的 $d=9\text{m}$，$\gamma_m=10.6\text{kN/m}^3$，$\Delta f=135\text{kPa}$。比(2)计算的稍大。

(2)、(3)两种算法中没有计及车库本身受到的浮力，如果扣除车库的浮力，计算如下：

(4)γ_m 取为12.4 kN/m^3，$d=(3\times25+20-70)/12.4=2.0\text{m}$，$\Delta f=28\text{kPa}$。

(5)由于 d 小于水深7m，γ_m 应取为土的浮重度 $\gamma'=10\text{kN/m}^3$，$d=2.5\text{m}$，$\Delta f=30\text{kPa}$。反而稍高于(4)的计算结果。

上述的前三种算法不计车库的浮力，显然高估了地基承载力，第(4)算法平均重度计算不够合理，第(5)种算法较为合适。如果地下车库自重不足以抵抗浮力，甚至需要抗浮桩承担浮力，则地基承载力的深度修正部分为零。这个问题涉及：

①如何计算土层的加权平均重度 γ_m？

②如何计算等效埋深 d？

③是否应扣除地下水对于车库的浮力？

而问题又似乎并不是这样简单，车库与建筑物基础型式、尺寸大小、连接方式、施工方法与次序也有很大影响。

(a)如果车库与建筑物基础为整体筏板，尺寸也不大，是否二者可以当作一个整体的建筑物，承载力按基底以上的实际土层厚度 d 计算；

(b)如果二者基础是分开的，或者设有后浇带，主体建筑物竣工后，才浇筑后浇带。在图4中，车库的宽度①小于地基整体破坏的范围，那么实际的基础旁侧超载不止车库的自重，还包括一部分基底以上的地基土重，承载力会高一些。

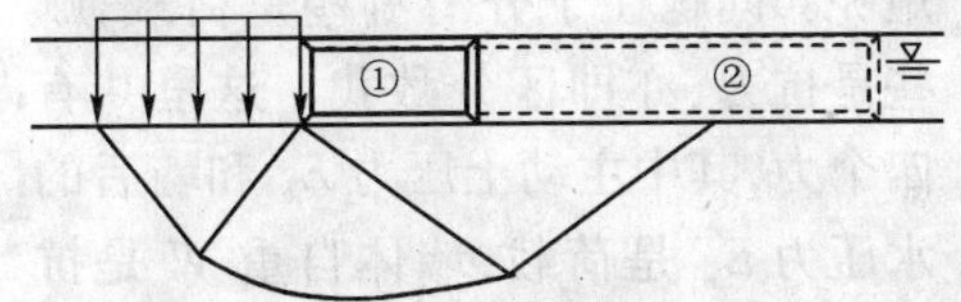

图4　基础旁车库对承载力影响示意图

(c)如果车库尺寸很大，整体性也较好，车库②的宽度大于地基整体破坏的范围，那么实际的基础旁侧超载是整体车库的总自重，承载力也会高一些。

看来在这种情况中，很有一些问题需要进一步研究解决。

8　敌军还是我军？

有一个挡土墙如图5所示，填土和地基土都是砂土，墙后水位与填土齐平，墙前水位与地面齐平。计算它的抗倾覆稳定安全系数。

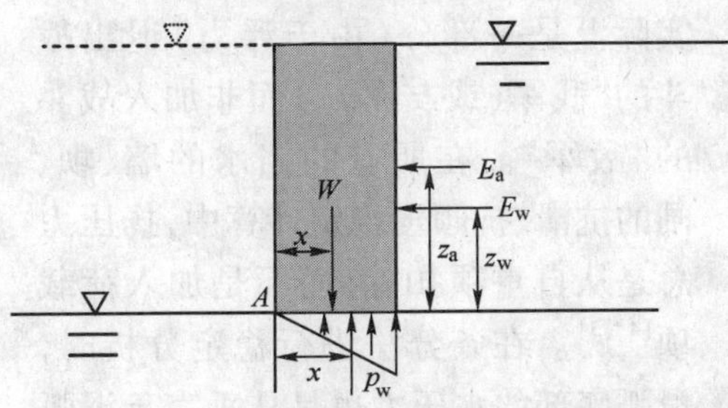

图5　挡土墙的抗倾覆稳定计算简图

这个问题的计算似乎十分简单，各力对于点 A 取矩，抗倾覆力矩被倾覆力矩除就是安全系数。亦即：

$$F_S = \frac{M_R}{M_S} \tag{4}$$

那么是否所有的逆时针力矩都是倾覆力矩，顺时针力矩都是抗倾覆力矩呢？问题在于分清哪些是荷载，哪些是抗力，亦即区分敌我。这里共有四个力，其中主动土压力 E_a 和墙后的水压力 E_w 是荷载，墙体自重 W 是抗力；那么基底的扬压力 P_w 是荷载吗？实际上它并不是荷载，而只是减少了墙体的自重。计算公式如下：

$$F_S = \frac{W_x - P_w x_w}{E_a z_a + E_w z_w} \tag{5}$$

为什么基底的扬压力 P_w 产生的力矩不加在分母，而减在分子呢？假设墙前后的水位是平的（如图中虚线所示），水平水压力左右抵消，那么计算墙的自重用墙体材料的浮重度计算抗力是很容易理解的。亦即：

$$F_S = \frac{W'_x}{E_a z_a} = \frac{(W - P_w)x}{E_a z_a} \tag{6}$$

可见与浮力一样，扬压力是减少了墙的自重，它并不是荷载。亦即它实际上是一部分（由于浮力）退出战斗的“我军（或友军）”，而非加入战斗的“敌军”。在所有的挡水的墙、坝、闸的抗滑、抗倾覆稳定计算中，扬压力总是从自重项扣除，而不是加入荷载项[4][5]。在条分法进行稳定分析时，滑弧底部的水压力也是从垂直于滑弧面的力 N 中扣除。

9　大面积荷载

人们常常认为只要说是“大面积荷载”，对于附加应力分布、地基沉降和固结就是一维问题，可以完全按一维的方法解决。这是一种误解。下面这个问题可以说明这一误解。大面积堆载以下测得各层中点的起始超静孔隙水压力如表 1：

表 1

编号	土层	顶部高程 /m	顶部沉降 /mm	超静孔压 /kPa
①	粉质粘土	2.0	230	190
②	粘土	5.0	200	120
③	粉质粘土	15.0	50	70

有人通过上述数据反算出第②层土的模量为 $E_s = 120 \times 10/0.15 = 8\,000$kPa。应当指出，为了进行这种反算还需要明确：(1) <u>饱和土</u>；(2) <u>瞬时加载</u>；(3) <u>压缩模量 E_s</u>。

如果第①层土的超静孔隙水压力近似等于基底附加压力 $p_0 = 190$kPa，可见在第②层土中附加应力已经明显扩散。远不是一维应力状态。Skempton 和 Bjerrum 提出的“考虑三向变形效应的单向压缩分层总和法”，建议用超静孔隙水压力代替附加应力计算沉降，其计算的沉降 S_c 与通常的分层总和法计算结果 S 间关系为：

$$S_c = \mu_c S \tag{7}$$

其中 $\mu_c = A + (1 + A)\alpha$，其中 α 为与土层的附加应力分布有关的系数。可见这样计算的沉降与孔压系数 A 及附加应力分布有关[6]。简单按计算的沉降反算压缩模量 E_s 是不对的。

其实问题是否符合一维应力状态，不是荷载面积的大小，而是荷载尺寸 $2a$ 与压缩层厚度 H 之比。图6表示了圆形荷载不同 a/H 比值时比奥固结与太沙基一维固结理论计算的固结度与时间的关系曲线（图中的虚线）。可见只有比值 a/H 大于10时，二者才比较接近。图中 a 为荷载的半径，H 为压缩土层的厚度。

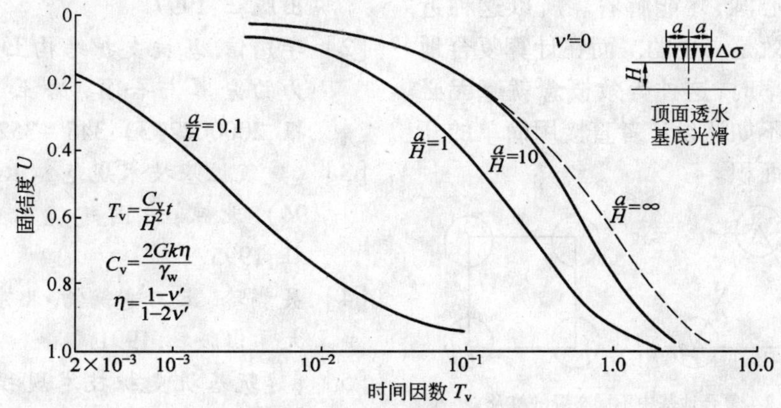

图6　一维固结与三维固结曲线的比较

可见问题是否近似一维状态，除了荷载面积大以外，还必须压缩土层较薄。而只要是“大面积荷载”就认为地基土中附加应力与超静孔隙水压力等于基底附加压力，沉降与固结都是一维状态是十分错误的。

10　舍近求远的等效直径

在复合地基的置换率计算中，常常引进一个等效直径 d_e[7]，如果断面为圆形的桩，等边三角形布置时，$d_e = 1.05s$；正方形布置时，$d_e = 1.13s$；矩形布置时，$d_e = 1.13\sqrt{s_1 s_2}$。置换率 $m = d^2/d_e^2$。这种等效直径本来就是通过等效圆的面积与原来每个桩所对应的面积相等折算出来的，完全无需这种舍近而求远的方法，见图7。对于等边三角形布置情况，每个三角形中有桩的断面积 $3\times60°=180°$ 的扇形面积，亦即半个圆断面积。所以：

$$m = \text{半个圆面积/正三角形面积} = \frac{\pi}{8}d^2/\frac{\sqrt{3}}{4}s^2 = 0.907d^2/s^2 = d^2/(1.05s)^2 \tag{8}$$

同样对于正方形布置，每个正方形中有 $4\times90°=360°$，亦即一个整圆。

$$m = \text{一个圆面积/正方形面积} = \frac{\pi}{4}d^2/s^2 = 0.785d^2/s^2 = d^2/(1.13s)^2 \tag{9}$$

这表明，等效圆和等效直径的概念和方法，是舍近求远，将简单问题复杂化。那么这一概念从何而来的呢？

其实它来源于也是地基处理手段的砂井渗流固结问题。由于在砂井排水固结中,是将问题分解为一个一维固结(上下方向)和一个轴对称固结(水平方向)问题的叠加。轴对称的固结要求将不同平面布置的砂井与地基土等效于同心圆,才能解答。所以这种近似的等效是必要的。而在计算复合地基置换率时,这种等效概念就毫无必要了。不如让设计者直接用简单的几何计算面积。

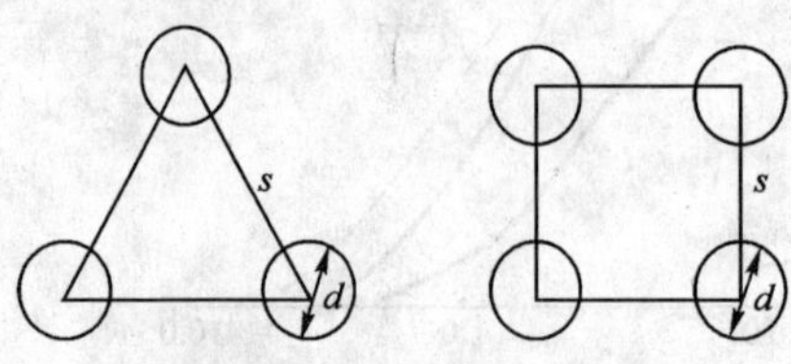

图7　复合地基中不同布置的桩及其置换率计算简图

上述的布置如果是一般三角形、矩形和其他不规则布置,如何计算等效面积呢? 有趣的是在一次考试中,条件是桩布置在等边三角形的重心处,计算置换率。几乎90%的人仍然使用1.05s计算,这显然少算了一半。看来等效直径的概念害人不浅。

以上案例是作者在教学中的课堂案例分析和在同行间的讨论中的个人意见,一已之见,难免偏颇。不当指出,敬请指正。

参考文献

[1] 弗雷德隆德.非饱和土力学(陈仲颐等译).北京:中国建筑工业出版社,1997.

[2] 李广信.基坑支护结构上水土压力的分算与合算.岩土工程学报,2000,22(3):348－352.

[3]《建筑桩基技术规范》(JGJ 94－94).北京:中国建筑工业出版社,1995.

[4] 吴媚玲.土工建筑物.北京:清华大学出版社.1991.

[5]《建筑基坑支护技术规程》(JGJ 120－99).北京:中国建筑工业出版社,1999.

[6] 李广信.高等土力学.北京:清华大学出版社,2004.

[7]《建筑地基处理技术规范》(JGJ79－2002, J 220－2002).北京:中国建筑工业出版社,2002.

奇谈怪论土力学

李广信

在教学中关于概念和原理恰当的议论、比喻和穿插小故事将会加深学生的理解和记忆、活跃课堂气氛。但亦不能用滥,以致喧宾夺主。这里举一些例子供参考。

1 土

“普天之下,莫非王土;率土之宾,莫非王臣”,“弃之如粪土”,“粪土当年万户侯”…… 土,是尊贵还是轻贱? 土力学值得一学吗?

卡特在“表土与人类文明”一书中断言:土,生长了人类文明。只要量测人类古文明发源的尼罗河、两河(幼发拉底河与底格里斯河)、印度河与黄河、长江流域土层深度就应当承认这一断言是正确的。

2 土的级配

土中颗粒尺寸大小基本一致称为级配均匀;大、中、小各种尺寸颗粒比例合适称为级配良好。在工程中是否级配良好就一定“好”,这要看具体情况。比如作一般填料,希望级配良好,有利于压实;而用于反滤料,则希望每层土料级配均匀,有利于排水。

正如在军队中,要求战士们年龄级配均匀,以便于训练与战斗,而不同级别军官年龄则应级配良好,可发挥不同年龄段人的经验,阅历和威望。同样,希望学生级配均匀,教师级配良好。但是听说,已经允许接近70岁的大学生入学,则是新问题。

3 塑性指数与液性指数

粘性土的塑性指数 $I_P = w_L - w_P$,即由液限含水量减去塑限含水量,它是由土性决定的,所以常用于土的分类。液性指数 $I_L = (w - w_P)/I_P$,它主要由土目前的含水量 w 决定,是表明粘性土软硬的一种状态。对于粘性土,前者是不变的,后者是可变化的。塑性指数如同你的姓,将你划归了哪一家就不变了。液性指数如同你的年龄,是“状态”的描述。

4 关于不均匀系数等

不均匀系数 C_u 越大,土就越不均匀;液性指数 I_L 越大,土性就越接近于液态;相对密度 D_r 越大,砂土就越密实;渗透系数 K 不叫"阻力系数",它们都是由其定义决定的。记住了这一点,就不会将它们的定义公式记反。

5　土的强度

土的强度不是由组成土颗粒的矿物强度决定的,主要由颗粒间的结合和相互作用决定的。所以砂土常被称为"一盘散沙";而粘性土的粘聚力与岩石晶粒之间的键连结相比很微弱,所以我们用石块打人会打破头,而用土块打人顶多起个包。

6　渗透力

渗透力是渗透水流对于土颗粒的拖曳力。正如在小溪中流水对于河床中的卵石的拖曳力一样,会冲动它,使其滚动。

7　达西定律

达西定律的公式表示为:$v = ki$

与欧姆定律比较会发现二者十分相似:$I = V/R$

其实二者的物理机理是完全一致的:i 与 V(水力坡度与电压)都是一种"势";$1/k$ 与 R(渗透系数的倒数与电阻)都表现为一种阻;v 与 I(水流速与电流)都表现为一种"流"。亦即"流"正比于"势",反比于"阻"。

8　等效水平渗透系数 k_n 与 k_v 等效垂直渗透系数

前者 $k_n = \sum H_i k_i / \sum H_i$　后者 $k_v = \sum H_i / \sum \frac{H_i}{k_i}$

通过算例可以发现对于渗透系数量级差别很大的多层土,前者往往由渗透系数最大的那层土控制;而后者基本上由渗透系数最小的那层土控制。例如,如果有一层完全不透水层,则等效垂直渗透系数也就为0。

所以,前者似乎是各级官员开会,由"官"最大的说了算;后者是联合国常任理事国开会,实行一票否决。

9　有效应力原理的提出

太沙基(Terzaghi)有一次雨天在外边走,突然滑了一跤,他爬起来一看,原来地面是粘土,下雨了当然很滑。俗话说吃一堑,长一智。为什么人在饱和粘土上会滑倒,而在干粘土和饱和砂土上不会滑倒?他就陷入了思考。他仔细观察发现鞋底很平滑,滑动地面上有一层水膜。于是他认识到:作用在饱和土体上的总应力,由作用在土骨架上的有效应力和作用在孔隙水上的孔隙水压力两部分组成。前者会产生摩擦力,提供人前进所需要的反力;后者没有任何抗剪强度。人走在饱和粘土上,瞬时总应力都变成孔隙水压力,粘土渗透系数又小,短期内孔压不会消散转化为有效应力,因而人就会滑倒。从而他总结出了著名的"有效应力原理",后来又提出了"渗流固结理论"。可见智者一跌,必有所得;愚者跌倒,怨天尤人。

10　孔压的消散与土的抗剪强度

孔压消散,有效应力提高,土的抗剪强度才能发挥。

下雨了，在粘土表面上洒一层砂；汽车的轮胎和鞋底制成纹路，除了用来增加与地面的咬合力以外，主要还是为了排水，使局部孔压尽快消散，提高土的抗剪强度，提供摩擦力。

11 有效应力强度指标和总应力强度指标

根据有效应力原理，土的抗剪强度是由有效应力决定的，孔隙水压力不会产生抗剪强度。但有时又无法将有效应力和孔隙水压力分开，只好用总应力与抗剪强度的关系表述，也就是用总应力指标(c,φ)。

这正如工厂的计件生产率与全员生产率一样，100 个工人共生产了 1 000个产品，则实际生产率为 10 个/人，而工厂共有人员 200 人(包括行政管理、党、团、青、工会、计划生育……)全员生产率为 5 个/人。

12 渗透力与有效自重应力

从前有两头驴，一头驮的盐，另一头驮的棉花。前者埋怨驮的重，羡慕后者的轻载。二者过河时，荷载都减轻了，当背部露出水面时，驮盐的由于盐溶化于水，负荷大大减轻，高兴得唱起了歌；而驮棉花的驴一出水则站不起来了，为什么呢？可以分析一下。

这时饱和棉花的有效自重应力大大增加了：

$$\sigma'_z=(\gamma'+j)h$$

对于棉花，浮容重可忽略。水向下渗流 $j=\gamma_\omega i$。由于渗径与水头(位置水头)相等，$i=1.0$。h 为棉包高度，那么这头驴实际上驮了一大包水，四蹄承受的巨大棉包的重量是相当可观的。

13 毛细力与假粘聚力

干的砂土与饱和砂土是没有粘聚力的。而潮湿的砂土中砂粒间有水将它们连接起来，水与气表面的毛细力将砂粒“粘接”在一起。形成“假粘聚力”。

由于毛细压力为负孔压 $u<0$，$\sigma'=\sigma-u$，则砂粒间有效应力为正，会产生抗剪强度，称为假粘聚力。

我们将湿手插入干砂，拔出手后，手上会“粘”有许多砂粒；在河(海)砂滩的干燥部分和水下部分，我们无法竖直挖洞；而在潮湿部分，我们可以垂直挖一个小竖井而不垮，这就源于“假粘聚力”。

14 有效应力原理与抗剪强度

粘土的摩擦强度由有效应力决定，$\sigma'=\sigma-u$。但有时我们希望减少摩擦强度。例如在振动碎石桩中，利用振动使砂土液化，减少阻力，使土加密。

其实大多数润滑作用都是利用有效应力原理，比如机器加油是利用孔隙油压力减少有效应力与摩擦阻力；滑冰与滑雪实际上是利用高速滑动的滑力与滑板底面与冰雪间一层薄水膜的孔隙水压力减少阻力。在极低的温度下，冰雪并不“滑”，就是由于缺少这层水膜。

15 流网的密集

流网网格密集处表明该处水力坡降大,而该流道的流量往往由最密处控制。这正如堵车时,沿线的车流量由事故或堵塞处的车流量控制一样。

16 土的液化与总竖向应力

一个火车车厢内放置了1 000个鸽笼,如果鸽子全部同时飞起在空中,该车厢的货载只算鸽笼的重量吗?

那么,一桶饱和松砂在液化时砂粒处于悬浮状态,桶底上的竖向压力只等于桶内的静水压力吗?它只等于桶中的孔隙水重量吗?某些人正是在这一点上犯错误。

17 主动土压力与被动土压力

主动土压力是墙离开土体时土体达到极限状态时墙上的土压力,它是土体不破坏时的最小土压力;被动土压力是墙体挤向土体,使土体达到极限状态时的墙上的土压力,它一般比主动土压大得多。

这正如在一个拥挤的公共汽车上,我们上车时要挤压人群,相当于施加被动土压力,是相当吃力而辛苦的;而上车后关上门,我们后退一步则压力大大减少,相当于主动土压力。所谓进一步千难万难,退一步海阔天空。

18 土颗粒的压缩性与土骨架的压缩性

土的压缩性实际上是土骨架的压缩性,它不是土颗粒的压缩性,土的压缩性是很大的。而土颗粒在土力学考虑的压力范围内,可以认为是不可压缩的。世界上最深的太平洋海沟水深11 000多米,相当于1 100个大气压,海底的土粒,锰核体积压缩量极小。将一定体积的土体放到这样海底,土的体积基本不变(除非用橡皮膜包上并排水)。

19 承载力的深度修正

基础的埋深对于承载力有很大影响。由于将基础两侧土体 γd 当成是旁侧的超载,它有两个作用:

(1)本身阻止土体滑动向上隆起;

(2)在滑动面上产生摩擦阻力。

当 $\varphi=0$ 时,无后边一项,深度修正系数 $\eta_d=1.0$。

η_d 不能小于1.0,否则逻辑上会不通。例如,如果在静水中,放入一木块,沉入一定深度,本来水承载力为0,深度修正系数为1.0,则静水产生的浮力正好为木块自重。如果 $\eta_d<1.0$。则静水水面无法水平。

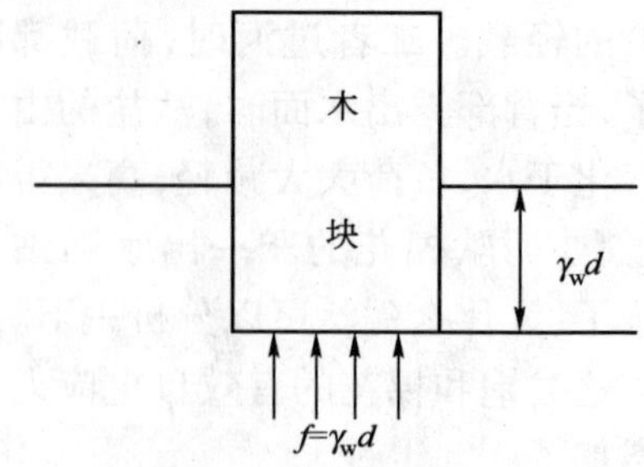

20 一柱一桩与一柱多桩

在广州和深圳等地,常常使用一柱一桩的基础形式。如果采用一柱九桩,有两根桩质量较差,则基本没有危险。但在一柱一桩时,桩发生了问题,柱就会下沉,引起相邻柱间的差异沉降及结构破坏。所以这时的安全系数要提高。

这正如独生子女一样,他不成材则全无希望。

21 土工织物与土工合成材料

近20年来土工织物与土工合成材料以其优越的性能被广泛使用,用于加筋、防护、防渗、排水、隔离和反滤等各个方面。那些曾经被用作制作服装的尼龙、的确良、锦纶和各种聚酯材料大量被用于土工方面。80年代时欧洲每年使用的土工织物面积已经超过欧洲总面积的1/10。

白居易看到舞女在织物上歌舞,在“红线毯”一诗中发出了“地不知寒人要暖,少夺人衣作地衣”的呼吁。而目前许多土工织物和土工合成材料恰恰被用于路面、桥台和挡土墙的防冻。

● 顾宝和 小传

男, 1934年8月生于上海市,国家勘察大师。

工作中

组织规程审核

顾宝和先生1954年毕业于南京大学工程地质专业，分配到建工部勘察公司(现建设综合勘察研究设计院)工作。历任技术员、工程师、高级工程师、研究员、所长、副总工程师等职，现为该单位顾问总工程师，国家勘察大师，建设部工程技术专家，中国地质学会工程地质委员会副主任，中国建筑学会勘察分会岩土工程专委会主任。长期参与岩土工程的勘察、设计、研究、管理工作，曾从事特殊性土、原位测试、扩底桩、地震液化等领域的研究，致力于标准规范的制订、注册工程师考试命题、重大复杂工程勘察设计的评审等工作。

母校留影

参与审查技术方案

入世后我国岩土工程发展的新趋势

顾宝和

1 市场化、法制化、全球化——入世面临的新环境

经过15年的努力,2001年11月11日在多哈通过了我国参加世界贸易组织,2001年12月11日我国成为世贸组织正式成员,享受世贸组织的权利,承担世贸组织的义务。此后,我国岩土工程界将面临一个崭新的社会环境——市场化环境,法制化环境和全球化环境。

我国虽然已是社会主义市场经济国家,但还是不成熟的。政企不分,行业分割,地方保护等依然存在;无序竞争,恶性竞争十分突出。进入WTO后,政企将彻底分开,政府负责宏观调控,监管市场,规范竞争秩序,营造统一、开放、有序的市场环境,加强公共事务的管理,弱化直接管理。企业将不再依赖政府保护,成为真正的市场主体,在遵守法纪和公德的前提下,追求利益最大化。政府与企业的关系将不再是上下级关系,隶属关系,而是平等的法律关系。

我国虽然已经是法治国家,但还不够完善。进入WTO后,我国的法律和法规体系将逐步与WTO衔接,政府将贯彻平等原则和依法行政,一切依法律法规行事,而不是依个人意志。中国将进入一个讲究规则,按规则运作的时代。同时,按照WTO的透明度和可预见性原则,中国政府今后将公开信息,公开法规,公开重大决策,公开行政标准,公开办事程序,公开办事结果,不再主要依靠“红头文件”,不公开是例外。政府将不再蒙上高楼深院的神秘面纱。

我国20多年前已经改革开放,加入WTO后,改革开放将进入一个新阶段。随着国内市场的国际化,中国经济将逐步融入全球市场,将给予外国企业国民待遇,鼓励中国企业参与全球竞争。企业家将着眼于全球性资源配置和营销策略,科技人员将面向全球寻找最合适的岗位。重大工程项目将在全球范围招投标,产品将在全球范围购销,资本、技术、劳动力等生产要素将在全球范围竞争。

2 国际吸引力最大的市场——岩土工程市场的新形势

有人说:“19 世纪是铁路和桥梁的世纪,20 世纪是高层建筑的世纪,21 世纪是开发地下空间的世纪。”对于发达国家,工业化已经完成,大规模的土木工程建设已成过去,进入后工业社会,将更侧重于环境的保护。但对于中国,一方面是工业化尚待继续完成,城市化和新乡村的建设正待加速进行;另一方面,保护环境,使社会经济协调和可持续发展的任务已经摆在我们的面前。21 世纪对中国来说,将是道路和桥隧、高层建筑和地下工程并驾齐驱的世纪,工业化、城市化、乡村现代化,保护和改善环境等同时并举的世纪。我国人口众多,地质复杂,气候各异,土木工程项目之多,规模之大,技术之复杂,将是世界上任何国家无可比拟的。作为土木工程重要组成部分的岩土工程,其市场前景是可想而知的。

由于发达国家的土木工程已趋萎缩,中国市场像一块巨大的磁石吸引着世界各地的开发商、承包商和各方面与岩土工程有关的人士。工业建筑、摩天大楼、旧城市改造,新城镇建立,大型水利枢纽,长距离调水和输油气工程,各种快速道路及其桥隧工程等等,为岩土工程界提供了广阔的用武之地。而且,许多工程要穿越崇山峻岭,跨过海峡,深入复杂地质条件;既要保证工程的安全和完成预期的功能,还要做到人地和谐,保护环境。此外,我国地质灾害种类多,规模大,发生率高,对生命财产威胁很大,防治地质灾害是岩土工程界的艰巨任务。我国城镇密集,工矿遍地,生态脆弱,妥善处理各种固体废弃物是关系到保护生存环境和造福子孙后代的长期任务。我国目前符合标准的卫生填埋场比例很小,今后将成为岩土工程的新领域。中国这块市场,将成为中外岩土工程师、开发商、承包商们角逐的重要场所,中国工程师具有本土优势,在竞争中无疑应当处于有利地位。

3 改革步伐的加快——经济技术新体制

我国岩土工程的技术水平与发达国家比较,差距在哪里?回答是在于水平的不平衡,在于突出的高水平和普遍的低水平同时存在。世界级的大型工程,都能依靠我国自己的力量,完成勘察、设计和施工;世界级的复杂岩土工程问题,我国的岩土工程师都可解决;世界上已有的技术和方法,我们几乎都有。从这个角度看,水平似乎相差无几。但是,从全行业的技术水平看,总体差距是十分明显的,勘察成果粗糙,设计水平很低,施工机械落后,效率不高,工程质量参差不齐,安全事故多,因而经济效益与发达国家相差甚远。欲与发达国家竞争,非大大提高我们的技术水平和管理水平不可。

技术和经济的落后,关键在于体制的落后。例如,我国的勘察专业体制来源于建国初期的苏联模式。当时的确发挥了不小作用,但缺陷也是突出的。勘察与设计施工严重脱节,专业分工过细,勘察工作的范围仅仅局限于查清条件,提供参数,对如何设计和处理,极少过问,因而不可能对工程建设做出较大的贡献。再加上行业分割和地方分割,知识面越来越窄,活动空间越来越小。甚至在思维方式上也有不良影响,满足于简单的模式,习惯于狭小的圈子,不注意创新,缺乏从广阔的视野去观察问题,思考问题的习惯等等。而岩土工程体制则是市场经济国家普遍实行的专业体制。它要求勘察与设计、施工、监测密切结合而不是机械分割;要求服务于工程建设的全过程,而不仅仅为设计服务;要求在获取资料的基础上,对岩土工程方案深入论证,提出合理的建议,而不是单纯提供资料。一位岩土工程师,应既能从事勘察,又能在岩土工程设计、施工、监测、监理岗位上工作,因而更贴近于工程实际,更注重解决工程问题。20年来,勘察专业体制的改革虽然取得了显著成绩,但由于种种原因,并未真正到位,成为阻碍岩土工程技术水平和经济效益提高的关键。我国参加WTO后,随着整个国民经济体制与市场经济国家接轨,岩土工程技术体制改革的步伐一定会大大加快,加速到位。

现今岩土工程勘察设计的经济体制,与真正的市场经济模式,也相差甚远。建国初期确定的勘察设计事业单位的模式,是与计划经济制度相适应的。改革开放后改为收费制,进入了市场,但隶属于政府的事业单位体制,没有根本改变。勘察单位数量严重过剩,工人比例过大,素质明显偏低。正像一头体躯庞大,头脑简单的恐龙,如不脱胎换骨,怎能与聪明灵活的现代化企业抗衡?现在,国家已经作出了“脱钩改制”的决策,这是完全正确的。参加WTO后,肯定要加速体制改革的步伐。

脱钩改制后进入哪一产业呢?笔者认为,可能部分进入第三产业,部分进入第二产业。勘察工作的本质是调查研究,探索性很强。勘探测试需要先进的手段,分析评价需要正确的科学理论,都离不开知识。衡量勘察单位技术力量强弱的,是它的人才,仪器和软件,而不在于它的规模大小,这就是知识型企业。类似于国外的咨询公司,主要做调查研究、方案评估和技术论证。属于专业服务,属于第三产业。专业服务是典型的知识经济,它的产品不是实物,也不同于医疗、旅游、餐饮等的服务,它的产品是技术报告、设计方案、环境评估之类的专业知识产品。我国目前专业咨询业还非常薄弱,加入WTO后,我国服务业将有大发展。

现在勘察行业数量很大,估计相当大的部分将转向以施工为主,从事钻探,地基处理,桩基工程、基坑开挖、降水工程等业务,成为承包商,也可做施工图设计。他们将拥有先进的机械设备、丰富的施工经验,素质良好的技术人员和熟练工人,作为建筑业,属于第二产业的一部分。这两类企业,无论生产要素，资源构成，人才结构，管理方式，都是很不一样的。加入 WTO 后，我国岩土工程可能面临产业改组，一部分以技术服务为主，一部分以施工为主，由企业根据自身的具体条件和市场需要确定。改革的加快将在勘察行业内产生剧烈的震荡，把握得好，可以登上新台阶，把握得不好，将被淘汰出局。

4 有序性、综合性、多元化——全球竞争新格局

目前，我国岩土工程界的竞争的确很激烈。但这种竞争有两个显著特点：一是行业分割和地方保护，连国内的统一市场也未形成，更谈不上全球性竞争；二是无序竞争或恶性竞争，依靠压价，转包，偷工减料，行政保护，行贿等不正当行为，以降低质量，降低安全度为代价。“以伪欺真”，“以小欺大”，“以弱欺强”的“倒挂”现象，比比皆是，根本不体现优胜劣汰的市场规律。企业主不是以提高技术，提高管理水平在市场中取得优势，而是以种种不正当手段压倒对方。这种竞争当然不能促进技术进步和经济效益的提高。

加入 WTO 后，市场将实施法制化管理，与 WTO 的规则接轨，在讲究规则的社会背景下，上述那些无序的、恶性的竞争，将有望得到根本好转。同时，竞争的方式也将从单一的争夺承揽工程项目，发展为资本、技术、人才、管理等生产要素的综合性竞争，设备、仪器、软件等产品以及专利、商标、数据、信息等多元化竞争。这种竞争还有一个十分显著的特点是与全球性资源配置联系在一起。以人才为例，在外国管理人才与科技人员进入中国的同时，外企必然大量吸收中国人才，与国内企业展开激烈的争夺。同时，国内企业为了生存和发展，也必然要引进外国的资本、人才、技术、专利、设备、仪器、软件等等，从而使国内市场国际化，使中国的岩土工程，无论经济和技术，无论人才、资本和设备，无论硬件和软件，都逐渐与国际融合在一起，成为国际大市场的一部分。在全球竞争新格局中，科技是内在动力，人才是决定性因素。

5 行业素质的全面提高——全面创新的新时代

参加 WTO 后，企业为了在竞争中处于有利地位，只有创新。中国将与发达国家一起步入全面创新的新时代，包括体制创新，管理创新，理论创新，技术创新等等。就技术创新而论，岩土工程技术可以分为两大类：一类和“数据”有关，即数据的获取，传输、加工、显示、管理等。其中野外勘探、工程物探、室内试验、原位测试、工程检测、现场监测等，属于“第一性数据”，分析计算、技术文件、数据库、GIS 等属于“深加工数据”。第一性数据是分析评价、制订方案、检验监测的基础，是岩土工程技术创新首先注意的热点，现代物理探测技术和数据处理技术必将起到重要推动作用。无论

第一性数据还是深加工数据，计算机和信息技术的发展，必将成为带动岩土工程技术创新的重要动力。另一类和“施工”有关，包括岩土开挖与填筑、桩基工程，地基处理、支护与锚固技术、土工构筑物、地下水控制等等，各种新工法的创立、各种新机械的研制、各种新材料的利用，都是岩土工程技术进步的标志，都是经济效益、社会效益和环境效益的源泉，企业主和技术人员必将大量投入，开发创新。其中土工合成材料的应用，值得特别注意。岩土测试、信息技术和新工法，将是岩土工程技术创新的三大领域。

岩土工程的理论作为科学研究的成果，是不分国界的人类共同财富，产生的是社会效益，将主要由高等院校和专门科研单位承担；技术开发则与经济效益直接挂钩，可以申报专利，将主要由企业承担。拥有专利的多少，将是衡量企业强弱和竞争能力的重要标志。只有掌握核心技术，才能领导世界潮流。

加入WTO后，外国企业将享受国民待遇，中国政府必将进一步规范市场，制定统一的与国际衔接的市场准入条件，相互承认教育程度，通过注册考试，试验室认证等手段，互相承认人员和企业资质条件。除学历外，将更加注重岗位素质的考核，首先是岩土工程注册工程师。这方面我国已经作了多年准备，即将启动。其他岗位上的专业人员，如试验室负责人、试验员、现场记录员，原位测试和现场监测人员、物探专业人员等的岗位资质，亦应列入考核范围。按照国际惯例，设立市场准入的“门槛”(最低条件)，对于我国岩土工程行业水平的普遍提高，克服参差不齐、鱼龙混杂的局面，无疑是十分有利的。过去我国比较重视评优评奖，用典型引路，今后政府将严把“底线”，严防不够标准的人员、单位和产品混入市场，而创造高水平，则主要由企业自己在市场竞争中实现。

6 总结——建立新观念

加入WTO对我国岩土工程的影响是多方面的，本文阐述的只是其中的一部分。此外，如技术标准与国际的接轨，设计施工体制的变革，科技人员的法律责任和责权平衡，专利和品牌意识的加强，勘察设计施工传统分工的变化，技术文件内容和格式的改进，继续教育的制度化和社会化，中国企业进入国际市场等等，都值得进一步思考和研究。

加入WTO，对我国社会生活的各方面，都会产生极为深刻的影响，而最根本的，是对人的观念和思维方式的影响。建立起新思维、新观念，才能适应新时代。可以把新观念概括为四点；即市场观念、法制观念、开放观念、创新观念。

工程地质与岩土工程

顾宝和

1　工程地质与岩土工程的区别

工程地质学(Engineering Geology)是研究与工程建设有关地质问题的科学(张咸恭等著《中国工程地质学》)。工程地质学的应用性很强,各种工程的规划、设计、施工和运行都要做工程地质研究,才能使工程与地质相互协调,既保证工程的安全可靠、经济合理、正常运行,又保证地质环境不因工程建设而恶化,造成对工程本身或地质环境的危害。工程地质学研究的内容有:土体工程地质研究、岩体工程地质研究、工程动力地质作用与地质灾害的研究、工程地质勘察理论与技术方法的研究、区域工程地质研究、环境工程地质研究等。

岩土工程(Geotechnical Engineering)是土木工程中涉及岩石和土的利用、处理或改良的科学技术(国家标准《岩土工程基本术语标准》)。岩土工程的理论基础主要是工程地质学、岩石力学和土力学;研究内容涉及岩土体作为工程的承载体、作为工程荷载、作为工程材料、作为传导介质或环境介质等诸多方面;包括岩土工程的勘察、设计、施工、检测和监测等等。

由此可见,工程地质是地质学的一个分支,其本质是一门应用科学;岩土工程是土木工程的一个分支,其本质是一种工程技术。从事工程地质工作的是地质专家(地质师),侧重于地质现象、地质成因和演化、地质规律、地质与工程相互作用的研究;从事岩土工程的是工程师,关心的是如何根据工程目标和地质条件,建造满足使用要求和安全要求的工程或工程的一部分,解决工程建设中的岩土技术问题。因此,无论学科领域、工作内容、关心的问题,工程地质与岩土工程的区别都是明显的。近年来,许多工程地质人员向岩土工程转移,结构出身的岩土工程师注意学习地质知识,这是很好的现象,但这种现象不能说明工程地质和岩土工程将“合二而一”。

2　工程地质与岩土工程的关系

虽然工程地质与岩土工程分属地质学和土木工程,但关系非常密切,这是不言而喻的。有人说:工程地质是岩土工程的基础，岩土工程是工程地质的延伸，是有一定道理的。

工程地质学的产生源于土木工程的需要，作为土木工程分支的岩土工程，是以传统的力学理论为基础发展起来的，但单纯的力学计算不能解决实际问题，从一开始就和工程地质结下了不解之缘。试与结构工程比较，结构工程面临的是混凝土、钢材等人工制造的材料，材质相对均匀，材料和结构都是工程师自己选定或设计的，可控。结构工程计算条件十分明确，因而建立在材料力学、结构力学基础上的计算是可信的。而岩土材料，无论性能或结构，都是自然形成的，都是经过了漫长的地质历史时期的在多种复杂地质作用下的产物，对其材质和结构，工程师不能任意选用和控制，只能通过勘察查明，而实际上又不可能完全查清。岩土工程师不敢相信单纯的计算结果，单纯的计算是不可靠的，原因就在于工程地质条件的不确知性和岩土参数的不确定性，不同程度地存在计算条件的模糊性和信息的不完全性。因而虽然土力学、岩石力学、计算技术取得了长足进步，并在岩土工程设计中发挥了重要作用，但由于计算假定、计算模式、计算方法、计算参数等与实际之间存在很多不一致，计算结果总是与工程实际有相当大的差别，需要进行综合判断，“不求计算精确，只求判断正确”，十分强调概念设计，已是岩土工程界的共识。

综合判断的成败，关键在于对地质条件的判断是否正确。既然岩土体是地质历史长期演化的产物，研究其规律性，对关键性的问题进行预测和判断，就只能靠工程地质专家了。譬如要建造一条隧道，没有工程地质专家帮助，土木工程师只能“望山兴叹了”。即使进行了钻探，面对一大串岩芯，土木工程师虽然能够辨别哪一段硬，哪一段软，哪一段完整，哪一段破碎，但难以建立整体概念，“只见树木、不见森林”。而有经验的工程地质专家，通过地面地质调查，就可大致判断地下地质构造的轮廓，就可预测建造隧道时可能发生哪些工程地质问题，再根据需要，采用物探、钻探、洞探等手段，由粗而细，由浅而深，构造出工程地质模型，明确哪些地段条件简单，哪些地段条件复杂，哪些地段可能冒顶，哪些地段可能突水。没有深厚的地质基础，哪能识别断层的存在和软夹层的空间分布，哪能搞清结构面的优势方向和地下水的赋存和运动规律，哪能说清岩溶、膨胀岩、初始地应力对工程的影响等等。可以说，在地质条件复杂的地区，岩土工程师离开了工程地质家将寸步难行。就像医疗，工程地质专家的任务是协助医生对病情做出正确的诊断，并提出治疗的建议。诊断是否正确是治疗能否成功的关键，这是人所共知的。

3 工程地质与岩土工程的发展

关于工程地质与岩土工程今后发展的方向和重点，已有不少专家通过不同方式发表了意见，本文不拟具体涉及。从大方向观察，本人认为，工程地质与岩土工程这两个专业，既不会逐渐归一，也不会逐渐分离，而是像两条缠绕在一起的链子，在互相结合、互相渗透、互相依存中发展。下面仅就共同发展的有关问题谈些粗浅看法。

3.1 地学与力学的结合

地质学和力学是岩土工程的两大支柱。地质学有一套独特的研究方法，通过调查，获取大量数据，进行对比综合，去粗取精，去伪存真，由此及彼，由表及里，找出科学规律，这是一种归纳推理的思维方式，侧重于成因演化、宏观把握和综和判断。岩土工程是以力学为基础发展起来的，力学以基本理论为出发点，结合具体条件，构建模型求解，这是一种演绎推理的思维方式，侧重于设定条件下的定量计算。但是，工程地质学家如果不掌握力学，则对工程地质问题难以做出定量而深入的评价，难以对工程处理发表中肯的意见；岩土工程师如果不懂得地质，则难以理解地质与工程之间的相互作用，也难以对症下药，提出合理的处置方案。这两种思维方式有很好的互补性，如能互相渗透、互相嫁接，必能在学科发展和解决复杂岩土工程问题中发挥巨大作用。

3.2 抓住机遇，努力创新

半个世纪来，无论工程地质还是岩土工程，我国取得的巨大成就和科技创新都是有目共睹的。本次大会首发的《中国工程地质世纪成就》和高大钊教授主编的《岩土工程的回顾与前瞻》，对这方面进行了全面总结。现在的中国，一方面是工业化尚待继续完成，城市化和新乡村建设正在加速进行；另一方面，保护环境，使社会经济协调和可持续发展的任务已经摆在我们的面前。21 世纪对中国，将是水利、水电、道路、桥隧、高层建筑和地下工程并驾齐驱的世纪，工业化、城市化、乡村现代化、保护和改善环境等同时并举的世纪。我国地质条件异常复杂，环境特别脆弱，对工程地质和岩土工程带来了许多世界级的难题，也为创新提供了空间和机遇，例如深长隧道穿越活动断裂，异常高地温、高地应力、高压涌水、深切河谷的高边坡和高填方、大型山体滑坡、大型泥石流、跨流域调水的生态保护，软土地基上建造摩天大楼，松软土中开发地下空间，密集的城市群中进行垃圾卫生填埋等等，希望工程地质专家和岩土工程师抓住机遇，在完成工程任务的同时，发扬创新精神，提出更先进的科学理论和实用技术，要结合重大工程问题创新，结合中国特点创新，更要在原创性和概念创新方面狠下功夫。只有原始创新，从概念上突破，才能领导国际潮流，将我国工程地质和岩土工程的科技水平推向新的高度，走在世界前列。

3.3 关于专业人才的培养

过去设置工程地质专业，培养了大批工程地质人才，是学习苏联和计划经济的结果。现在高校本科撤销了工程地质专业，大批工程地质人员转向岩土工程，是向市场经济转轨和工程建设的需要，但绝不是岩土工程可以替代工程地质，不再需要工程地质人才了。今后的岩土工程师主要来自土木系,他们虽然学过工程地质,但深度是有限的。投入工作后,侧重点和注意力主要放在工程问题的处理上,很难下功夫修补地质学功底,遇到复杂地质问题还得请教地质学家。中国的地质条件如此复杂,工程建设规模如此巨大,没有高素质的工程地质专门人才难以设想。因此,高校应将工程地质和岩土工程作为重要二级学科,培养相应的硕士和博士,作为技术骨干,不断充实到建设队伍中去。

3.4 开展专业咨询服务

在市场经济环境中,工程地质和岩土工程专家主要通过企业为社会提供服务。借鉴国际经验,有两种性质不同的企业,一种是咨询公司,为社会提供专业技术服务,包括规划、勘察、测试、设计、检测、监理等,属于知识密集型企业,第三产业;另一种是施工公司,在咨询工程师指导下从事钻探和岩土工程的实施,属于劳动密集型企业,第二产业。工程地质专家和岩土工程师主要在专业咨询公司中服务,所有咨询都是有偿服务,都有书面文件,都要负法律责任,岩土工程师和工程地质专家可以在一个公司,也可以不在一个公司,这是市场经济国家普遍采用的技术经济体制,责任明确,有利于工程地质专家和岩土工程师个人能力的发挥,将知识和技能贡献给社会,他们的权力和责任都很大,工作做好了,可以获得良好的社会信誉和丰厚的经济报酬,万一发生事故,要负法律责任,做经济赔偿,对今后继续执业也会产生很大影响,因而迫使他们必须尽心尽力,确保工程质量和安全,提高先进性和经济性。咨询公司是知识经济的重要载体,国际上是个大行业,我国目前差距很大,随着加入 WTO,应当有一个大发展。

漫谈科学技术与岩土工程

顾宝和

1 科学的涵义和工程师的科技品格

根据《现代汉语词典》的注释，科学是“反映自然、社会和思维客观规律的分科的知识体系”；技术是“人类在利用自然和改造自然过程中积累起来的，并在生产劳动中体现出来的经验和知识，也泛指其他操作方面的技巧”；科技是“科学和技术的总称”。

我觉得，对科学的理解可以分为三个层次：第一个层次，也是最浅表的层次，是指科学知识，由于极为繁多，每人只能掌握其中极小的一部分；第二个层次是科学方法，即获取科学知识的方法，如观察、实验、推理、分类、验证等等，现代科学方法与古代相比已天壤之别；第三个层次，也是最深的层次，是科学思想。科学除了为技术提供理论基础外，从更深刻的意义上理解，科学还是一种文化，是一种精神。科学和迷信互相对立，是两种完全不同的文化体系或思想体系。科学家必须仔仔细细地积累数据，通过“去粗取精，去伪存真，由此及彼，由表及里”的分析，得出结论，再到实际中去检验。这种实事求是、一丝不苟的态度，只信真理不信邪的信念，就是科学精神，真正的科学家一定是老实人。

人们有时混淆科学与技术这两个既密切联系、又相互区别的概念。科学是一种探索，注意客观规律的研究，所以科学的创新称为“发现”；技术注意的是实用，技术创新是“发明”。现代技术均以科学理论为基础，不合科学原理的所谓“技术”肯定是失败的；现代科学研究都有技术支撑，没有先进的技术手段，不会有高水平的研究成果。

虽然科学技术发端于古代，但那时，由于科学家与工匠的分离，工匠关心的只是实用技术而不是其中的科学原理，因此他们的创造性是有限的。科学家的研究一般出于自身爱好的驱使，缺乏社会动力，所以发展缓慢。到了18世纪后期，由于科学家和工匠的结合，实践经验及其背后科学原理的结合，大大推动了科学的发展和技术的进步，并由此造就了近代工程技术，诞生了一代新的职业群体——工程

本文2008年发表于《工程勘察》杂志。

师。工程师不同于工匠(技工),他们不但有丰富的实践经验,而且懂得其中的科学道理。工程师也不同于科学家,他们更接近于工程实践,关心的是如何按使用要求把工程建造起来。

今天重温这段历史,对于搞应用研究的科学家,不要忘了研究目的是为了提供技术原理和方法,从工程实践中寻找研究课题;对于工程师,从科技角度,应当具备以下品格:懂得寓于技术之中的科学原理;掌握正确的科学方法;实事求是、一丝不苟的科学精神;能像工匠一样动手操作;能像医生一样诊断和应对复杂情况。

2 岩土工程的科学技术基础

2.1 岩土工程是一门工程技术

岩土工程是土木工程中涉及岩石和土的利用、处理和改良的科学技术,实践性很强,覆盖面很广。岩土作为支承体的如房屋建筑、道路、桥梁、堆场、大型设备的地基;岩土作为荷载或自承体的有边坡、基坑、露天矿等的地面开挖,隧道、地下洞室等的地下开挖;岩土作为材料的有填方、围海造陆、路堤、围堰、土石坝等工程;还有岩溶、塌陷、崩塌、滑坡、泥石流等地质灾害的防治;地质环境评估、废弃物卫生填埋、土石文物保护等环境岩土工程,利用排水、压实、加筋、改性、注浆、锚定、设置增强体等,改善岩土体的强度、变形和渗透性能,等等。总之,岩土工程的目标是建造工程或工程的一部分,因此它的本质属性应是工程技术。

2.2 力学和地质学是岩土工程的科学内涵

力学和地质学,或者进一步说,岩土力学和工程地质学是岩土工程的理论基础,是两大科学支柱。力学、地质学与工程的密切结合,构成了岩土工程勘察设计技术体系的主要内容。

岩土工程是以传统力学理论为基础发展起来的,例如理论力学中的极限平衡、弹塑性力学中的应力应变关系、多孔介质中的渗透理论等,并产生了两门相应的学科——“土力学”和“岩石力学”。但大量工程实践表明,单纯的力学计算是不可靠的,不能解决复杂的实际问题,原因在于岩土材料和结构工程师面临的材料完全不同,结构工程的混凝土、钢材等材料材质相对均匀,材料和结构都是由工程师选定或设计的,是可控的,计算条件明确,建立在力学基础上的计算是可信的。岩土材料则是自然形成的,是漫长历史时期复杂地质作用的产物,工程师不能随意选用和控制,只能通过勘察查明。要查明这些条件和测定有关参数,要正确认识和理解这些条件,就必须依靠地质科学。例如岩体中复杂的裂隙系统、软弱结构面、地下水的渗流通道,如果没有地质专家的精心调查、精心分析,企图概化为可供计算的力学模型,几乎是不可能的。

2.3 探测、软件和施工是岩土工程的技术支撑

岩土工程离不开探测正像医疗离不开检验一样,这些探测技术包括钻

探取样、工程物探、室内试验、原位测试、质量检验、工程监测等等,种类繁多,而且随着传感器技术、数据处理和电子技术的发展,技术进步很快。探测技术是岩土工程师的眼睛、获取信息的手段、岩土工程分析的基础,也是工程质量和安全的保障,其重要性不言而喻。

现在,岩土工程的分析已经离不开计算机软件,过去用手算的粗糙分析方法已逐渐淘汰,岩土工程的稳定分析、变形分析、渗流分析,由于条件复杂和参数的多变,很难用简单的代数公式描述,多采用能反映岩土特性的本构关系,并考虑岩土与结构协同作用的计算模式,除此以外还有岩土工程 CAD、岩土工程 GIS 等,计算机软件已经成为岩土工程不可或缺的工具。

岩土工程的目标是建造工程,这就必须依靠施工来完成,例如挖土、排水、止水、钻井、制桩、锚固、注浆、土工合成材料利用等等。施工技术的发展不仅在提高效率、保证质量方面起决定性的作用,而且在促进设计水平提高方面的作用也很大。经验表明,大多数地基处理方法、锚固技术、桩基工程的创新,都是先有施工技术,后有设计计算方法跟进,有些行之有效的新技术,已大量用于施工,却一直没有理想的设计计算方法。

2.4 岩土工程需要科学理论指导

有人说:“岩土工程主要依靠经验,理论没有多少用处”。这种看法当然是片面的,长此下去,只能把自己降低到工匠的水平。对科学原理没有深刻的理解,凭直观的局部经验处理问题,很可能犯原则性、概念性的错误。明白科学原理的人,能够透过现象看本质,举一反三,自觉性很强。“长在理论之树上的经验之果才有生命力。”对于岩土工程的勘察设计、力学原理、地质深化规律、岩土性质的基本概念、地下水的渗流和运动规律、岩土与结构的共同作用、工程与环境的相互作用等等,都是常用的科学原理。

下面仅以有效应力原理为例做些说明。

土力学从材料力学中分离出来,成为一门单独的学科,有效应力原理起了关键作用。没有有效应力原理,土力学成不了独立的学科。工程中运用有效应力原理的地方非常多,如各种强度计算、稳定计算的总应力法和有效应力法;土抗剪强度试验的各种不同的排水条件;地基土的固结沉降;地基处理的排水预压法;桩的挤土效应;地震时的砂土和粉土液化等等,都直接与孔隙水压力有关。例如强夯法地基处理,厚层软土的处理效果很差,夹多层砂的软土则较好,原因就是砂层的存在大大缩短了排水通道,显著加快了有效应力的恢复和强度的增长。再如打桩,从局部经验出发,似乎桩总是越密越好,土总是越挤越密,但对于软土中的打入桩,由于土的透水性很小,使孔隙水压力骤然增长,因挤土造成断桩、歪桩、浮桩,已经固结的土变成欠固结状态,有效应力迅速下降,如果在土中设置排水通道就会有良好的效果。加强孔隙水压力监测，严格控制施工程序也可防止事故发生。再如地震时的砂土液化，对于粗砂等强透水层，孔隙水压力容易消散，所以很少见到喷水冒砂的事例；而对于粉土和粉细砂，渗透系数小，孔隙水压力消散慢，地震后喷水冒砂延续时间长，有效应力需经很长时间才能恢复。

3 科学方法在岩土工程中的应用

3.1 调查

一切科学研究都是从收集数据开始，天文学来自天文观测，地质学来自地质调查，达尔文发现进化论，调查工作几乎遍及全球。岩土工程的设计施工必先进行勘察，“勘察”英文为“investigation”，就是调查的意思。调查作为一种科学方法，一是要求真实可靠，来不得半点虚假和主观臆断，伪造数据，随意取舍，是不道德的行为，是科学工作者的耻辱，对于工程则是一种犯罪；二是有很强的目的性，要针对工程设计施工的实际需要。调查工作本应由设计人员亲自动手，勘察和设计本应一体，只有在这种体制下，才能做到勘察工作符合设计需要，设计人员充分掌握现场条件。国外发达国家的岩土工程体制就是如此，岩土工程师在专业咨询公司中服务，贯彻勘察、设计、施工监督、工程检测的全过程，法律责任也十分明确，设计者为了确保工程安全，自然会十分关心钻探、测试资料的可靠性和适用性。但在我国，由于历史的原因，岩土工程的勘察和设计分离，互相严重脱节。因为涉及体制问题，长期得不到解决，这是我国岩土工程勘察设计水平上不去的重要原因之一。除了前期的勘察外，后期的检验和监测也是数据的收集和分析，对于保证工程质量和安全，为科学研究积累宝贵的工程原始数据，也是极为重要的环节，目前我国很不够，根源也与体制有关。

3.2 实验

这里所说的实验，不是指一般的土工试验、水质分析等等，这些已含在勘察范围内。这里要谈的是更深意义上的科学实验。科学原理注重可重复性，即被认定的科学原理，只要条件相同，则任何时间、任何地点、任何人做，都是可以完全重复的。科学实验是科学工作的基本手段，可重复性成了鉴别科学还是伪科学的试金石。随着技术水平的提高，出现了许多高水平的岩土工程实验方法，从物理模型到数学模型，从离心机模拟到现场工程实体模拟，日新月异的传感器和计算机数据处理技术为科学实验增添了光辉。

有些地基处理技术，要求在正式施工之前首先要进行现场试验。现场试验的目的，一方面是为了取得设计数据，同时也为了证实该技术在该场地上的适用性、可重复性。再如过去只知道砂土地震液化，上世纪70年代通海地震、海城地震、唐山地震，都发生了轻亚黏土（现在的粉土）液化实例，一些专家觉得难以置信，怎么细粒土也能地震液化呢？便取样在振动三轴仪上试验,证这了粉土的可液化性,后来列入了规范。前些年,西北地区的专家们发现了黄土古液化的遗迹,取样进行了试验,证明某些性质的黄土也可能产生地震液化,为黄土液化取得了科学依据,只因判据缺乏,未列入规范。

3.3 推理

科学推理有演绎推理和归纳推理两大类:演绎推理是从一般到特殊,最典型的例子是欧几里得几何,从几条最基本的公理开始,推导出一大堆的定理。力学计算基本上是演绎推理的思维模式,以力学的基本原理为出发点,结合具体条件,构建模型求解,侧重于设定条件下的定量计算。由于推导过程非常严密,只要条件符合,参数正确,肯定能够获得可信的结论。归纳推理是从特殊到一般,地质学的创立就是典型。地质学是通过大量的野外调查获取信息,进行分析、对比和综合,找出科学规律,推断地层次序,推断地质历史时期的气候、生物、海陆分布、岩浆活动、各种矿产的形成等等。这种推断有一个从粗到细、不断完善的过程。在数据不很充分的条件下,可能有不同学派的争论,其结论未必可信,随着科学的发展、资料的丰富而逐渐统一。岩土工程常常兼用这两种推理方法,例如地基承载力和地基变形计算,采用土的抗剪强度指标计算地基极限承载力和承载力特征值,采用一维固结理论分层总和法计算沉降,就是演绎推理;采用土的物理指标、触探指标,利用与载荷试验成果回归分析所得的承载力,就是归纳推理,沉降计算中的“经验修正系数”也是由归纳分析取得的。再如边坡稳定分析,采用 Bishop 法、Sarma 法、Janbu 法等等计算是演绎推理,采用工程地质类比法是归纳推理。

这两种推理方法各有长短,演绎推理时,应当注意的是计算条件与实际条件的差别,计算参数的可靠程度。岩土工程充满着条件的不确知性和参数的不确定性,地质条件不可能完全查清,岩土参数存在的离散性,测试条件和工程实际存在很大的差别,还有岩土体与结构之间复杂的相互作用。虽然力学计算有了长足的进步,有许多使用方便的软件,在工程分析中起了很大作用,但计算结果与工程实际总存在差别,有时甚至差别很大。建立在归纳推理基础上的分析判断侧重于宏观把握,要求有足够丰富的数据和较强的综合能力,但定量化差,甚至有因地而异、因人而异的局限。综合判断就是要求工程师综合运用各种演绎推理和归纳推理方法做出判断,就是依靠工程师丰富的学识和经验,借助必要的工具(如软件),做出合理判断。例如在进行边坡稳定分析时,首先根据岩土体的结构确定其属于哪一种破坏模式,根据现场宏观表现进行初步分析,再运用相关软件进行定量分析,有时还要用不同分析方法的交叉对比,做出合理评估。

3.4 验证

科学既然要追求真理,就要经得起检验。与工程有关的结论,更应确凿无疑，才能保证质量和安全。对于一些没有十足把握的推断，验证更是非常必要。以物探为例，物探是根据仪器测到的岩土体各种物性的差异推断岩土体的分布或某种目的物的存在，是一种间接的勘探方法。由于普遍存在的多解性，推断差错是常有的事，故必须进行验证。下面举一工程实例，有一玻璃窑，窑身严重开裂，因赔偿问题发生经济纠纷。某单位采用地质雷达探测，结论是玻璃窑的基础下和近旁存在二十个古墓，厂方据此要求赔偿，但后来用洛阳铲、钻探等法直接勘探，没有查到一个古墓。物探仪器是当时国际上最先进的，操作人员也是较高水平的专业人员，但没有验证，由于电磁干扰而错判。当时如果进行了验证，就可及时排除干扰，不会得出错误的结论。

4　环境岩土工程中的新问题

发达国家大兴土木的时代已经过去，岩土工程的重点已经转向环境。我国工业化尚未完成，土木工程还将持续，但保护环境、保护古迹、可持续发展的任务已经摆在面前。虽然目前和发达国家相比，我国的环境岩土技术水平差距较大，但预计今后会有很大发展，如垃圾卫生填埋、土石文物保护、国土环境的评估治理等等。与传统的岩土工程相比，环境岩土工程还有许多新问题，虽然发达国家的经验可以借鉴，但这几年的经验表明，照搬外国经验往往是不成功的，中国有自己的国情，要靠我们自己的科学研究和技术创新去解决。

例如，强度和稳定分析是岩土工程的老问题，但生活垃圾填埋体的强度指标很难测定。垃圾填埋体的强度取决于它的成分、密度和含水量，垃圾的成分极为复杂多变，随着社会经济的发展而改变。城市和农村、南方和北方有极大的不同，外国的指标很难借鉴，只难依靠自己去测定，并摸索数据的规律。我国地震、洪水、岩溶、崩塌、泥石流等地质灾害很多，填埋场的选址很难，为了不致发生灾难性的后果，地质灾害的调查、评估和防治是重要的一环。

变形也是岩土工程的主要问题，但传统的变形问题是岩土的应力应变，有相当成熟的理论和丰富的经验。垃圾填埋的变形则分为两部分，第一部分是在自重压力下的压缩变形，其机理大体与岩土的应力应变相同；第二部分是垃圾中有机物降解产生的变形，这是一个生物化学过程，对岩土工程师来说是个新问题。有机物在细菌的作用下，固体物质分解成为液体和气体，通过收集系统导出，使填埋体沉降。沉降的速度决定于填埋工艺，好氧填埋很快就能稳定，厌氧填埋则需很长时间才能稳定。由于填埋体成分的不同、压实程度的不同、氧气供应的不同以及填埋次序和填埋厚度的差别，会产生差异沉降，差异沉降可能导致防渗膜和封盖层的破坏，这部分沉降分析难度很大，目前主要采用反分析方法。

再说渗透问题。传统岩土工程主

要研究的是层状含水层和强透水层的问题，透水层和隔水层的区别比较明显，但在石窟文物保护中，传统的理论和方法基本用不上，被研究的岩体处于包气带，地下水沿网状、脉状、变化多端的岩石裂缝渗流，数量虽少而危害极大。勘察工作主要是摸清裂隙水的渗流通道，以便进行针对性的防治。建在透水性很小的岩土体上的垃圾填埋场，这些岩土体传统上是“不透水层”，但填埋场的渗滤液是否一定不会渗透？对这种渗透极慢的状况目前还缺乏实测数据，对其机理缺乏研究，传统的达西定律是否适用也是问题。

评价污染物的运移规律是环境岩土工程的核心问题，传统地下水中溶质的运移用弥散理论解决。弥散理论是研究多孔介质中溶混物质运移机理，描述溶混流体间彼此驱替复杂现象的理论。当两种流体在多孔介质中接触时，高浓度物质必然向低浓度运移，在界面形成一个过渡的混合带，并不断扩大，最后趋于均匀化，这就是弥散现象。弥散是一个非稳定的、不可逆的、随时间变化的过程，包括纵向弥散和横向弥散。弥散的原因很多，水的流动、浓度梯度引起的分子扩散、流体与介质的相互作用（吸附、沉淀、降解、离子交换、化学和生物反应）、介质中流速的均匀性和不流动水的存在等，但主要是力学的对流弥散和分子的浓度梯度造成的分子扩散。含水层中的弥散可在上述弥散理论基础上建立水质模型，但溶混物质在非饱和土中运移情况又有不同，由于水分的蒸发、溶质的沉淀、植物的吸收、介质的吸附、离子交换等，在一定条件和一定程序上可自然净化，问题要复杂得多，理论研究尚待深入，实际观测资料尚待积累。

石窟、摩崖石刻、生土建筑、石雕、泥塑等文物的保护问题，目前主要采取防水、隔离等措施，尚未建立起保护的理论和实用体系，这些岩石和土的保护的实质是抗风化问题。风化虽然是地质学中的老问题，对其机理已有深刻的认识，但缺乏对风化作用随时间变化的定量描述方法，为了预测风化作用的发展趋势、风化速度及工程措施的作用，必须加强研究，以期有朝一日能在定量计算的基础上进行抗风化设计。

5 要简化，不要简单化

科学崇尚简洁，工程师更希望简化，不要繁琐。这里的简化，是指科学方法的简化，而不是对复杂问题认识的简单化。

从全国来说，科技进步需要多层次，既要有高水平深层次的实验研究、理论研究和重大的技术发明，也需要实用研究、局部改进、引进、推广以及采用成熟技术做得完美的普通工程。既要有原创性成果，又要有工程师得心应手的“小工具”。现在我国岩土工程在这两方面都有差距，一方面是原创性的科学技术几乎都来自国外，另一方面是普通的岩土工程勘察设计质量和水平普遍不高。试看，能数得出几个以中国人命名的原理、定律、公式、模型、测试、器械、工法？有几个真正称得上国际水平的勘察设计？这显然与我国如此巨大的土木工程市场不相称！其中原因值得深思。例如土钉技术，我国做了多少工程，恐怕难以统计，但系统的实验研究，似乎还未达到初创时期德国、意大利和美国的水平。造成这种情况的原因很复杂，在科研方面，与教育体制、科研体制缺乏激发创新精神有关；有工程建设方面，与勘察设计分离，岩土专业体制改革不到位以及市场不成熟有关。本文不拟讨论体制方面的问题。

理论研究者总是少数，他们的成果大多是阳春白雪，要被广大工程界应用，需要架一座桥梁，简化后才能普及。工程软件就是很好的一座桥梁，解决了繁复的运算、制图等问题，岩土工程 CAD 还会有大发展。再比如，非饱和土在我国分布非常广，但非饱和土的科学理论和试验至今还在象牙塔中，工程界知道的人很少，距离实用似乎还很遥远，其原因不仅是理论深奥、计算复杂，更主要是非饱和土的基本参数“基质吸力”非常难测，既费时费力，还测不准。有的专家在考虑非饱和土模型时，绕开基质吸力，用含水量这个极容易测定并被大家熟悉的参数带进模型，已初步取得较好的效果，使人们对非饱和土理论的实用化看到了希望。

再比如，上世纪 70 年代初，我国一群科技工作者花了很大力气建立了“地基承载力表”，现在已很难想像能完成这么大的工程，非常简洁，用起来也非常方便，在一定条件下也很正确可靠，勘察设计人员十分欢迎，但后来负面作用也渐渐显现。地基承载力本来是个很复杂的问题，需要工程师根据岩土性质和工程要求，通过理论分析，结合经验综合确定。由于承载力表用得过滥，使复杂问题“简单化”了，工程师心目中地基承载力也成了简单问题。新规范权衡利弊删去了承载力表，使勘察设计人员很不适应。再如沉降计算，规范规定了分层总和法，还给出了经验修正系数，用起来很方便。由于规范的权威性，该法“一统天下”，数十年来变化不大。虽然国内外已有诸多理论和方法，但工程师们多不熟悉，不闻不问。考虑应力历史（固结状态），用压缩指数为计算指标，国外已用了三十多年，我国至今不能推广。

另一个典型事例就是地震液化。Seed 研究液化，取得了丰硕成果，但大部分并未被工程师们接受，工程师接受的是他简化的剪应力比较法，这个方法对中国影响很大，以他的方法加中国的经验数据得到的用标准贯入试验判别液化的规范方法，在我国岩土工程界已是家喻户晓，便是复杂问题简单化的一个很好的范例。上世纪 80 年代以前，由于缺少判别的公认法则，液化判别成了地震工程界的大难题，后来搜集了大量地震液化的现场数据，借鉴 Seed 简化的剪应力比较法原理，给出了一个非常简单的公式，列入了规范，解决了带有普遍性的大问题。但这样一来，许多人又觉得地震液化似乎非常简单，殊不知液化判别的规范公式是非常粗糙的，统计判别式中的成功率只有百分之八十九，有百分之十几是不成功的，更何况数据的代表性十分有限，推广到其他场地有多少可信度实在难说，液化仍是世界性难题。另外，规范公式只考虑了地震烈度、土的密实度、地下水位和所在深度，至少忽略了下面几个重要因素：一是微地貌和地质成因，河漫滩、低阶地、古河道最易液化；二是成层条件，夹黏性土有抑制喷水冒砂的作用；三是颗粒级配，粒度均匀的粉细砂最易液化；四是历史上发生过液化的地段最易重复发生，应综合判断。但是，勘察设计人员肯定直接采用规范，不会既费力又要承担责任地去做综合判断，甚至液化机理也不想去学习。根据震害调查的经验，液化有减震作用，相近的场地，液化区的震害比非液化区轻，有“湿震不重干震重”之说。但进一步实验研究和理论分析说明，液化确实对短周期建筑有减震效应，但对长周期建筑不一定，可能有增强效应。局部经验不是放之四海而皆准的真理，不一定有普遍意义，不能“简单化”。

我国的规范基本上都是“处方规范”。“处方规范”最大的好处是可操性很强，很容易将成熟的方法推广到全国，对保证工程的质量和安全起到了不可替代的作用，但同时也带来了负面影响。一方面是工程师省事了，不用花费很多精力去考虑开怎样的“处方”，照规范办就是，出了问题也不用自己负责，甚至对规范规定的依据也不甚了了。另一方面对科技进步也不利，规范是权威，又很稳定，规范方法一统天下，工程师不愿采用未列入规范的新方法，以规避风险。

简化和简单化往往相伴，“要简化，不要简单化”，这个道理容易理解。怎样才能实现呢？可否考虑“处方规范”逐步过渡到“性能规范”，只规定达到什么目标，不规定如何达到，不开“处方”，将“处方”编在约束性小的手册或指南里，由工程师自由选用，责任当然也由工程师承担。“大一统”思想有优点，也有副作用，大到整个社会如此，小到标准规范也如此。

● 张苏民 小传

男，1933年12月生，浙江嘉善人，岩土工程专家，国家勘察大师。

张苏民先生1952年毕业于上海国立交通大学土木系，曾先后在上海同济大学、第二机械工业部设计处工作，1979年起担任机械工业部勘察研究院总工程师，1994年后改任顾问总工程师兼科技委主任。1990年被授予首批中华人民共和国勘察大师荣誉称号，1991年起享受国务院政府特殊津贴，并获得陕西省有突出贡献专家之称号。曾任合肥工业大学教授，硕士研究生导师，浙江大学教授、博士研究生导师。

六七十年代对动力触探试验和粗粒土基本性质进行了全面的科学研究，成功地解决了动力触探评价砂土圆砾卵石的密实度和承载力的问题，为我国七十年代编制的第一本地基基础设计规范和第一本工程地质勘察规范提供了重要的经验和数据，获1978年四川省科学大会科学技术重大贡献奖。作为负责人之一的砂土地震液化研究课题，获得 1985年北京市重大科技成果奖和1991年建设部科技进步二等奖。八十年代以来，曾领导组织并亲自参与了诸如陕西电视发射塔、陕西彬县大佛寺石窟地质条件、西安大雁塔等项目的勘察与研究。几十年来对黄土的工程性质进行了系列研究，提出了增湿变形和湿陷势等新概念，为我国黄土研究作出了贡献。

自七十年代以来，多次参加过国家标准、规范、规程、手册的编写。《工程地质手册》获1978年全国科学大会科学技术重大贡献奖。在国内外发表学术论著30余篇。曾先后获得国家级奖励十余项(次)，省部级奖励五十余项(次)。

21 世纪的岩土工程与发展

张苏民

记　者：我国执业注册制度正在逐步推进和深化，岩土界去年刚开始推行执业注册制度考试，一大批工程技术人员、专家参加了全国的统一考试、考核，提出了这样、那样的问题，总的感觉是考试题量大，有些题比较难。您对此次考试、考核怎么看？另外，我国推行这一项制度有我国的特点，特别是单位资质和个人执业并行要有一段时间的过渡，这一段时间应注意些什么？

张苏民：参加考试的人较多，通过率比较低，难一点也是理所当然的。考核通过率高，题目就容易一些。通过推行执业注册制度，出现了一个大家都承认的客观效果，即在全国范围内掀起了一个学习的高潮。大家都特别认真、特别自觉地学习，而且大家反映，的确学了不少的东西。过去有好多问题不太清楚的，现在都清楚了。各个单位都受益了，每个单位的技术力量、整体水平都提高了。

单位资质和个人执业问题是一个需要探讨的问题，但是我估计今后会有一个过渡期。比如说现在我们各个单位现行的一些技术管理、质量管理制度不能一下就说不要，这是做不到的，而且那样会造成混乱。所以现在注册岩土工程师理论上说你可以脱离单位自己成立事务所了，但是目前来说，政府可能还不会提倡这样做，还是以单位为主。这个过渡时间可能不会少于二年。这里还有一个问题是各行业不平衡，比如说铁路有自己的一套系统，它可能是较后进入到市场的。

记　者：岩土工程是土木工程的重要组成部分，是一门学科交叉渗透、综合性较强的边缘学科。在岩土工程界快速发展的今天，怎么看这一学科？

张苏民：前段时间，我们开了个会，就是为明年的“全国岩土与工程学术大会”做准备的。我们的会议题目分几

2003 年 2 月，勘察大师张苏民访谈录。

个方面，就是岩土与建筑工程、岩土与铁道工程、岩土与水利工程、岩土与矿山工程、岩土与交通工程等，最后还有一个报告就是岩土工程与可持续发展，也就是人与自然的谐调。反映了行业最关心的问题。在分组专题报告里，有岩土力学的理论、岩土的基本性质、勘测与测试、特殊性土、地下水的作用、地质灾害、抗震、环境工程地质、岩土加固处理、重大工程的规划和选址等。这次大会有个好处，几个学会联合组织，行业间互相交流，总的起到了一个融合的作用。各个行业之间大检阅、学科之间进行大交叉。

工程地质界已经把岩土工程作为他们一项主要的工作内容了，岩石力学、土力学地基基础、勘测更是如此，大家都认为岩土工程就是它的组成部分。已不存在像80年代那样对岩土工程理解不完全一致的情况了。现在国家明确的定位为土木工程，这一点过去是没有的。这标志着岩土工程进入了一个新的历史阶段。我认为工程地质的核心在地质，岩土工程的重点在工程。岩土工程是一门应用技术，至于岩石力学或者土力学则是一种理论、一种学科，与岩土工程还是有区别的。

记　者：随着我国经济的快速发展，岩土界也驶入了快车道，新问题、新情况层出不穷，新理论、新观点、新技术、新工艺的不断出现，都推动了这一行业的发展，您认为这个行业的发展趋势和热点有哪些？

张苏民：我认为有这几个热点，第一个热点是特殊条件下的岩土工程。所谓特殊条件，一是工程的特殊。比如说超高层建筑、核电站、地下工程、近海工程等都是工程的特殊性，这就是特殊工程条件下碰到的岩土工程问题。二是特殊的地质条件。最明显的例子就是地震、断裂、地裂缝、不稳定边坡、泥石流、地面沉降等这样的一些特殊的地质条件下的岩土工程。三是特殊土。如沿海的软土、西北的黄土、南方的红土、青藏高原的冻土等统统归纳为特殊岩土条件下的岩土工程。第二个热点是地基处理或者改良。这是发展得比较快、比较热门的一个领域。建筑物对岩土的要求越来越高，原有的地基满足不了稳定性及强度的要求。大家认为，在一定条件下比较经济的方法就是改良、处理改善原来的地基性能。方法很多，比如说中国最早的夯实土，现在就是通过强夯、挤密、预压等改变地基土的密度和性能，或植入一些强度比较高的材料。现在的方法越来越多，需要找到一个最经济、最适合的方法。再有就是安全度更高、风险度更小的问题，比如说黄土的湿陷性问题，过去着眼于采取结构措施、防水措施，而现在就更着重于消除黄土的湿陷性。还有从环境保护方面来说有些废料是可以消化掉一部分的，许多的房渣、碎砖烂瓦，就可以地基处理消化掉一部分。第三个热点就是地下工程。充分利用地下工程包括基坑开挖，现在不少高层建筑地面下有两层地下室、三层地下室，实际上就是充分利用地下空间。如地下停车场。汽车多了,地面没有地方停,就放到地下去,这样基坑就被迫要挖深,还有地铁工程、地下仓库等。第四个热点是桩基问题。有位资深老专家曾经跟我说过,40年代他到英国留学时就是研究桩基,可以说是研究了五十多年的桩基,但是他也谦虚地说对桩基还未能做到已经彻底掌握和很深的了解,所以说对桩基需要研究的问题还很多。什么地层,用什么桩基,桩的受力机理,桩基的检测手段等都需要深入地研究。

记　者:我们国家近几年推出了西部大开发战略,加快了道路、通讯、市政等基础设施建设,也加大了能源开发力度,但西部的生态环境十分脆弱,如何在建设同时防范更大的破坏和污染?

张苏民:我们应该有责任、有义务地做一些保护环境的宣传和呼吁,只能是一步一步地来。因为现在有一个客观的矛盾,我们国家的领导又何尝不知道这些问题。当前首要的问题是要脱贫,要把经济搞上去,我们不可能长期处于贫穷,还要考虑到提高国际地位和增强国家实力,所以必须要把经济搞上去。当前我国还处在工业化的过程,就今天的国际大环境来看我们的经济还是相对落后的,因此首要考虑的是怎么赶上发达国家,因为如果总是落后,别人将总会欺负你、制约你。在这种情况下在某些方面作一点牺牲那也是没有办法的。一个人穷到没饭吃时,首先考虑到的是生命的延续,其他的可能还顾不过来,并不是他不去顾及,而是没有办法。现在中国好多地方特别是西部还处在这样一个矛盾的阶段。而国外,它的工业化进程已经过去了,已进入信息化时代,进入了一个新的社会发展阶段。如国外的高架桥、立交桥都可能即将过时了,而我们却还在大量地修高架桥、立交桥、高速路。现在不修也是不行的。钱七虎院士在一次大会上曾提倡在城市里面多修地下空间,把很多设施都放到地下去。今天你要是到广州去,你就会感觉到这里的高架路非常不舒服。就国内的几个大的项目来说,如三峡那么多人有不同看法,还是要修,这就是需要权衡,不是说有意去破坏,但是不修问题更多。再如青藏铁路,修还是不修,当然是要修的,修就会产生一些问题。所以说如果从一个比较长的历史阶段回过头来看的话,就破坏环境的这个问题上来说,我们的岩土工程师很可能当了帮凶。但是我们现在应该宣传,尽量避免一些大的破坏。另外,我们考虑问题的时候,比如说过去我们工程师只考虑安全是最主要的,后来,慢慢接受一个观念就是更经济、要省钱。要在保证安全的前提下用最少的钱、最少的消耗去完成这个工程,这才是你工程师的本事,要有经济观点。当然,现在还要考虑很多其他的,包括地区的资源条件、材料问题等。我们要教育我们的工程师除了考虑安全、经济以外还要考虑环境和可持续发展问题。公路也好,铁路也好,打隧道就可能会遇到水,过去我们的指导思想更多的是排水、疏干,因为这是比较安全的，工程上是比较容易做到这一点的。如西南、南方有些隧道上面都是水田，在下面修隧道以后，上面水田可能就一点水都没有了，农民的井可能都干了，这是国家建设需要，局部利益服从整体利益。但明显的，隧道打通了，环境、生态平衡却都破坏了。这几年大家开始重视这个问题了，过去以排为主，排堵结合，现在改过来了，以堵为主，堵排结合。“堵”对水文地质条件改变的比较少，这就是环境保护的思想。尽量少改变它原来的自然状态，不像过去只是排水、疏干，甚至从不考虑这些可能产生的后果问题，只注重于局部而忽略了长远的利益，所以这种思想是要改变的。过去太湖的水非常美，现在太湖的污染也是很严重的，这是一个严重的教训。

记　者：您参加了一些岩土规范的编写，当前我国规范很多，有国家、有行业、有部委、有企业的，如何统一，做到科学化，与国际惯例接轨，当前存在的主要问题是什么？

张苏民：我国的标准分三级，国家标准、地方与行业的标准和企业标准。我们同国外不同的是，规范定的非常具体、非常的细，在一定程度上可以说是受了原苏联的影响。一般都认为国家标准要求最高，越往下越放松，但实际上不应该完全是这样，国家的标准应该是一些原则的要求和规定，地方与行业标准就可以根据具体情况规定得具体一点，而企业标准就应更具体更严格一些。我们国家的标准就是考虑的太具体、太细了，这样容易束缚住大家的手脚，都按这个做就分不出技术水平的高低来，缺乏创造的活力。但是，从另一个方面来说，现在的建设质量问题比较多，就需要用规范去约束、去衡量、去检查。政府要宏观控制工程不出大问题，首先就要求工程单位必须遵守规范。质量检查部门只能根据规范条文，特别是强制性条文来检查。规范条文不允许有解释性的，它是不讲道理的、是唯一的、是具有强制性的。现在，有很多人也还在考虑标准到底应该怎样编写、怎样认识、怎样协调的问题，还要考虑加入WTO以后如何与国际接轨的问题，今后外国人到中国来要遵守中国人的规范，我们到外国去也要遵守外国人的规范，如果规范体系完全不一样是不行的。

记　者：您做了多年的总工程师，为本单位发展和人才培养做出了重大贡献。当前处于技术人才新旧交替阶段，一大批30～40岁的青年人担当了重任，根据您多年的工作经验，您认为做为一个总工程师应当具备哪些素质和条件？应当在单位工作中扮演一个什么样的角色？

张苏民：正好今年5月份在深圳召开第三届全国勘察单位总工程师会议的主题就是你所提出的这个问题。在新形势下，作为对一个单位的总工程师的要求跟过去有几点不一样。总工程师不能单纯看作是搞技术的，应该是综合型的人才。除了技术以外首先要懂经济管理、经营管理，有组织能力，还要善于处理好一些矛盾，如质量跟经营、和业主的要求有矛盾等。太死板了不行,太活了也不行,太活了放弃原则,将来出了问题是要栽跟头的。要坚持尊重科学实事求是的态度,要有适度原则。如做荷载实验时,做出多少就应该是多少。当然从另一个方面,考虑问题的安全储备高一点、指标提的稍为保守一点,安全度就高,冒一点,那么风险就会大一点。有些技术员把规范看得很死,什么问题都死扣规范,这是当不了工程师的。总工程师是要掌握一个度的,在什么情况下可以多承担一些风险,在什么情况下不能承受这样的风险,就必须执行的严一点,这是要具体掌握的。总工程师也要有经济头脑,我们过去把它看得太单一、太窄了,认为总工程师就是搞技术,现在要综合来看。总工程师不是老板,不是法人,这个要定位好。我认为总工程师就是足球俱乐部里的教练,教练的工作目的很明确,就是要在比赛中赢球。一个单位的总工程师最重要的三件大事,只要有一件没有抓好就算不全面。第一是质量管理。这个的确是兢兢业业、也可能如履薄冰、如临深渊,出了问题就不得了的,有的单位这几年不景气、处在低谷,除了其他原因以外,也可能就是质量出了问题。第二点就是培养人才,增加竞争力。过去是人事组织部门来考虑这些问题。我就是要改变这种完全由单一的人事组织部门来考察技术干部的情况。等于说,我就是教练,下面每个运动员的长处和短处是什么,怎么发展,这些都必须要清楚。发挥人才优势、注重组织团结,很重要。我现在已经到了第三代人才观念了。我的人才观念已经经历过三个阶段了,最基本的一个就是单位不能离了人,否则什么也干不了。我的单位,技术干部的管理在很长时间内都由我来参与的,具体办还是由人事部门办,主意是由我们出。1993 年我曾破格提了十个高级工程师,当时简直震动全国,因为最年轻的只有 27～28 岁。他们的同学连工程师都没有当上,82、83、84、85 年毕业的都提高级工程师了,这是上级给我的权。第三点是科研技术发展和技术储备。按照我最原始的讲法,就是单位的拳头产品,单位的特色。不可能在所有的领域都领先、都第一,只可能在某个领域或者在某个领域的某个方面我们是国内领先的。比如说 60 年代我开始研究动力触探,在相当长的一段时间,一提到动力触探就会想到我们单位。但是我们的拳头产品,是要具有实践性的,没有永恒的拳头产品。所以需要储备,优势是不断在变化的,现在掌握了这个优势,但是我得考虑三年后,人家要赶上来我又要怎么办。我的优势就是时间差,等到人家赶上来的时候我又有新的技术了,所以要不断地想,什么会成为我今后几年的优势。包括得奖的项目,我得考虑三年以后、五年以后会申报什么奖,要做技术储备。在技术发展方面,跟科研单位比,我们有好多的地方不如他们,但我们又必须发现有比他们有利的地方。就是说总工程师应该要考虑单位怎么发展、技术怎么储备的问题。

作为单位策划是必须要认识到这种可能性的,一定要做技术的准备、人才的准备,要适应这个趋势,谁想得早谁就先占有有利的条件。应该说21世纪岩土工程处于大发展时期,摆在我们面前会有许多的问题让我们去解决,这是一个大有可为的新世纪。

高速列车将在黄土地上奔驰

张苏民

乘车过了郑州西行，窗外的景观在不知不觉中有了变化。原来的沃野千里已经被留在身后了，迎面而来的是直立的土壁和深切的沟谷。仔细端详，并不是崇山峻岭，地形却怎么会有这般高低起伏？“你看，窑洞！”原来我们已经进入了我国特有的黄土地区了。

我们脚下的黄土地孕育着古老的中华文明，养育着我们民族的千秋万代。仰韶遗址、半坡村落，我们的祖先曾经在这片土地上繁衍生息；古都长安、龙门洛阳，中华民族曾经在这里写下过最辉煌灿烂的历史篇章。

我们的祖先们为什么会选中这片黄土地作为栖息安居之地？除了气候适宜，风调雨顺之外，一个重要的原因就是与黄土的特点有关。黄土土质肥沃、结构疏松，庄稼容易成活，生长茂盛。在人类进入铁器时代以前，我们的先民们可以应用非常简易的工具挖掘耕作。还有一个很重要的原因是黄土在干燥的情况下具有一定的强度，土壁可以直立不倒，洞顶可以稳定不塌，这就为先民们提供了可避风雨、御寒避暑的穴居生活条件。在黄土地区这种冬暖夏凉的窑洞一直到今天还可以见到。作为黄土地区的特有建筑，窑洞曾为中国革命胜利作出过重要的贡献。黄皮肤、黄土地成为中华民族的标志和自豪。

黄土究竟是一种什么土？它与我国其他地区的土（如东北的黑土、南方的红土、沿海的软土）有些什么不同？

黄土是一种特殊性土，它不像其他的土那样主要由水流搬运沉积而成。黄土有着它自己独特的成因。很多学者认为，在干旱的大陆性气候的作用下，中亚地区和我国西北大面积沙漠地区的风化物质受到强大的风力作用被吹飏而起，形成蔽日浮尘，这些物质在空中向东南方向搬运，至周边地区先粗后细降落沉积而成为黄土。我国古史中曾记载：1287 年“雨土七昼夜，深七、八尺”、“没死牛畜”。在有些地方，风成的黄土受到水流的作用再沉积形成“次生黄土”，而在某种程度上还保留了原生黄土的特性。

即将开工建设的郑（州）西（安）

客运专线是我国拟建的三条设计时速达每小时350千米的高标准客运专线之一,该线位于我国黄土分布地区的东南部,沿线黄土分布广泛,约占线路总长90%左右。

那么,在黄土地区进行工程建设,特别是高速铁路的建设,又会遇到一些什么特殊的问题呢?

从工程的观点来说,黄土是一种特殊性土。首先,由于特殊的地质条件,黄土的沉积过程一般比较缓慢。在此漫长过程中上覆土重压力的增长速率总是比黄土颗粒间结构强度的增长速率要慢得多,使得黄土颗粒间始终保持着比较疏松的高孔隙度而未在上覆土重压力作用下被固结压密。黄土常有肉眼可见的大孔,因而曾被称之为大孔土。这种比较疏松的高孔隙度结构也为黄土在结构强度被破坏后留下了压密变形的空间条件和潜在隐患。

黄土是在相对比较干旱的条件下形成的。在天然状态下,黄土可以保持较高的结构强度,表现为"陡壁不倒,洞顶不塌"的特殊现象,作为一般平房和低层建筑物的地基,其承载能力也绰绰有余。可是,事物往往存在着正反两方面的双重性质,在客观条件发生变化时,黄土的性质也会向另一方面转化,显示出其严重危害性的另一种面目。这个起决定作用的客观条件就是水的作用。黄土在水的作用下,特别是在饱和浸水的情况下,原有结构强度将被破坏殆尽,有时可以达到"土崩瓦解"的严重程度,土坡失稳、洞顶坍塌、地面沉陷、房屋开裂的严重事故在黄土地区是屡见不鲜的。

黄土在水与力的共同作用下,产生显著的附加下沉,这种性质称为黄土的湿陷性,具有这种性质的黄土就叫做湿陷性黄土。有些黄土场地,即使是在没有外加荷载作用的情况下,在被水浸湿时,土的自重压力也能使黄土场地产生明显的附加下沉。例如在水渠的两岸地面形成平行于水渠的沉陷带和纵向裂缝系,在圆形或方形浸水坑周围形成闭合状碟形洼地和环状裂缝群。这种黄土场地称之为自重湿陷性黄土场地。一般情况下,自重湿陷性黄土场地的湿陷性要比非自重湿陷性黄土场地强烈得多,对建设的危害性也就更大。

根据已有的勘察结果表明:郑西客运专线沿线的黄土湿陷性是较为严重和复杂的。首先是湿陷性黄土的分布范围较广,湿陷程度较为严重。全线湿陷性黄土区段累计长度298千米,占全线长度的65%,其中自重湿陷性黄土场地累计长度135千米,约占全线长度的30%。湿陷程度为严重~很严重(湿陷等级III~IV级)的地段累计长度也达到52千米。湿陷土层的厚度在自重湿陷性黄土场地大多为10~20米,而在严重~很严重的湿陷性黄土场地其厚度多为15~30米,最厚可达38米。其次,沿线湿陷性黄土的空间分布及性质变化较为复杂。湿陷性黄土沿线分布既有集中区段,但更多的是分段散布。集中区(湿陷性黄土路段长度几千米至几十千米)主要位于荥阳~巩义、偃师~洛阳东、三门峡~灵宝、潼关~华阴等地。而大量的分段湿陷性黄土(分段长度几十米至千余米)几乎分布于全部路段。湿陷程度从轻微、中等、严重至很严重在全路段均有分布。

面对这样复杂而不利的湿陷性黄土,铁路建设者们应该采取什么对策?

首先,要进一步掌握沿线黄土的空间分布及其工程特性,特别要了解各线段黄土湿陷性的特殊性状及其发展规律。对位于不同地貌单元和沉积环境的黄土,要研究它们的湿陷机理及可能的病害表现。第二,针对黄土的这些特殊性状,在铁路建设中应该如何采取有效措施(如地基处理,采用桩基等)来保证工程的安全、经济和合理。这与医生诊治病人的过程非常相似。医生在治病时首先要了解病人的各种病理现象与特征,分析研究其病因、发展规律以及与外界环境的关系,然后作出正确的诊断。接着,医生就要对症下药,决定采取哪些手术措施和相应的其他治疗方法,以求把病治好,使病人过着健康正常的生活。我们的岩土工程师和设计施工人员就是给黄土场地地基治病的医生。

郑西客运专线基础设施按时速350千米铺设无碴轨道设计,路基必须为列车的运行提供一个高平顺和稳定的轨下基础,这就对路基质量提出了很高的要求,特别是在占线路总长约2/3的湿陷性黄土地段,这是有相当难度而又必须解决好的重大问题。为此,铁道部已经组织国内有关单位和专家进行了专题研究和讨论,已决定尽快组织实施沿线湿陷性黄土的试坑浸水试验、桩基浸水荷载试验和复合地基浸水试验等多项大规模现场试验研究,以便为郑西铁路客运专线湿陷性黄土地基处理及桩基方案的优化设计提供依据和相关参数,达到安全可靠、经济合理的目的。

我国是黄土分布面积最广的国家。五十多年来,我国在黄土研究和工程实践方面取得了举世瞩目的成就。在条件这样复杂的湿陷性黄土地区建设如此高要求的高速铁路专线,这在全世界也是独一无二的。通过郑西客运专线的建设实践,我们将把黄土研究的科技水平推向一个新的高度。

高速列车将在黄土地区安全平稳地奔驰。当你望着窗外一瞬即过的黄土高坡、沟谷还有窑洞时,你会不会想到,当年有很多人为了这条快速、舒服的铁路专线曾经把他们的心血和汗水,还有多少个不眠之夜都献给了这片我们感到亲切并为之自豪的黄土地?

• 张倬元 小传

教授，博士生导师。

国际著名工程地质学家，斜坡稳定、库岸稳定、地质灾害和水电工程地质专家，工程地质学科博士点和国家重点学科、国家重点实验室及典型人类工程活动与地质环境相互作用关系研究方向的学术带头人。1984年1月被评定为博士导师。曾任国务院学位委员会学科评议组成员、地矿部和四川省学位委员会委员、国家自然科学基金委地球科学部学科评审组成员。

数十年来，张倬元教授深入西南、西北各大型水利水电工程现场，承担勘察、咨询及重大工程地质问题研究，解决了一系列重大技术难题，取得了多项达到国际先进或领先水平的研究成果，被生产部门采用并获得重大社会及经济效益。在斜坡岩体变形破坏模式、稳定性评价及崩塌、滑坡等地质灾害的形成机制、运动机制、危险性评价、失稳时空预报及地质灾害防治等方面，倡导系统工程地质分析和全过程动态演化研究，开展全过程物理及数值模拟，形成了“地质过程机制分析与定量评价”的学术思想体系和斜坡稳定性系统工程地质研究的理论方法体系。近年来又探索非线性科学在工程地质学中的应用。发表论文百余篇，出版专著十余部，编著、编译出版系列教材及教学用书十余部。在数十年的教学生涯中治学严谨、诲人不倦、奖掖后进，培养了大批本科生和40名博士后、博士、硕士等高层次人才，为我国工程地质人才培养作出重要贡献。从多方面为我国工程地质学科发展和水利水电建设作出重要贡献。科学研究及教学成果多次获得国家及部省级奖，并先后获得五一劳动奖章和李四光地质科学奖。

三峡水库巴东县工滩坪滑坡现场考察

学术讨论

渝怀线圆梁山隧道现场咨询

带学生深入现场

以科学求实的精神认识研究和治理地质灾害

张倬元

记　者:我国是地质灾害频发的国家之一,分布地域广、类型多、情况复杂。随着基础设施项目建设,这一问题愈发突出,每年损失上千亿元,已引起各级政府的关注和重视。您长期从事这方面的研究工作,请您介绍一下地质灾害的主要类型、空间分布和突出特点。

张倬元:地质灾害是指各种自然和人为地质作用对人民生命财产和(或)国家建设事业造成的危害。前者是致灾作用,后者是受灾对象,两者相遇而成灾;无致灾地质作用灾害无从发生,致灾作用遇不到受灾对象,不造成损失,也就不能成灾,故致灾地质作用是主导因素,而受灾对象则是被动客体。地质灾害类型按致灾作用的性质和特点来划分,而灾害的大小则以受灾对象的损失大小来评估。我国地域辽阔,自然地理、地质条件复杂,使我国成为世界上地质灾害最为严重的国家之一。地质灾害以其造成的人员伤亡多、经济损失大,并多具有突发性、群发性、多发性和影响持久等特点,在各种自然灾害中占据突出地位。在一些地区,地质灾害已经成为制约经济和社会发展、恶化生态环境、影响社会稳定的重要因素。

类型:按地质作用的性质,常见地质灾害可以分为14类40余种。它们是①地壳活动灾害,如地震及伴生的地表错断和沙土液化,火山喷发;②斜坡岩土体运动灾害,如崩塌、滑坡、泥石流;③地面变形灾害,如地面沉降、地面塌陷、地面开裂(地裂缝);④河、湖地质灾害,如河流侵蚀、湖泊淤积等;⑤海岸地质灾害,如海平面上升、海水入侵、海岸侵蚀、海港淤积等;⑥海洋地质灾害,如水下滑坡、潮流沙坝、浅层气害等;⑦风沙灾害,如沙丘移动,沙尘暴等;⑧特殊岩土灾害,如黄土湿陷、膨胀土膨胀、冻土冻融等;⑨土地退化灾害,如水土流失、土地沙漠化或荒漠化、潜育化、盐渍化、沼泽化等;⑩水库地质灾害,如塌岸、淤积、渗漏、浸没、水库诱发地震等;⑪矿山与地下工程灾害,如井洞围岩失稳、岩爆、高温、突水、有害气体等;⑫城市地质灾害,如建筑地基与基

2004年11月,工程地质学家、工程地质教育家张倬元教授访谈录。

坑变形、固体废料堆积等;⑬水土污染与地球化学异常灾害,如地下水质污染、农田土地污染、地方病等;⑭水资源枯竭灾害,如河水漏失、泉水干涸、地下水含水层疏干(地下水位超常下降)等。

致灾地质作用是在一定的动力作用下或诱发下发生的。按致灾地质作用的动力可将地质灾害分为自然动力引起的自然地质灾害或人类活动引起或诱发的人为地质灾害。

自然地质灾害又可进一步分为以地球内部热能为动力的内生(或内动力)地质灾害和以地球外部太阳能为动力的外生(或外动力)地质灾害。地震、火山喷发等地壳运动灾害为内生地质灾害,斜坡岩土体运动,地面变形,河湖灾害,海洋、海岸灾害,风沙灾害,特殊土灾害和土地退化灾害等则属外生地质灾害。

由于人类社会的发展和技术的进步,人类工程(经济)活动已成为地球表层特别活跃的因素与力量。据世界范围的不完全统计,人类每年由于矿产资源的采掘和地表地下开挖所采动的岩石已超过500亿吨,大于大洋中脊每年新生成的(约为300亿吨)岩石圈物质,更大于河流每年搬运的(约为165亿吨)物质。最大人工水库库容已超过1 500亿 m^3。

由此可见,人类工程活动已经成为改变地球面貌、影响地质环境和引发地质灾害的主要动力。水库、矿山与地下工程、城市、水土污染、水资源枯竭等灾害大都属于人为地质灾害,斜坡岩土体运动、地面变形和土地退化等灾害既有自然地质灾害成分也有人为地质灾害成分或是被人为活动所加剧的自然灾害。

地质灾害的发生发展过程有渐变的有突发的。据此,又可将地质灾害概分为渐变性和突发性两大类。前者如地面沉降、水土流失、水土污染等;后者如地震、崩塌、滑坡、泥石流、地面塌陷、地下工程灾害等。渐变地质灾害一般只造成经济损失而无人员伤亡,对其治理也有较从容的时间。突发性地质灾害不仅造成经济损失还经常有人员伤亡,其防治措施往往是被动应急的,故突发性地质灾害是重点防治的对象。

空间分布:我国疆域辽阔,自然地理、地质环境复杂多变,人为开发活动的性质及强度也随地而异,所以不同的区域发育着不同类型的地质灾害。我国大陆可分出四大不同类型的地质灾害发育区,它们分别是I东部平原沉降区;II中部山地崩滑区;III西部高原冻土区和IV北部草原沙漠区。

东部平原沉降区(I)为大兴安岭－太行山－武陵山一线以东的第一台阶低海拔平原(北部)及低山丘陵(南部)地区。东南临海,河流水系发育,大部气候温和、雨量充沛,人口密集、交通发达,是我国经济开发程度最高的地区。工、农矿业,城市交通建设,农业地下水利用、城市地下水开采都很强烈。区内发育的地质灾害以人为为主,主要有地面沉降、地面塌陷、矿山井巷灾害及土地退化、河湖淤积等。部分低山区零星分布有崩塌、滑坡、泥石流灾害。华北地区地震灾害也极为严重。

中部山地崩滑区(II),包括我国东部平原与西部高原(第三台阶)之间的第二台阶,即黄土高原、四川盆地和云贵高原,以及其西侧向青藏高原过渡、东侧向东部平原过渡的山区。区内长江、黄河及其支流切割强烈,特别是西南部横断山脉一带受怒江、澜沧江、金沙江等切割,山势尤其峻峭。区内大多雨量充沛,人口较密。由于实施西部大开发,水利水电工程、矿山开发、公路、铁路及城市建设都很强烈,是我国工程活动对地质环境扰动破坏最为强烈的地区。区内地质灾害以自然及人为的崩塌、滑坡、泥石流和水土流失最为突出。局部岩溶塌陷发育。其西缘的南北向构造活动带和汾渭地堑有强烈地震发生。

西部高原冻土区(III),包括青、藏和川西北高原,海拔在3 000m以上,气候寒冷,人烟稀少,经济开发程度很低,地质灾害几乎全为天然动力类型,以冻土和雪崩为主,喜马拉雅山地区地震活跃,一些大河河谷有崩塌、滑坡、泥石流发育。

北部草原沙漠区(IV),包括新疆、内蒙伊盟、陕北、宁夏北部和甘肃西部,区内大部地势平坦,干旱少雨是本区气候主要特点。主要地质灾害为风沙灾害、煤层自燃和矿山井巷灾害以及河流上游截水引起的下游水源枯竭。新疆西部常有地震灾害。

对我国危害最大的灾害是地震灾害,崩塌、滑坡、泥石流和土地退化灾害。其次是地面变形和矿山井巷灾害。

地震灾害的特点和形成机制:我国地处环太平洋地震带和地中海喜马拉雅地震带的交汇部位,是地震多发国家之一。进入20世纪以来,共发生大于等于7级地震80余次,造成60余万人死亡。

我国地震的特点是震级高、震源深度浅、震害极其严重。除台湾东部、西藏南部及吉林东部深源地震属板块边缘带地震外,其他地区地震均属大陆板块内部地震。强震空间分布极不均一,大致以东经105°的南北地震带为界,西部为多震域,地震分布广泛;东部为少震域,强震仅分布于华北和东南沿海。已有强震震中分布资料表明,绝大多数强震均发生在一些稳定地块边缘切割深达岩石圈、地壳或基底岩层的活动大断裂带或断陷盆地中,稳定地块内部很少或基本没有强震。准噶尔、塔里木、鄂尔多斯等地块和四川台块就是这类稳定地块,围限这些地块的活动大断裂带或第四纪断陷盆地,则是强震发生带。强震又多发生在这些断裂带中应力集中的特定部位,如不同方向的断裂交汇带、断裂带的转折端、端部或其他锁固段(如错列段)等。发震机制则是活动性大断裂的粘滑错动从而使变形过程中积累的应变能以弹性波的形式突然释放。

崩塌、滑坡、泥石流灾害的特点：我国山地面积占国土的70%，地质构造复杂、新构造活动强烈。特别是青藏高原强烈的隆升，河谷深切，山高谷深，谷坡陡峭，数百至千余米的高陡谷坡遍布于西南山区。季风型气候使雨季又多强降雨。这样的地形、地质和气象条件，使自然产生的崩塌、滑坡、泥石流灾害遍及全国山地、丘陵。随着山区开发活动的增强，不合理的工程活动又引起或诱发了大量崩滑流灾害。据粗略统计，全国共有较大型的崩滑流灾害点7 000多处，近十年来每年造成的死亡人数近千，经济损失上百亿元。

按其形成机制，崩塌、滑坡与泥石流应属两类不同性质的灾害，崩塌、滑坡是斜坡上岩土体在重力作用下以崩落或滑落的形式顺坡向下运动，大气降水、地表水只起降低抗滑力和加大滑动力的辅助作用，而泥石流则是快速集中、冲刷力强大的水流强烈侵蚀、搬运松散堆积物而形成的土、石块和水的高速混合流体，应属于强烈的水土流失。

我国崩滑灾害密集或比较密集的发生于中部山区。多发生在6、7、8、9月多雨季节，尤以7、8月份最多。大型（$100\sim1\ 000\times10^4m^3$）和特大型（$>1\ 000\times10^4m^3$）高速远程滑坡频繁发生是我国崩滑灾害的突出特点，如表1所示，自上世纪80年代以来我国几乎每年都有此类滑坡发生（表1），所造成的灾害极其严重。

2000年4月9日西藏易贡发生的总体积达3亿m^3的天然滑坡，是近年来发生的规模最大的滑坡。滑坡后缘花岗岩体节理面（不连续面）发育，将岩体切割成楔形危岩体，由于沟谷的深切，楔形危岩体南侧形成巨大的临空面。冰雪融化和降雨导致裂隙充水，降低了锁固段抗剪强度，约3 000万m^3楔形岩体由海拔5 000m处崩落。崩落岩体的高势能转化为强大的动能，以其强大的冲击力使沟内的大量饱水碎屑堆积物瞬时液化并转化为高速流动性滑坡，在2～3分钟内水平运动距离8.5km，冲出沟口在易贡湖出口形成高60～110m的“天然大坝”，坝前湖水位上涨55.36m，拦蓄水量30亿m^3。上涨湖水淹没了两岸茶场、农田、房屋，学校，4 000人受灾。为了排泄不断上涨的堰塞湖水，在堤坝上开挖了导流明渠。由于明渠渠床由砂和小碎石组成，过水不久，即遭受强烈侵蚀冲刷并发展成为溃决口，最终导致溃坝。溃坝后使雅鲁藏布江下泄最大流量达1.2万m^3/s，下游河道水位最大涨幅高达42m，洪水冲毁了沿途的公路、桥梁、农田和村庄，并在下游120km主河道两侧触发了35处崩塌、滑坡和泥石流等次生灾害，形成了危害极其严重的“灾害链”。

表1　二十世纪八十年代以来我国发生的一些重大滑坡灾害

滑坡名称	发生日期	方量/$10^4 m^3$	运动速度	最大运动距离/m	致死人数	斜坡类型	诱发因素
盐池河崩塌（湖北）	1980.6.3	100	34m/s（最大值）	400	284	平缓岩层、软弱基座	地下采矿
铁西滑坡（成昆线）	1981.7.8	220	4m/h（平均值）	70		中倾外层状体，老滑坡局部复活	地面采石
四川盆地西部暴雨滑坡	1981.7.9	数百个，单个方量大多小于100	±5 m/s	±100	10	多种类型层状体斜坡（红色砂泥岩互层）	暴雨（数十年一遇，暴雨强度大于200 mm/d）
攀枝花灰岩矿山滑坡	1981.6.10	416	5.5m/min（平均值）	220		中倾外层状体斜坡	爆破采石
云阳鸡扒子滑坡	1982.7.24	1 500	3～10m/min	150～200		变角倾外层状体斜坡，老滑坡复活	暴雨
甘肃洒勒山滑坡－碎屑流	1983.3.7	3 000～4 000	20 m/s（平均）	900	237	平缓层状体斜坡	
湖北新滩滑坡	1985.6.12	3 000	10 m/s	80		老滑坡复活	后缘崩塌加载
湖北秭归马家坝滑坡	1986.7.16	2 400	中速	数十米		缓倾外层状体斜坡，老滑坡复活	暴雨
西宁滑坡－碎屑流（四川巫溪）	1988.1.10	700	18～50m/s	800	26	倾内层状体斜坡，软弱基座	地下采矿
华蓥山溪口滑坡－碎屑流	1989.7.10	30	20～30m/s	1 500	221	倾内层状体斜坡软基（志留纪页岩）	暴雨
云南昭通滑坡－碎屑流	1991.9.23 晚6时	1 500～2 000	7.5 m/s（平均）	3500	216	倾外似层状体斜坡（峨眉山玄武岩）	暴雨
四川武隆鸡冠岭滑坡	1994.4.30	400	不详	200～300	不详	微倾山内斜坡	采矿
甘肃盐锅峡黄茨滑坡	1995.1.30	600	4～5m/min	40	成功预报无死亡	缓倾外层状（黄土与红粘土）体斜坡	灌溉

续上表

滑坡名称	发生日期	方量/10^4m^3	运动速度	最大运动距离/m	致死人数	斜坡类型	诱发因素
老金山滑坡（云南元阳）	1996.4.4	100	高速	1 000	不详	近水平岩层斜坡	斜坡中下部开采金矿
贵州印江江口滑坡	1996.9.18 23时	210	高速	受河谷限制，对岸爬高80m	5(3死2失踪)	缓倾山外(向河谷)斜坡	锁固段采石及高强度暴雨
重庆巴南麻柳嘴滑坡	1998.8.10	3 000	约20m/h	70m	无	顺倾斜坡	降雨及江水涨落
贵州松桃滑坡	1999.7.3				无	缓倾坡外顺层斜坡	降雨
易贡滑坡（西藏）	2000.4.9	30 000	44m/s	8 500		花岗岩及花岗片麻岩	冰雪融水
湖北秭归千将坪滑坡	2003.7.	3 000	高速		24人	变角倾外层状体斜坡	三峡水库蓄水与降雨

记　者：您对岩体变形破坏，崩塌、滑坡等灾害的形成机制、高速运动机制等方面颇有研究，多次深入西南、西北地区生产一线，解决一系列重大工程技术难题，并形成了“地质过程机制分析与定量评价”和“斜坡稳定性系统分析”等学术理论体系。请您介绍一下这方面的情况。

张倬元：如前所述，我国的地质灾害在地形地质条件迥然不同的各区是迥异的。崩塌、滑坡灾害是第二台阶及其两侧山地的主要灾害。我们一直从事西南西北岩体变形破坏，崩塌、滑坡等地质灾害，特别是超大型滑坡的研究工作。承担的课题包括：黄河上游、长江上游、澜沧江上游、三峡库区等的崩塌滑坡地质灾害以及坝区的高边坡变形破坏机理研究。

从八十年代初我们就承担了超大型滑坡研究工作，首先是龙羊峡水库近坝库岸滑坡研究。龙羊峡水库右岸发育有十几个体积数千万到大于亿立方米的大型超大型滑坡，这些超大型滑坡往往是突然发生且运动速度很快。水库蓄水后如果再次发生这类滑坡，就会造成很高的涌浪。事关大坝甚至是兰州市的安全，是龙羊峡能否建高坝的关键性技术难题之一。当时国际著名岩石力学和水工专家到现场考察，也只是提出了难于实施的特大规模削坡处理或采取反向动水压力增加斜坡稳定性。我们对这些巨型滑坡的形成机制做了系统深入研究，分析了斜坡变形、破坏发展全过程，提出了斜坡失稳判据以及监测预报与调节水库水位相结合以消除高速巨型滑坡涌浪危害的对策。设计上采取了这一方案，迄今，龙羊峡水库已安全运行了近

20 年。

大型滑坡属突发性地质灾害，发生很突然，运动速度快，运动距离长。像1983 年 3 月 7 日甘肃东乡县洒勒山滑坡，发生当日天晴无雨也无地震，约3 000万 m^3 土石突然滑落下来，并以约 20m/s 的速度向前滑动约 900m。掩埋了三个村庄死亡238 人。这类滑坡虽然发生得很突然，但发生前却有一个很长的“孕育期”。在此期间有不断发展的局部变形与破裂，并可在地表出现变形破裂迹象。最常见的变形迹象是后缘弧形拉裂缝。洒勒山滑坡发生前，当地居民在 1979 年就已经发现后缘拉裂缝，而且此裂缝在四年期间内不断扩大，滑坡发生前一天，早上外出还可跨过裂缝，到下午返家时已经宽到不能过人了，而且出现错台(即裂缝外侧地面相对内侧地面有所下错)，也就是说变形速率已经很快，整体失稳即将来临。这种巨型滑坡的滑面，不像均质土层中小型滑坡的弧形滑面那样一次性贯通，而是在很长的变形期或孕育期逐步贯通的，或者说变形发展到突然失稳，破坏有一个很长的发展演变期。首先出现后缘拉裂缝，并逐渐加宽和向深部延伸，同时在前缘由于剪应力集中而产生极缓慢的剪切滑移，并形成蠕滑面。这两类面都不断向山体内部延伸，而滑体中部的“锁固段”则不断变窄，锁固段的剪应力集中程度因而不断加大，一旦锁固段抗剪强度小于不断增大的剪应力，锁固段就会被突然剪断，滑面贯通，滑体突然整体性失稳并快速下滑。这就是巨型滑坡这一特殊地质体的发展演化过程的概化模型。地质过程机制分析就是研究变形演化发展到失稳破坏这一过程，或概括称为滑面的贯通过程，简言之就是研究其形成机制。

滑坡一旦形成就转入了运动状态。巨型滑坡运动的特点是速度快，滑距长。根据国际工程地质协会滑坡委员会滑坡速度的七级分类，速度 >5m/s就属极快速滑坡。洒勒山滑坡滑速是 20m/s(平均)，而易贡滑坡滑速高达44 m/s。速度快、动量大、滑距就长，造成的危害也就愈大。如甘肃省洒勒山滑坡滑距近 1 000m，云南昭通头寨沟滑坡为 3 500m，易贡滑坡高达 8 500m。滑坡运动机制研究主要是研究高速与远滑机制。国际国内关于这方面的学说主要有气垫说和流体化说。气垫说认为滑体可在高压气(或汽)垫浮托下凌空飞行。流体化则有多种学说，有粉尘说、破碎块体相互碰撞的动量传递说，主要用以解释无水碎块石的快速并类似流动的运动。典型实例为瑞士阿尔卑斯山区的 Elm 崩塌 - 碎屑流，崩落岩石碰撞对面山体粉碎后碎块石被抛向山谷，以极高速度顺山谷向下游流动 2km。我国的华蓥山溪口、云南昭通头寨沟滑坡 - 碎屑流也都是碰撞碎裂后以高速分别沿沟谷流动 1.5 和3.5km。在流动过程中随山谷方向的转折而转折，沿程有堆积(可根据转弯处堆积物的外弯超高估算流动速度)，但主要在沟谷展宽或沟谷出口处堆积。为了有别于水动力起动英文术语也为 debris -

flow 的泥石流，许靖华将之称为 struzstrom，意即崩塌碎屑溪流，并认为高速流动是由于粉尘的悬浮作用。

2002 年美国地质学会出版了名为《灾难性滑坡：效应、产生与机制》的工程地质学评述第十五卷(Catastrophic landslides: Effects, occurrence and mechanisms. Reviews in Engineering Geology, v. XV)，特邀多国专家撰写、论述了国际上著名的 17 个灾难性滑坡的形成机制和灾变效应。其中有我国的两个，即：1983 年甘肃省洒勒山滑坡(由我撰写)和台湾的草岭滑坡。该书组稿始于 1996 年，完稿于 1998 年，所以 2000 年发生的易贡滑坡未能入选。其实易贡滑坡规模之大，滑程之远，灾害之重，流体化机制之独特，都是无与伦比的。它既有约 3 000 万 m^3 山体崩塌－碰撞碎屑化－干碎屑流(碎屑溪流)；自空而降的碎块石又强烈冲(夯)击沟谷中原有的近 3 亿 m^3 的富含地下水的沉积物，使之产生超孔隙水压力(excess pore water presure)，并导致堆积物瞬时流体化(fluidization)，以极高速度在纵坡降大的沟谷中滑行数公里，冲出沟口后又自行摊平展宽，形成宽 3km 高 60～110m 的堵江天然堤坝。其运动类似塑性泥石流，但并非快速汇集的地表水侵蚀搬运所形成，而是堆积物内孔隙中赋存的地下水产生的超孔隙水压力的液化效应，使堆积物转化为塑性流体，整体性地快速沿沟床下滑，其整体性运动又类似滑坡。应名为塑性流滑(plastic flow－slide)，由此可见其形成及运动机制之独特性。堆积物中保存的大量喷砂冒水孔(sand crater)是超孔隙水压力导致液化的良好证据。

除大型滑坡外我们还承担了多项高边坡稳定性研究课题，诸如黄河上游的拉西瓦，嘉陵江支流白龙江上的苗家坝，金沙江上的向家坝和溪洛渡，雅砻江上的二滩、锦屏Ⅰ级和官地，澜沧江上的小湾、糯扎渡等众多水电站的天然斜坡和人工高边坡的稳定性研究。形成了以系统分析为主线的高边坡稳定性研究的理论方法体系。其技术路线为：边坡岩体力学环境条件研究－边坡岩体变形破坏的力学机制及发展演化过程研究－边坡岩体稳定性计算评价－边坡岩体滑动时空预报－综合评价及处理措施决策。其中关键环节是边坡岩体变形破坏机制及发展演化过程研究。

边坡岩体变形破坏的力学机制和发展演化过程一般可以分为三个阶段，即：边坡岩体的表生改造，边坡岩体的时效变形和变形体(或潜在崩滑体)的形成以及滑动面贯通整体失稳破坏。岩体的表生改造是伴随河流下切成坡过程中应力释放或应力重分布而产生的表生破裂面(不连续面)，或原有结构面因应力释放而产生的回弹错动性表生改造。这类结构面的生成与改造为进一步的变形提供了必要的边界条件。边坡岩体的时效变形则是在自重应力场和结构面长期强度控制下的重力蠕变过程。由于控制岩体变形的结构面产状不同或组合不同而有表层蠕滑，蠕滑－拉裂，滑移－弯曲和弯曲-拉裂等多种变形破坏的力学模式。由于蠕变速率极其缓慢,较长时间才能显示出明显的变形,时间越长变形越强烈,故成坡的时间早晚不同变形强烈程度也不同。处于河谷斜坡高高程的岩体,成坡时间早,变形历时长,变形强烈,局部拉裂或剪切破坏面长度大而锁固段短,变形体的稳定性低;低高程处则成坡时间晚,变形历时短,局部破裂面短而锁固段长,变形体的稳定性高。岩体变形发展到最终失稳破坏是地质体自身的演化过程,地质过程的机制分析与定量评价、高边坡稳定性系统分析,正是在长期研究实践中逐步形成的。

无论是岩体结构还是特定地质体的概化模型,或是岩土体的变形迹象和变形的发展阶段,都必须在野外现场进行深入调查研究。所以我们在工作中特别强调要注重地质体的现场原型研究,室内物理模拟和数值模拟必须以现场研究获得的概化模型为基础,而模拟过程中获得的各阶段的变形迹象又必须与野外原型观察到的现象相拟合。唯有这样才能验证我们认识的正确性。90 年代的时候,我每年在野外现场的时间可能有 1/3 ~ 1/4,搞地质工作的关键是要到现场去。

记　者:请您介绍一下三峡库区地质灾害和治理情况。

张倬元:三峡库区滑坡灾害调查研究始于上世纪 70 年代中期。我们学校承担的库区工程地质调查就已经确认库区有数十个大型滑坡。“七五”“八五”期间库区滑坡研究列入国家重点研究项目,主要研究大型滑坡对大坝稳定性及施工安全的影响。我们一直参与这些研究。库区蓄水以后这个问题就更加突出了,一方面是水位和孔隙水压力提高,库区滑坡的稳定性发生了不利的变化,另一方面是库区移民就地后靠新建了众多的城镇和居民点,有些县城的新址又选在滑坡体之上,如 1995 年巴东县新县城黄土坡发生的一次大的滑坡灾害引起中央的高度重视。朱镕基总理在做三峡办主任的时候,对库区做了一次全面的考查,提出投资 40 个亿来治理库区地质灾害,以保证移民迁建城镇和移民复建工程设施的安全。40 个亿的资金已经全部到位,第二期移民地质灾害治理工程已经进入国家验收阶段。为保证移民迁建城镇和重要工程设施安全,对库区的崩塌滑坡等地质灾害不能单纯采用工程治理措施,还有搬迁避让与监测预警两类措施。不宜治理或治理工程量过大投资过高的就搬迁避让。云阳县老县城的西城区就坐落在老滑坡上,在城背后的山上去年又发生了五峰山新滑坡,治理难度很大,只能搬迁避让。监测预警就是以诸如地表、地下位移以及裂缝扩展测量等各种量测手段,实时监测潜在滑坡体变形的发展情况或滑坡体滑动速率的变化,并在滑坡剧滑前适时做出预警以便将可能灾害减到最小程度。这同样是防灾减灾措施。这里又分为两种情况,有专业监测,又分国家的和省(市)两层次。国土资源部在宜昌成立了地质灾害监测预报中心,对库区百多处滑坡布设了监测预警系统，并开展监测工作，这是国家层面，还有省市的主管环境监测部门的专业监测。再有一个就是区乡的群测群防，就是区乡政府指定责任人对滑坡的宏观变形迹象进行定期巡视和简易监测，然后根据简易监测发现的变形加剧的情况进行预报，这个办法也是非常有效的。1998 年重庆麻柳嘴发生总体积约 3 000 万 m^3 滑坡，滑动速度不大，约为 20m/小时，发生在夜里，村支部书记发现裂缝不断扩大，就逐户通知村民撤离。滑坡体上 500 多居民无一伤亡，由此可见群测群防的减灾效果还是很显著的。这类监测特别是多雨季节，如 6、7、8、9 这几个月的雨天随时要进行观测。二期移民地质灾害防治，总计工程治理 198 个，专业监测预警 129 个，群测群防 1 216 个，搬迁避让 232 个。但库区地质灾害防治远未结束。为准备水库蓄水位达到 175m 高程，要进行三期移民，还有很多滑坡需要治理、监测或搬迁避让。三期移民地质灾害防治规划已经经过专家论证，估计还需投资 70 ~ 80 亿。

记　者：为什么过去对工程本身关注多，而对周围环境可能出现的问题关注不够?

张倬元：这与人类工程活动对环境影响程度的认识水平和工程地质学科的发展水平有关。过去工程规模小，对周围环境影响不大；而今工程规模愈来愈大，对环境的影响也愈益强烈。工程地质学科发展随对工程活动与地质环境相互作用的认识不断深入，可分为三个阶段。第一阶段是研究工程施工所遇到的地质问题，可称为工程师实用的地质学阶段。工程施工中遇到的地质问题一般为建筑地基问题。过去的房屋建筑多在平原地区，主要研究地基是什么土层，其承载力及变形特征，而对周围环境及建筑物对环境的影响缺乏必要的关注。50 年代，苏联的学派已经注意到工程与地质环境的相互作用，他们认为工程活动不限于给地球施加荷载，还可形成大型人工水体，水体对地质环境会产生诸如浸没与水库边岸再造等工程地质作用，对环境有一定影响。但认识还比较浅，也还未完全跳出以工程为核心的思维。这一阶段的工程地质学可称为工程动力地质学阶段。近期工程地质学已经发展到环境工程地质学阶段，充分认识到工程活动可以产生深远的环境效应，工程地质学不能再限于“从地质上保证兴建的建筑物技术可能与经济合理”这一狭义的范围之内。我们提出工程地质学应研究地质环境的合理开发与保护，任何工程活动都是对地质环境的开发利用，工程地质学要从地质上保证开发不恶化环境不产生灾害，即不再限于一个建筑工程活动的范围内，而要考虑到可能引起的环境灾害。例如在西北的干旱地区，山区降雨较多，所产生的地表径流在山口处补给地下水，地下水位埋藏浅，地下水丰富，用地下水进行灌溉形成绿洲生态环境。如果不适当地采用内地湿润多雨地区的开发方式，在干旱的山区也建坝拦水成库，必然减少下游地下水的补给，使绿洲地带地下水位下降，由于水面蒸发强烈，库水也不可能有效利用，转而更为强烈地开发地下水，势必使绿洲生态环境受到破坏。而新疆的坎儿井则是因地制宜合理开发的例证。当地水面蒸发是降雨的几十倍，为了减少蒸发建了坎儿井，将高山融雪水从地下引向下游用于灌溉，既有效利用了融雪水又保护了下游的绿色生态环境。再如去年的渭河大水引发了三门峡大坝该不该建的讨论。最初讨论建设三门峡大坝方案时，清华大学黄万里教授一直反对，黄河是多泥沙河流，水库淤积必然严重，而苏联专家力主建坝，他们也认识到会有水库淤积，但只认为会影响水库使用年限（仍然是以建筑物为核心），并认为可以通过上游水土保持措施来解决。大坝建成后很快就出现了极严重的水库淤积，当初设计装机容量100万千瓦，后来不得不开排沙底孔，装机容量减为25万千瓦。最为严重的是淤积造成的库尾翘尾巴，使渭河汇入黄河河口处形成拦门沙，渭河洪水宣泄不畅，进而抬高了渭河河床，并造成去年三门峡上游数百公里远处渭河流域的洪水灾害。由此可见水库淤积的环境影响之巨。所以要注意到工程会对环境有什么影响，工程开发是否合理，是否会引起地质灾害。过去的水电开发总结的经验教训是“重坝址，轻水库”，水库里面的问题考虑的少。1963年发生了意大利的瓦伊昂水库事件，峡谷中建了高260多米的高拱坝，蓄水后坝前左岸约2.6亿多立方米的山体快速滑入库中，在水库中形成二道坝，激起的涌浪高出坝顶100m，翻坝水流完全冲毁了下游一个小镇，造成2 000多人死亡。此后，库区滑坡引起世界广泛重视。前段时间国际大坝委员会成立了一个库岸稳定专业委员会，研究库岸失稳造成的问题，怎样预先调查、监测、处理，使它不发生事故。现在对三峡库区正在做大量的此类工作。大型水利水电开发，库区所有滑坡都应调查和评价，即将施工的向家坝、溪洛渡水电站库区滑坡调查和环境评价都是我们承担的。

记　者：就地质灾害来说，人为造成的灾害比重大吗？

张倬元：就崩塌滑坡来讲人为的灾害已超过50%，甚至达到70%。滑坡治理有砍头压脚的原则，就是把滑坡头部产生滑动推力的部分清除掉一部分，然后在滑坡脚部堆填反压，一般来说坡脚是抗滑部分。如果工程活动违反这一原则，在滑坡头部施压或在坡脚切坡就会产生人为滑坡。很多的滑坡灾害的发生是由于人为切坡建房引起的，如2003年武隆县的滑坡灾害，2002年陕南与强降雨相伴的滑坡灾害。水库蓄水也容易诱发滑坡灾害，2003年湖北秭归县体积达3 000万m^3的千将坪滑坡就是三峡水库蓄水至135m一个月后，水库蓄水与强降雨共同诱发的滑坡。大坝泄洪产生的水雾也可引起滑坡，龙羊峡电站的虎山坡滑坡就是水雾诱发的。三峡水库移民城镇建设，西部大开发的山区高等级公路、铁路等基础设施建设，都会造成大量的高切坡。西部大开发的西电东送会兴建众多的高坝大库。工程活动对地质环境的扰动非常强烈，如果违背客观规律还会产生更多的人为滑坡灾害。

记　者：最近国土资源部出台了《地质灾害防治条例》，听说您也参加了。

张倬元：我只参加了部分工作。对应《地质灾害防治条例》，国土资源部同时实施了地质灾害大调查。中国大概有400个县有滑坡灾害，国土资源部对地质灾害、地质环境行政上负有管理责任，所以要对地质灾害进行大的调查统计。首先完成三峡库区的19县(区)的地质灾害调查；计划对全国400个有滑坡灾害的县都进行调查；调查发现的滑坡都要记录在案，建立地质灾害信息系统；对有可能失稳成灾的进行动态监测；最后，针对不同区域分轻重缓急进行防治。过去没有这样的法规，已有的针对地质灾害的法规只有一个《中华人民共和国地震防灾条例》。现在这个地质灾害防治条例不包括地震部分，“条例”主要针对崩塌滑坡、泥石流、地面沉降、地面塌陷、地裂缝，还有一些矿山地质灾害。

记　者：与中国相比，国外的情况如何？

张倬元：国外没有像我们国内的大规模工程建设。去年，我去加拿大，水电、核电开发已经完成，基础设施建设也都是零星地进行，不像我国全国是个大工地，建设规模也特别大。而且我国的西部地区高速公路都是在地形地质条件复杂的高山、深谷地区修建的，到处都是高边坡、桥梁、隧道，而加拿大从多伦多到魁北克市的高速公路是在准平原上建的，路线笔直无弯道，无高边坡无隧道。所以中国的高速公路、水工建筑物的建设难度就大得多。其次在世界范围内，中国的崩塌滑坡灾害也是比较严重的。80年代末，我们和日本合作进行中日滑坡对比研究，日本人员考察了中国的滑坡后，认为中国的滑坡规模是很大的。因为在日本500万m^3以上的滑坡只是个别的，而在中国却是司空见惯的。总之，和国外相比，中国有地形地质条件复杂，工程扰动强烈，地质灾害严重的特点。有必要加强全民的防灾意识，在专业人员中间则应制定和严格执行专业规程、规范，以客观规律规范人类工程活动，强调协调人地关系保护地质环境。

过去已经注意到水圈、大气圈的污染问题，但对人类活动对岩石圈表层环境的影响和所造成的灾害重视不够。既然人类对岩石圈改造的强度已经超过了自然营力，必须重视岩石圈表层的环境保护，现在再不保护，不按照客观规律办事，将来是要吃大亏的。基于这种认识，我们学校的国家重点实验室定名为《地质灾害防治与地质环境保护》。我们希望在这一领域发挥我们的作用，做出应有的贡献。

• 谢定义 小传

男,汉族,1931年1月8日生,甘肃甘谷人。1952年毕业于西北工学院水利工程系,1962年获前苏联列宁格勒建筑工程学院科学技术副博士学位。

谢定义先生现为西安理工大学教授,岩土工程学科博士导师,国务院特殊津贴获得者,国际土力学与岩土工程学会会员,中国土木工程学会土力学及岩土工程专业委员会常务理事,中国振动工程学会土动力学专业委员会代主任,中国岩石力学与工程学会理事;全国湿陷性黄土地区建设工程标准专业委员会委员,陕西省岩石力学与工程学会名誉理事长,陕西省土木建筑学会理事,《岩土工程学报》编委会副主任,黄文熙讲座撰稿人,国务院特殊津贴,茅以升"土力学及基础工程"大奖获得者。

50年来,先后在西北工学院、西安动力学院、西安交通大学、陕西工业大学、西北农学院、陕西机械学院和西安理工大学任教,讲授土力学、地基与基础、高等土力学、基础工程学、岩土工程学、土动力学、黄土力学、非饱和土力学等课程,从事土动力学、黄土力学、非饱和土力学方面的研究工作。在饱和砂土瞬态动力学、黄土动力特性、非饱和土有效应力及测试技术、土结构性定量化描述、岩体损伤CT识别技术等研究中做出了富有开创性的工作。编著出版了《土动力学》和《饱和砂土瞬态动力学特性与机理分析》《高等土力学》《岩土工程学》等著作。先后主持了国家自然科学基金项目、水利电力部和陕西省自然科学基金项目、三峡工程科技攻关项目等6项,在国内外学术期刊和重要会议上公开发表学术论文150余篇,培养博士、硕士研究生近50名。先后访问美国纽约州伦色勒工学院、德国卡斯鲁尔大学,以及日本、波兰等国有关大学与科研院所,进行了学术交流。曾获陕西省优秀教师、国家机械委员会教书育人优秀教师、陕西省首届优秀科技工作者等荣誉称号,以及省、部、厅局科技进步奖、教学优秀成果奖等多项学术奖励。

西北大地的情与缘

——原《探索黄土奥秘的人》

谢定义

记　者：我国的黄土覆盖面积广、厚度大、地层全、条件差、问题多。随着西部大开发战略的实施，给黄土、冻土力学及工程研究带来难得的的机遇与挑战。您在土动力学、黄土力学与非饱和土力学研究方面颇有建树。请您谈谈我国近50年来在这些方面的主要成就，您怎样评价自己走过的50年岩土历程？

谢定义：“岩土力学与工程”是一门实践性很强的学科。土动力学作为这个领域“大家族”里的一个新成员就更是如此。“先实践、后理论”“先技术、后科学”，几乎是一个规律。在这里，它们只有“先后”，没有“去存”！实践需要理论指导，技术需要科学发展。它们应是有先后的交织，有上升的循环，最终表现为有实体的思维！就我国土动力学来说，它的迅速成长根植于此前我国由来已久的实验研究基础，再加上及时的专业启蒙与组织促进，才形成了一个广泛行动的大好局面。大量的物质基础和试验成果是这一时期我国土动力学伟大复兴的标志。后来，一批又一批由国内和国外迅速成长起来的年轻学者，不断走进土动力学队列并成长为中坚力量，成了我国土动力学根深叶茂与再度辉煌的希望。这个对我国土动力学从全局上的估价应该说是“有支撑”“有实据”的！但对它做出具体的评价，我个人确实无能为力，也“难得其当”。我希望年轻有为的土动力学专家们，在发扬“尊重事实，鉴别真伪，高瞻远瞩”精神的基础上，把这一篇历史评价与现实目标的大文章真正做好！不过，我个人认为，黄文熙教授创用国际上最早的动三轴仪并将其用于边坡和地基液化的研究是我国的骄傲；汪闻韶教授的土体有效应力分析设想与动孔压的产生、消散研究为理论研究奠定了基础；吴炳琨教授领导的武汉长江大桥管柱基础振动下沉机理和设计参数的研究，南京水科院钱塘江七堡水利枢纽工程松砂地基液化处理中深层爆破、震动砂桩与板桩围封法的应用是我国早期土动力学的重要实践；水电部土工试验操作规程列入动三轴试验，国内11家科教院所对标准砂的动三轴试验类比研究是对动力实验技

2004年5月，土动力学、黄土力学专家谢定义教授访谈录，2009年收入本书时有修改。

术的有力推动；全国土动力学学术会议与土力学基础工程学术会议列入土动力学专题，“土工抗震理论与饱和砂土液化问题”讲习班，我国第一部“土动力学”专著出版对土动力学的启蒙和发展起了推动作用，瞬态极限平衡理论与瞬态动力学物态模型的研究，轻亚粘土液化可能性的研究，三峡高土石围堰爆破震动三轴试验研究，软土、黄土、粉煤灰，尾矿料，海洋土等多种土动力特性的研究，剪切波速法判定液化，初始模量模拟现场原状土，输入不规则波及波序效应研究，波动理论与应用研究，地震液化危害度研究，残余变形与液化大变形研究，地震土压力计算研究，液化判定的能量分析法，复合地基抗液化理论与模型实验，动力蠕变特性研究，液化应力条件研究，震、扭三轴仪研制，动力非线性本构模型研究，静、动应力耦合作用研究等等，在我国土动力学的发展中都做出了应有的贡献。但是，目前，我国土动力学研究的特色还不够突出，有影响理论和方法的深入研究还不够成熟，工程实践中理论的指导作用还不够有力，研究的核心基地和队伍还不够稳定，对主攻方向的认识还不够一致，实验研究的手段还相对落后，市场调节带来的负面影响还没有消除，学报的高质量文章还较少。这，虽然不是“百废待兴”，但也需花大力气来解决。我曾在第五届全国土力学及基础工程学术会议上土动力学分题的总报告中，针对当时的形势提出过：为了使我国土动力学的发展有新中国的特色，跨进世界先进行列，至少应该实现三个转变，即研究的作用由参考型向指导型转变，研究的水平由模仿型向独创型转变，研究的体制由分散型向集团型转变。我们的研究工作必须突出土动力学解决土体动力稳定性问题这个根本任务，把发展理论分析和加固处理两翼落实到具体的工程建设项目上。这其中的有些认识，在目前可能还仍有参考价值。我寄希望于土动力学有关学会强有力的组织作用和年轻学者的骨干作用！

关于我国近几十年来在黄土力学方面的发展，我曾经在“黄土力学特性研究与应用的过去、现在与未来研究”（地下空间，1999 年第 4 期）一文中从 17 个方面作过一个概括。尤其是其中用三轴试验研究黄土的湿陷性，黄土的增湿湿陷性，力、水作用复杂路径下黄土的特性，黄土的微观结构性，黄土的本构关系，黄土的动力特性，结构性定量化参数，黄土的吸力力学特性与有效应力，黄土变形计算的弦线模量法以及黄土的湿剪性等，表现了我国黄土力学研究的特色。关于我国黄土力学与工程急需研究的基础问题，我也在“试论我国黄土力学研究中的若干新趋势”（岩土工程学报，2001，第一期，黄文熙讲座）一文中提出了8 个问题，并且认为：在目前，继续突出黄土“水敏性”和本构关系的研究，争取获得突破性的进展；仍然是问题深化的主题，但推动“黄土规范”几十年来以“最大湿陷势”为中心的设计思想向以“可能湿陷势”为中心的设计思想转变，使黄土力学研究与黄土工程实践相结合，搭好理论与实践间的桥梁的工作，无论从科学性、实际性和经济性的角度，都已是刻不容缓了！因为只有黄土力学与黄土工程的有机结合和互相推动才是科学工作的根本目的，也才是实践的有效依靠。在此，我愿再一次借这个机会呼吁黄土力学与工程工作者同行们的关注。作为我国在黄土力学与工程方面进行过长期、系统研究的西安理工大学自然责无旁贷，愿与全国学者一道继续做出自己的努力！

我个人从 1952 年西北工学院水利工程系毕业到现在已经有 50 多个年头了。在这一段时间里，我转战在祖国西北大地上 7 所大学的教育科技战线上，一边在教学讲台上，将自己不断汲取的多方面营养提供给学生；一边也在几个方向上探索着科学的奥妙，做一些力所能及的工作。自从在前苏联列宁格勒建筑工程学院中，马斯洛夫教授和叶尔绍夫教授把我领进了土动力学学科的殿堂以后，我国研究生制度的恢复使我又有机会踏上这条路的新征程。在与我国黄土力学专家刘祖典教授的多年共事和耳濡目染中，我开始又对我国约 64 万 km^2 的黄土发生了兴趣。在寻求黄土力学研究的新思路中，西北黄土地区强地震的现实需要又一次推动了我们对黄土动力学的责任感。接着，20 世纪世界范围内非饱和土力学的新进展，对黄土力学的理论研究显示出了强大的吸引力。这样，土动力学、黄土力学与非饱和土力学的发展与有机结合就成了我们后期科研工作的广阔阵地。在这个阵地上，我思考着、探索着、前进着，一晃就过了自己的“古稀”。回头看看这几十年自己的“岩土历程”，它就像是机遇和命运为我安排好的。我没有兴致、也没有精力再顾及别的东西，凭着一股不甘落后的力量，一口气在这条路上走下来了！但是，这“岩土路”并不像一般水泥路那样平直，那样定向！它要靠有心的探索和廉价的汗水去寻求。只有你走久了，也走稳了，才能成为一条路！但要找出一条真正有发展价值的路来，可真要叹“人生苦短”了！你刚刚尝到一点滋味，伴随而来的却又是“望洋兴叹”了！一段时期以来，在土动力学上，我想在通常“平均概念”研究的基础上，推动“瞬态机理”研究的发展；在黄土力学上，我想在通常“最大湿陷势”设计的基础上，推动“可能湿陷势”设计的发展；在非饱和土力学上，我想在通常“双应力变量”研究的基础上，推动“有效应力单变量”研究的发展；在土力学领域内，我想在通常“湿密状态变化”的力学特性研究基础上，推动“结构状态变化”力学特性研究的发展。对此，我已花去了不少的精力，做了一点努力。在自己深感力不从心的现况下，多想能有一些愿意来步此后尘的后起之秀啊！

记　者：世界范围内计算机技术、测试技术与相关学科的发展推动了世界范围内非饱和土力学的复苏与新进展。目前，我国的许多研究者也对此表示

了极大的兴趣,人们似乎对非饱和土的有效应力原理又有重新提上日程的态势,您对此有什么看法?您认为这种研究有重要价值和有良好前景吗?

谢定义:是的,有效应力原理是土力学奠基人太沙基引进饱和土土力学理论的一个杰出的创造。几十年来在理论土力学中也发挥着重要的作用。将有效应力原理进一步拓展到非饱和土力学的研究一直是国内外很多学者所追求的方向,只是近些年来它的发展既受到了问题本身复杂性的影响,更受到了双应力变量理论的冲击,慢慢引起了不少人的疑虑,甚至有被判处"死刑"的危险。我通过近年来对非饱和土力学有关文献的学习与思考,认为非饱和土的有效应力原理仍然应该成为非饱和土力学研究者一个有价值和有前景的方向性课题之一。我曾经在武汉一次"非饱和土理论与测试研讨会"上为这个观点作了详细的申辩。我认为,非饱和土力学有效应力原理的建立,必须遵循太沙基有效应力的实质性原则,即变形强度对有效应力的因果性,等效流体压力(孔隙水压力)的中和性及土中应力概念的平均性,但同时必须考虑非饱和土的特殊性,尤其是非饱和土土骨架的结构性,孔隙气相的可压缩性,收缩膜张力作用的方向性,吸力对土物理本质影响的唯一性,有效应力对应力、应变历史的依赖性,以及非饱和土与饱和土之间的连续性。目前,在这个问题上,仅靠摹仿是不行的,必须靠创造,也不能靠改良,必须靠改造。上述许多问题需要引起人们深入的思辨。近年来,我看到学报中讨论非饱和土有效应力的文章逐渐增多,心中非常高兴。我相信,虽然一个复杂事物的运动规律不能够一下子被认识,但只要我们不断地破除迷信,尊重事实,修正错误,发展主见,避免武断,接近客观规律的日子是不会遥遥无期的!

记　者:您几十年如一日地将自己的汗水与心血默默抛洒在祖国的大西北和土动力学、黄土力学与非饱和土力学方向上,令青年一代敬仰。请您对青年人提几点希望。

谢定义:说实在话,我们这一代人的工作地域和专业方向都不是自己可以选择的,基本上是由党和国家的需要来安排的。"哪里需要就到哪里去",不是个口号,而要变成行动。在西北干上一辈子是需要,为岩土干上一辈子也是需要。这是自己不该、也很少考虑的问题。自己只需要"放在哪里就在哪里发芽、生根、结果"。当然,在留苏归来那会儿自己有机会做出新选择的时候,我就继续选择了自己出生和自己生长的大西北,心甘情愿!不要说自己几十年来没有过"改弦更张"的想法,就是有了,在我们的历程中也是很难实现的。反倒会落得个"工作不安心""思想落后""讨价还价"的小帽子,又何苦呢?其实,等到你真的在一个地方生了根,你就不再愿意变来变去了,初选也就变成了终选!至于自己的专业方向,已经谈过,那是历史形成的,发展形成的,也是汗水结晶的。我觉得是选对了,但可惜在这个方向上前进得太少了！

一个人发展的道路是“走”出来的，但各人的情况不同，他们在成长道路上的曲折和心态也是不同的。没有，也不应该有一条“千人一面”的跑道。而且，“迅速”也只能是相对的。有人觉得某个发展速度已经不慢了，但对有余力的人来讲，这个速度简直成了“蜗牛爬树”！每个人都希望自己迅速成长，但是，你要比速度，就先要比体力、比智力、比活力，也就是比基础、比条件、比机遇、比耐力！这可能是千差万别后面的一条共同规律。我把自己的切身体会作了一个整理概括，我觉得要做好一个科教工作者（或者把它扩大一些，应着眼于做好一个时代性的人），人人都得“闯过六道关口”，“树起七个形象”。首先，这六道关口：一是思想关，要突出一个“爱”字，爱学生，爱学校，爱科教事业；二是业务关，要突出一个“新”字，新的深度，新的广度，新的知识结构；三是教学关，要突出一个“精”字，精教材，精语言，精体系；四是科研关，要突出一个“创”字，创劲，创见，创举；五是生产关，要突出一个“实”字，实干，实用，实感；六是社会关，要突出一个“法”字，知法，守法，护法。教师的劳动应是创造性的劳动！要几十年如一日，天天学新，天天消化，天天品真，不能“几十年如初日”。虽然，一个教师在自己专业的大家族中只能交上几个知心朋友，但对其他的“族人”，也至少得有个点头之交吧！否则，就搞不好自己的工作，就会成为孤家寡人、闭目塞听了。其次，这七个形象是：“学问像一座塔”，在选定攀高的方向上打好宽实的基础；“才能像一把剑”，把干净利索地解决问题作为真本领的试金石；“胆略像一只虎”，勇于和善于面对一切艰难险阻，不断争取新的胜利；“见识像一盏灯”，能判断和把握住事业前进道路上不同时期发展的大方向；“品格像一棵松”，在一切歪风恶浪、严冬酷暑的冲击下仍然刚直挺拔；“生命像一团火”，满腔热情地对待工作，对待生活，对待他人，“工作象一条蚕”，勤恳劳动，无私奉献，为人间锦绣鞠躬尽瘁，这样的人生就一定会是“有光，有热，有声，有彩，有情，有业”了！一个科教工作者的灵魂应该是“学习，创新，奉献”。尽管一个人要把自己“锤炼”成这般形象并非一朝一夕之功，但只要方向正确，“涓流”也能不断地为大海的雄姿和壮气增添新的光彩！

• 龚晓南 小传

1944年生，1967年毕业于清华大学工民建专业，1984年浙江大学岩土工程博士，浙江大学教授。

龚晓南1944年10月出生于金华，1967年清华大学工民建专业毕业，毕业后在国防科委8601工程处从事“大三线”建设，曾担任基建办公室工程组组长。1981年获浙江大学岩土工程硕士学位，1984年获博士学位，导师曾国熙教授。他是我国岩土工程界自己培养的第一位博士，也是浙江省自己培养的第一位博士。1986年获洪堡奖学金到德国Karlsruhe大学从事博士后研究。1988年回国，同年晋升为教授。1993年被国务院学位委员会聘为岩土工程博士生导师。曾任浙江大学土木工程学系主任。2002年获茅以升土力学及基础工程大奖，2007年作黄文熙讲座。主要学术兼职：中国土木工程学会理事，土力学及岩土工程分会副理事长，地基处理学术委员会主任；中国建筑学会基坑工程专业委员会主任；中国岩石力学与工程学会常务理事；中国力学学会岩土力学专业委员会副主任委员；浙江省岩土力学与工程学会理事长；浙江省力学学会岩土力学与工程专业委员会主任；浙江省土木建筑学会副秘书长，学术工作委员会主任；岩土工程学报、土木工程学报、工程力学、岩土力学、中国公路学报等多家学报编委。

龚晓南教授长期从事岩土工程教学、科研和工程咨询工作。主要研究方向：软粘土工程学、地基处理技术及复合地基理论、基坑工程、基础工程施工环境效应及对策、土塑性力学、土工计算机分析。

1992年出版了国内外第一部复合地基专著《复合地基》，首次提出广义复合地基理论框架。经过十余年的研究，于2002年出版了《复合地基理论及工程应用》，完善了广义复合地基理论体系。2003年《广义复合地基理论及工程应用》项目通过鉴定，总体研究成果处于国际领先水平。

1984年参加组织编写《地基处理手册》，1990年创办《地基基础》刊物，2000年、2008年主编《地基处理手册》第二版和第三版，2004年主编《地基处理技术发展与展望》，长期主持地基处理学术委员会工作，积极发展地基处理理论和技术。

1998年主编出版《深基坑工程设计施工手册》，主持杭州大剧院等数十项深、大基坑工程设计，在《深埋重力—门架式围护结构性状研究与应用》、《基坑围护桩兼作工程桩与地下室墙挡土（一桩三用）的开发研究》和《软土地基基坑工程环境效应和控制方法》等领域的研究成果，提高了我国基坑工程设计水平。主持基坑工程专业委员会工作，积极发展基坑工程设计理论和施工技术，为工程建设服务。

2001年联合主持完成国家自然科学基金重点项目《受施工扰动影响的土体环境稳定理论和控制方法》；主持完成《软土地基静压桩挤土效应环境影响对策及应用》和《基坑降水的环境效应及防治方法研究》等项目的研究成果，解决了一系列基础工程施工环境效应中的难题。主持解决了省内外数十个工程因基础工程施工造成的环境影响问题。

长期从事软土地基性状研究，是我国第一批将Biot固结有限元分析法和反分析法应用于土工问题分析的学者之一，他将本构理论、滑移线场理论和极限分析法在土工中的应用溶为一体，编著《土塑性力学》，促进了塑性理论在土工中的应用。《土塑性力学》已被译成韩文出版，在国内外得到好评。主编《土工计算机分析》，有力促进了我国土工计算机分析技术的普及分析水平的提高。

自1984年起龚晓南教授相继开设了高等土力学、土塑性力学、工程材料本构方程、计算土力学、地基处理技术和广义复合地基理论等研究生课程，出版的教材得到广泛应用和好评。龚晓南教授至今已培养硕士72人，博士65人，接受博士后7人，国内访问学者4人，在校研究生20余人。至今出版著作28部，发表论文400多篇。龚晓南教授一系列研究成果和论著对岩土工程的科技进步和科学发展做出了积极而卓有成效的贡献。

在担任系主任期间，根据工程建设对高等土木工程教育的要求，以及浙江大学的具体情况，组织制定了浙江大学土木工程学科发展计划。他重视土木工程领域各个学科的综合发展，破格引进人才，新建道路桥梁、建筑经济管理、防灾减灾、市政工程等学科，这些新建学科已经成为浙江大学土木工程学科发展的新生力量。

通过对国内外大学土木工程专业教学计划的调查，组织制定了土木工程本科“大土木”培养计划，使浙江大学成为在全国第一个实施“大土木”专业教育的院校。

为了改善教学实验用房，他依靠全系教职员工的共同努力，通过自筹资金和向社会各界募集，在任期内建成“土木科技馆”。他积极利用社会力量支持办学，发起设立了“浙江大学土木工程教育基金会”，用利息来奖励系内的“十佳教工”、优秀学生，同时补助贫困学生。

龚晓南教授著作

加强对岩土工程性质的认识 提高岩土工程研究和设计水平

龚晓南

记　者:岩土工程科学研究的发展是为了满足工程建设的要求。一方面理论与技术来源于工程实际,土木工程建设中出现的大量岩土工程问题促进了岩土工程科学研究的发展;另一方面,新的理论与技术成果又指导岩土工程建设,推动工程建设向更高质量、更高层次跨跃,二者相互促进和发展。作为地基基础技术方面专家,您认为我国目前岩土工程科学特别是地基工程研究特点是什么?未来需要关注的领域和问题是哪些方面?

龚晓南:目前岩土工程科学研究的特点和未来需要关注的领域和问题确实是土木工程技术人员十分关心的问题,也是一个十分重要的问题。对岩土工程未来需要关注的领域和问题,2000年我在"21世纪岩土工程发展展望"(《岩土工程学报》第2期)一文中作过粗浅的探讨。首先,我认为岩土工程的发展需要综合考虑岩土工程研究对象的特性、工程建设对岩土工程发展的要求和相关学科发展对岩土工程的影响。然后,在这基础上考虑应关注的领域和相关的研究问题。这篇文章经修改、补充后,又刊在由同济大学教授高大钊主编的《岩土工程的回顾与前瞻》(人民交通出版社,2001)一书中。文中提出应关注的领域和相关的研究问题这里不重复了。我认为目前岩土工程科学研究的特点也应综合考虑岩土工程研究对象的特性、工程建设对岩土工程发展的要求和相关学科发展对岩土工程的影响。

我认为对岩土工程的发展和岩土工程的研究特点的认识取决于对上述三个方面的综合考虑特别重要。但是人们往往重视上述后两个方面,而对取决于岩土工程研究对象的特性这一点重视不够,理解不深。而对岩土工程研究特点影响最大的恰恰是岩土工程研究对象的特性。不重视岩土工程研究对象的特性,岩土工程研究就会事倍功半,可能得不到合理的研究成果,甚至会使研究工作迷失方向。

土力学学科创始人太沙基晚年似乎更加确信,"土力学与其说是科学,不如说是艺术(art)。"我理解这里"艺

2005年11月,地基工程专家龚晓南教授访谈录。

术(art)”不同于一般绘画、书法等艺术。岩土工程分析在很大程度上取决于工程师的判断,具有很高的艺术性,岩土工程分析中应将艺术和技术美妙的结合起来。曾国熙教授在给我们讲课时,将解决“土工问题”比喻为中医诊断,并强调在岩土工程分析中要将理论计算、室内外测试成果和工程经验相结合,不能偏废;在讲解岩土工程稳定问题时,再三强调一定要将采用的分析方法,该方法中应用的参数,包括测定方法,以及相应的安全系数统一起来考虑,否则得不到正确结论。周镜院士在《黄文熙讲座》(《岩土工程学报》,1999年第1期)中谈到经典土力学是基于海相沉积的软粘土和标准砂的室内试验研究成果上形成的。他建议要重视区域性土特性的研究,并通过一工程实例来说明其重要性。这些意见和结论都来自对岩土工程研究对象的特性的深刻认识。

岩土工程研究的主要对象是岩体和土体。它们是自然、历史的产物,不仅区域性和个性强,而且即是在同一场地,同一层土,沿深度、沿水平方向均存在差异。岩石和土体的强度特性、变形特性和渗透特性是通过试验测定的。在室内试验中,原状试样的代表性、取样和制作试样过程中的对土样的扰动、试验边界条件与现场边界条件的不同等客观原因使室内试验结果与地基中岩土实际性状产生差异,而且这种差异难以定量计算。在室外原位测试中,现场测点的代表性、埋设测试元件对岩土体的扰动以及测试方法的可靠性等所带来的误差也难以估计。这些决定了岩土工程学科的特性。

岩土工程分析中采用精细的分析方法,包括应用粘弹塑性力学理论,采用精细、复杂的本构模型,应用精确的数值分析方法,仍有可能得到不合理的结论。因为岩土工程研究的对象岩体和土体不仅工程性质复杂,区域性和个性强,而且在地层中分布不均匀,如不能抓住主要矛盾,就可能得不到合理的结论。我认为目前岩土工程分析和岩土工程研究中主要问题是对岩土工程特性重视不够,对岩土工程研究对象 - 岩体和土体的工程性质了解和重视不够。现在不少研究工作,采用分析方法很精细,但参数选用随意性大,失去了工程实用价值。

另外,还有一个重要问题,在岩土工程中不少概念很模糊,很容易搞错。下面我想通过几个具体问题谈点看法。

在工程勘察报告和一些教科书上常常见到“土的承载力”。仔细想一想“土的承载力”这个概念不是很合适,称“土的承载力”不妥当。地基的承载力不仅与土层分布、各土层土体的抗剪强度有关,而且还与建筑物基础形状、大小和埋深有关。同一场地上条形基础、筏板基础和路堤荷载作用下的地基承载力是不相同的。桩基承载力,浅基础承载力,复合地基承载力等概念似乎要明确一些,不容易搞错。

在工程勘察报告中是否需要提供承载力，如何提供承载力值是值得商榷的问题。既然地基承载力不仅与地基土体的抗剪强度有关，在勘察报告的表中简单地列出各层土的“地基承载力”值是不妥当的，容易对设计人员产生误导。如果需要工程勘察报告提供地基承载力值，应像有的勘察设计院那样根据工程地质条件，结合具体工程的情况（包括基础形状、大小和埋深等）提供针对每个建（构）筑物的地基承载力值，供设计人员参考。我认为如果工程勘察报告中只提供各层土的工程性质指标，由设计人员根据具体工程自己分析、确定相应的承载力，既有利于提高技术人员岩土工程设计水平，又有利于减少错误。

要完成一项岩土工程设计，一定要对该工程的工程地质条件，特别是各层土的工程性质有一个较好的了解。土的工程性质主要指土的强度特性，变形特性（应力－应变特性）和渗透性。而在这方面我们做得很不够。很难想象只利用直剪试验的成果就能够较好地确定深厚软粘土地基中土的抗剪强度，能够较好分析软粘土地基稳定性。也很难想象根据压缩试验得到的a_{1-2}和E_{1-2}能较好的估算深厚软粘土地基的沉降。要提高岩土工程的分析和设计水平，一定要加强对土的工程性质的研究和认识。要了解土的工程性质，工程勘察工作很重要。一定要加强工程勘察工作，加大对土工室内外试验的投入，提高对土的工程性质的认识。提高岩土工程分析和设计水平，要加强工程师对岩土工程问题分析判断能力的训练。

记　者：您是我国岩土工程界自己培养的第一位博士，您在当时为什么选择了此专业做为自己人生事业目标的起点？您工作中的最大乐趣是什么？

龚晓南：在中学时，我比较喜欢数学和物理，而且成绩也很好。报考大学时志愿表分一表和二表，共20个志愿。我报的志愿大部分是数学系，力学系，物理系，只有第一表第一志愿填了清华大学土建系。结果被清华大学录取了，学工业与民用建筑专业。在大学学习成绩也很好，特别是力学课学得很不错。材料力学是张福范教授讲授的，结构力学是杨式德教授讲授的。他们都是名教授。材料力学和结构力学我都是“因才施教”对象。毕业后在秦岭山区从事“大三线”建设，主要是修公路，搞“三通一平”。自行设计、施工了几座桥，挺满意。对土坡稳定、挡土墙设计等问题兴趣不大。1978年考研究生，我岳父带我拜访他在浙江大学土木系的一位亲戚蒋祖荫教授。蒋教授说：“我是研究钢筋混凝土结构的，我们是亲戚，报我不合适。曾国熙教授是（当时）土木系唯一从国外留校回国的，在软土地基方面研究也很有影响，你报岩土工程较好”。于是我报了岩土工程。我学土木工程、学岩土工程都带有偶然性。到浙大学习岩土工程使我有了一个很好的舞台，有了一位很好的导师，对我的人生道路影响是很大的。我觉得工作中最大的乐趣是发现问题，思考问题，并想法去解决它。解决一个工程问题、发表一篇论文、出版一本书、培养一位学生，应该说都是很高兴的事情。岩土工程中有许多问题值得我们去思考，给我们带来了很多乐趣。发现问题不能解决，通过不断思考、探索，最终解决了，乐趣无穷。岩土工程中有许多问题没有解决，值得我们去思考。如：深厚软粘土地基在荷载作用下，什么是地基的最终沉降？什么是最大沉降？什么是工后沉降？与地基的瞬时沉降，固结沉降，次固结沉降关系如何？上述各种沉降如何计算？它们相互间的关系如何？你关心的是什么沉降？你计算得到的又是什么沉降？又如：在路堤荷载作用下，在筏板荷载作用下，在基坑开挖过程中，地基中土体的抗剪强度是否相同？等于多少？如何确定？又如：杜湖水库已建成30年，为什么至今每年还有1cm左右沉降？等等。

记　者：您是一位高产的知名学者，出版和发表了大量专著和论文，在土力学、地基处理及复合地基理论、深基坑工程技术研究方面取得了大量研究成果。请您介绍一下在这方面国内研究现状以及您们最新研究成果。

龚晓南：从1978年到浙江大学学习岩土工程，已有20多年，回顾一下自已走的路，研究领域主要围绕下述三个方面：土塑性力学及土工计算机分析、地基处理及复合地基理论、基坑工程及对周围环境的影响。我想就上述三个领域谈谈体会，而不是研究现状，也不是最新的研究成果。要谈研究现状要作较多的调查研究，而我们的最新研究工作可参阅我们近期发表的论文，特别是近期我的学生的学位论文。

我认为岩土工程技术人员掌握土塑性力学的基本理论和土工计算机分析的基本方法是很有必要的。掌握土塑性力学的基本理论，有助于对土的抗剪强度特性、变形特性等土的工程性质的深刻认识，有助于对地基极限承载力、岩土工程稳定性等岩土工程基本问题的深刻认识。如通过对各种屈服准则的学习，有助于加深对莫尔-库伦准则的认识。对稳定材料，在π平面上莫尔-库伦准则是各种屈服准则的内包络线。莫尔-库伦准则在岩土工程中得到广泛应用，不仅因为它简单、实用，而且具有合理性。岩土工程研究对象土体和岩体无论在材性上，还是在几何分布上都十分复杂，工程分析都要偏安全，因此应用处于内包络线位置的屈服准则是最合理的。我认为莫尔-库伦准则将在岩土工程分析中得到长期应用。这是岩土工程特性决定的。通过学习土工计算机分析，我们可以掌握许多分析方法。但同时应认识到数值分析结果的可靠度离不开土的工程性质指标的合理选用，边界条件的合理模拟，土层分布以及岩土体不均匀性的合理评价。以有限元分析为例，用有限元法分析结构工程中的梁和板的受力分析，分析结果具有很高的可靠度。用有限元法分析岩土工程中的地基在荷载作用下的性状，分析结果的可靠度受边界条件、排水条件、地基中初始应力场、土层分布及不均匀性、各层土的计算参数等方面模拟和选用的合理性等多方面的影响。影响因素很多，各种影响因素的影响程度又难以定量估计，因此对岩土工程有限元分析结果的可靠度评价较为困难。将有限元分析应用于岩土工程定性的趋势分析，了解某些变化规律对岩土工程分析还是很有帮助的。在岩土工程分析中要将理论分析、室内外试验研究和工程经验判断相结合。不要企图只通过计算机分析求解岩土工程问题。这也是岩土工程特性决定的。

地基处理方法我认为可以把它粗略地分为二类：一类是通过土质改良，一类是形成复合地基，来达到提高地基承载力、减小沉降的目的。近20年来，地基处理技术在我国得到很大发展。我认为目前应重视地基处理技术的综合应用以及地基处理的优化设计。现在大部分设计人员，遇到地基处理工程时，不是不会进行地基处理设计，而是完成的设计是不是属于较合理的设计？是否已进行多方案的比较分析？是否已进行优化？

关于什么是复合地基，至今工程界和学术界还有不少不同的看法。我在《复合地基理论及工程应用》（中国建筑工业出版社，2002）一书中介绍了我和我的学生们10多年来的研究成果。我认为复合地基存在一个从狭义复合地基概念到广义复合地基概念发展的过程。复合地基的本质是增强体和土体在荷载作用下共同直接承担荷载。这也是形成复合地基的必要条件。书中首先介绍了广义复合地基的基本理论，然后分析了复合地基与桩基础、浅基础的关系，复合地基与双层地基，复合地基与复合桩基，以及基础刚度对复合地基性状的影响等问题，还分析了复合地基按沉降控制设计和复合地基优化设计计算的思路。复合地基理论和实践中尚有不少问题值得我们去思考、去解决。

说起基坑工程及对周围环境影响，让我想起从事第一个基坑工程围护设计的情况。十多年前厦门一公司委托我做一个围护设计。当时杭州基坑工程极少。我组织了一个由多位教授组成的班子，讨论了几次，完成了设计，但我心中还是很不放心。这好像也是浙江大学岩土工程研究所做的第一个基坑工程围护设计。只过了十多年，现在从事基坑围护设计的人已经很多了。十多年来，我主持设计的项目应有100多项。主要体会是什么呢？我认为基坑工程围护设计是典型的概念设计，绝不能只靠设计软件完成基坑围护设计，最重要的是要具体工程具体分析，要搞清工程地质条件和周围环境条件，要抓住一个个具体基坑围护工程的主要矛盾，搞好设计。现在完成一个基坑工程设计并不是很难，但要做到优化设计就不容易，特别是合理控制位移，处理好基坑工程对周围环境的影响。

记　者:清华大学以“厚德载物,自强不息”作为校训,您作为清华学子一直铭记在心,在事业上不断探索,勤奋耕耘,请您以您的人生阅历诠释这一校训的思想内涵。

龚晓南:1961 年进清华大学学习对我的人生道路影响最大。进清华园最引人注意的二条标语是“清华园—工程师的摇篮”和“争取健康为祖国工作50 年”。清华园不仅给了我土木工程的知识,而且告诉我如何去为祖国、为人民工作。清华园七年,我的体重也从 80 多斤长到 120 多斤。大学毕业快 40 年了,老同学见面时,有时也谈起什么是清华精神呢?清华精神对我们有什么影响?我觉得大学生活对青年影响很大,青年人接受大学教育很重要,我非常主张多办一些大学,应该让想读大学的人都有机会上大学。我国高等教育应加强普及。目前,提高是次要的,最主要的是加强普及。

谈起清华精神离不开“厚德载物,自强不息”的校训。我们这一代人,人生阅历是比较丰富的,经历过“大炼钢铁、大跃进”时代,困难时期也挨过饿,经历过“史无前例的文革风云”,最后赶上了“改革、开放”的好时代。对我个人,则更丰富。1961 年进清华大学前是农家的穷孩子,进了清华园成了大学生。毕业后面向基层到秦岭山区搞“大三线”建设。1978 年有幸读研究生,1981 年获硕士学位,留校任教,1984 年获得博士学位。1986 年有幸获得德国洪堡奖学金赴 Karlsruhe 大学从事科研工作。1988 年春回国,同年升为教授。丰富的人生阅历是宝贵的财富。回想起来,什么是最重要的,值得提倡的。我觉得一是要勤奋;二是要干一行,爱一行;三是要有开拓精神,做一件事,就要努力把它做好。

无论是在学生时代学习,还是在工作岗位工作;无论是在秦岭山区修桥铺路,还是取得博士学位后在高校从事岩土工程教学、科研和技术服务工作;无论是在普通教师的岗位上,还是在系主任的岗位上;无论是一位普通技术人员,还是一位教授。我觉得自己都能自觉、不自觉地做好上述三点。特别是要勤奋,要有开拓精神,要努力把事情做好。

去年在报刊文摘上见到一篇介绍外国人写的讨论知识、能力和品质重要性的小文章。文中说:“知识不如能力重要,能力不如品质重要。品质中最重要的是自信、勇气和热情。”我常与学生们谈起这篇小文章,并作了适当补充。我认为有知识不等于有能力,而且有能力比有知识更重要。在大学时,不仅要努力学习、掌握知识,也要重视能力训练。研究生更应重视能力的训练。但要认识到:知识是基础,一个人没有丰富和宽广的知识作基础,不可能有很强的能力。因此,应不断学习,与时俱进,而且要拓宽自己的知识面。知识面要广,而且要有较好的知识结构。一个人具有良好的品质很重要,这位外国人认为品质中最重要的是自信、勇气和热情。我认为另外还要学会宽容,学会理解。还要敢于坚持真理,勇于改正错误。具有良好的品质有助于你学习、掌握知识,有利于你能力的训练、提高。可以说没有好的品质,很难有较强的能力,而且没有好的品质,能力强也不能得到很好发挥。品质确实最为重要。要从小加强品质的修养。要培养自信心,在认识论上要坚持唯物主义。任何时候、任何情况下都不要迷信,不要随波逐流。要有勇气去面对困难,面对挫折,面对失败。要满腔热情地对待工作,满腔热情地对待人生,满腔热情地对待生活。

● 程良奎 小传

1935年11月生，江苏溧阳县人，毕业于西安建筑工程学院。

1989年程良奎等在加拿大与多伦多大学学者学术交流时合影

主持全国锚固学术大会

程良奎教授在日本东京作学术报告

程良奎先生曾任冶金部建筑研究总院副总工程师、中国岩土锚固工程协会（一、二、三届）理事长。中国岩石力学与工程学会地下工程委员会副主任委员、中国金属学会施工技术委员会主任委员、矿建学术委员会副主任委员、中国土木工程学会隧道与地下工程分会理事、中国建筑业协会理事、中国工程建设标准化协会理事。现任冶金部建筑研究总院教授级高级工程师，大连理工大学、北京科技大学、中国矿业大学兼职教授，中国岩石力学与工程学会常务理事、技术咨询委员会主任委员，中国岩土工程研究中心技术委员会委员、中国建筑学会基坑工程委员会委员、国际岩石力学学会会员，《土木工程学报》与《岩石力学与工程学报》编委。

程良奎长期工作在岩土工程技术第一线，在我国岩土加固工程技术领域起了开拓和学科带头人的作用，是岩土锚固和喷锚结构领域的主要开拓者之一，在岩土加固工程科学技术方面做出了重大的、创造性的成就和贡献。他作为第一获奖人取得国家科技进步二、三等奖各一项，省部级科技进步一、二、三等奖十四项和全国科学大会奖二项。曾获冶金部先进科技工作者及建设部全国施工技术进步先进个人称号，1991年起享受国务院政府特殊津贴。他的主要成就、贡献有：

1. 在我国隧道和地下工程领域，开拓并发展了喷锚支护新方法，引发了隧道与地下工程支护方法的重大变革。

1965年，程良奎等率先在国内研究喷射混凝土技术，并于1965年及1966年成功地用于鞍钢矿山巷道、本钢泄水隧道和攀钢铁路隧洞，奠定了我国隧道与地下工程支护技术根本变革的基础。

此后，他及其领导的科研团队，针对困扰隧道建设的软弱破碎和高应力大变形岩层支护难题，对“围岩 ——支护”相互作用进行了全面深入研究，取得《金川不良岩层巷道变形控制》、《块状围岩与喷锚支护共同工作特性》、《隧道喷锚支护工作特性与作用原理》、《钢纤维喷射混凝土》等多项科研成果，提出了“以喷锚支护的及时性、黏结性、柔性、深入性、易调整性等工作特性为基础要素的有效调用围岩自支承能力”的围岩加固机理，建立了“及时支护、先柔后刚、分期实施、全环封闭”等一整套有效控制塑性流变岩层隧道变形的概念与方法，推动了喷锚支护的广泛应用，取得重大经济效益，实现了隧道与地下工程由被动承受围岩压力的传统支护方法发展为加固围岩、有效发挥围岩自支承力的喷锚支护新方法的重大变革。

2.在岩土锚固工程领域，取得多项重大创新成果，使我国岩土锚固的整体技术水平得到提升和跨越，显著提高了隧道、洞室、边坡、基坑和结构抗浮、抗倾等锚固工程的可靠性、经济性和长期安全性。

20世纪80年代以来，针对工程建设的急需，程良奎主持研究开发出多项填补国内空白并达到世界先进水平的岩土锚固新技术，主要有：

开缝式摩擦型锚杆技术（1981年），全长摩擦型锚杆能在隧道开挖后，立即对围岩施加三向预应力，在爆破震动冲击或岩层移动时，管状杆体折曲，进一步锁紧岩层，使锚固力增大，广泛用于矿山软岩和受采动影响的巷道及采场支护，取得了显著效益，为加速我国矿山建设发挥了重要作用。

可重复高压灌浆型锚杆技术（1986年），建立了软土锚固机理与方法，使软土锚杆的承载力提高约一倍，蠕变量大幅降低，有效地解决了我国天津、深圳、厦门、广州、武汉等地土层锚固工程的技术难题，加速了我国沿海城市地下空间建设。

压力分散型锚固技术（1997年），采用独特新颖的锚杆结构和工艺，实现了单孔复合锚固，从根本上改善了锚杆的传力机制和黏结应力分布形态，有效调用地层强度，为锚杆提供双层防护体系，显著提高锚杆的承载力和耐久性，是对拉力集中型锚固体系的重大突破，已在岩土边坡、结构抗浮及混凝土坝抗倾等工程中得到广泛应用。

可拆除锚杆（索）技术（1997年），采用新颖、独特的构造和方法，在锚杆使用功能完成后，能方便地 拆除芯（筋）体，不给周边地下建筑物的建造留下障碍，打开了城市地下空间密集地区锚杆（索）应用的“禁区”。

岩土锚固的长期性能与安全评价（2008年），这是一项具有前瞻性和关系锚固工程寿命的新成果。他着重剖析了国内外二十余项使用10~70年大型工程的监测检测资料与安全状态，揭示了影响工程长期性能的因素，提出了提高长期性能的主要途径和方法，建立了包括危险源识别、长期性能监测、检测方法和安全控制标准在内的岩土锚固安全评价模式，对提升岩土锚固的综合设计施工水平，保障锚固工程长期安全具有重要作用。

3.在参与三峡水利枢纽、金川镍矿及锦屏电站等工程建设中作出了重要贡献，主持了近百项大中型岩土工程的设计、施工和复杂工程问题的处理，成效显著。

三峡永久船闸工程是三峡工程建设中的核心工程之一，他主持了船闸高边坡预应力锚固的科研项目及部分工程施工。取得成孔精度、工程质量控制、锚固效应与长期工作性能等综合科研成果。提出支点纠偏理论，攻克了深锚索孔偏斜率小于1%的重大难题，为快速优质建成船闸工程作出了贡献。试验揭示的预应力锚固后边坡形成压应力区及岩体完整性与弹模明显提高的力学特征，为发展岩石锚固理论提供了重要依据。

金川镍矿围岩地质复杂、地应力高，深部巷道开挖后出现严重的挤压和流变特征，给矿山建设与矿石开采带来严重影响。程良奎主持冶金部“金川矿区不良岩层巷道变形控制”课题研究，长期深入矿井现场，探索塑性流变围岩与喷锚支护相互作用规律，提出了控制不良岩层变形的喷锚支护监控设计及实施方法，成效显著，解决了当时金川矿生产建设的一大难题，获冶金部科技进步奖和金川公司特别奖励，为维护高应力大变形岩体隧洞的稳定提供了有效途径。

锦屏一级水电站左岸550m级高边坡，地质条件极其复杂，采用5000余束60~80m的预应力锚索加固，是世界上规模和技术难度最大的岩石边坡锚固工程之一，建设中遇到一系列关键技术难题，严重影响工程进度并直接威胁工程安全。为此，水电七局与建设方四次邀请程良奎到锦屏技术咨询。经认真调查研究，他提出的长锚索孔纠偏、锚索结构与张拉工艺、荷载试验与验收标准等咨询意见得到采纳实施，对提高锚固工程质量，加快工程进度，保障高边坡施工安全与长期稳定发挥了重要作用。

4.主持新编与修编七项国家与行业规范（规程），为了建立我国喷锚支护和岩土锚固技术标准体系发挥了重要作用。

程良奎作为第一起草人，主持修编的国际《锚杆喷射混凝土支护技术规范》及行标《岩土锚杆（索）技术规程》等七项标准，作为工程设计施工的技术法规和重要依据被广泛采用，引领着 我国喷锚结构与岩土锚固健康发展。

在国标GB50086—2001及行标CECS 22:2005中，吸纳了程良奎等人开发的“压力分散型锚固体系”新成果及“岩土锚杆（索）抗拔力计算”新论见，这在国际上同类专业标准中尚属首次，凸显出我国岩土锚固技术的先进性与创新性。

5.着力撰写专著论文，为建立与发展喷锚结构及岩土锚固学科做出重大贡献。

程良奎撰写出版了《喷射混凝土》、（岩土锚固·土钉·喷射混凝土——原理、设计与应用》、《岩土加固使用技术》等七本著作，在国内外公开发表论文150余篇。在喷锚支护与围岩共同工作、喷锚支护的作用机理、高应力大变形岩体中巷道的变形控制与稳定性、岩土锚杆（索）的荷载传递机制等方面，提出了独到的概念和有创见的学术思想。他根据锚杆受荷时粘结应力值沿粘结长度分布极不均匀的规律，提出锚杆抗拔力计算应引入粘结长度对粘结强度影响系数的论见，已被行标CECS 22：2005所采纳，对今后岩土锚杆（索）结构的合理设计和岩土锚固技术的健康发展将产生重要影响。他主持创建了中国岩土锚固工程协会，主持了多次国际和全国岩土锚固学术会议，为建立和发展喷锚结构与岩土锚固学科做出了重大贡献。

岩土锚固:系牢工程之“根”

程良奎

记　者:程总,首先祝贺你们的“预应力岩土锚固综合技术及应用”科研项目获得国家科学技术进步二等奖。这一课题结合三峡永久船闸高边坡等国家级重点工程,在锚杆荷载传力机制、锚杆拆除技术、锚固体重复高压注浆技术等方面有许多创新成果,无腰梁锚固技术获国家发明专利。先请您介绍一下项目的有关情况吧。

程良奎:“预应力岩土锚固综合技术及应用”是为了适应国家重点工程和复杂条件下的工程建设急需,近60名科技人员经过10年的科研实践所完成的一项综合性成果,其主要科学技术内容及创新点包括以下几个方面:

一是开发了单孔复合锚固体系——压力分散型锚杆,从根本上改善了锚杆的荷载传机机制,使得粘结应力能均匀地分布于固定长度上,大大提高了锚杆的承载力和耐久性,并可节约造价15% ~30%,是我国岩土锚固技术的重大突破;二是开发研制了DKM型水平钻机(获国家专利)和一整套深孔钻进偏斜控制方法,使长40 ~60 m的预应力锚索的安装偏斜率≤1%,建立了三峡工程高承载力(3 000kN)锚索快速施工和质量控制的技术体系,提出了控制钢绞线均匀受力和减少高承载力锚索预应力值变化的有效方法,为快速优质建成三峡永久船闸高边坡工程提供了技术保证,为提高永久船闸的长期可靠性发挥了重大作用;三是利用无粘结钢绞线环绕高强高韧性的承载体弯曲成“U”型的特殊工艺和结构,在国内首先实现了锚杆拆除技术,排除了因在地层中设置锚杆对周边地下空间或土地开发的障碍;四是研究成功能对锚杆锚固体周边地层重复高压灌浆新技术,使我国沿海地区软土地层锚杆的承载力提高80% ~100%,锚杆的造价降低1/3,大大加速了沿海地区高层建筑和地下空间的建设;五是发明了无腰梁锚固技术(获国家发明专利),巧妙地采用相邻两根锚杆的钢绞线正向反向锚固于同一锚板的原理,将水平支承力传递给支挡结构,取得了节约用地和加快工程进度的显著效果;六是对三峡永久船闸高边坡工程预应力锚索加固效应进行了系统深

2003年10月,岩土锚固工程专家程良奎教授访谈录。

入的综合测试与数值分析计算，获得了对边坡开挖损伤区加固效果（形成一定范围的压应力区，提高岩体弹性模量和岩体完整性）的新发现，充实和发展了岩石锚固理论。

本项技术成果中的单孔复合锚固体系、拆芯技术、长锚杆钻孔偏斜控制、软弱地层和苛刻条件下的锚杆施工技术及工程规模等方面均填补国内空白，与日本、美国、英国、西班牙等技术先进国家相比，达到国际先进水平，其中，长锚杆钻孔偏斜控制和软土锚固技术具有国际领先水平。本项研究成果获三项国家专利。其中，无腰梁锚固技术获发明专利。

记　者：最近拜读了您的新作《岩土锚固》，有不少收获。书中有许多创新点，又非常实用，是您多年研究成果与工程实践的总结。在我的印象中，早期锚固技术在矿山巷道支护中应用极为普遍，也较为成功。近些年来，随着应用领域不断扩大，有许多理论和技术突破，基本形成了完善的理论和技术体系。请您谈谈岩土锚固的主要特点和具体发展情况。

程良奎：岩土锚固是通过埋设在地层中的受拉杆件，将结构物与地层紧紧地联锁在一起，依赖锚杆与周围地层的抗剪强度传递结构物的拉力或使地层自身得到加固，以保持结构物和岩土体的稳定。

与完全依靠自身的强度、重力而使结构物保持稳定的传统方法相比较，岩土锚固尤其是预加应力的岩土锚固具有许多鲜明的特点：第一能在地层开挖后，立即提供支护抗力，有利于保护地层的固有强度，阻止地层的进一步扰动，控制地层变形的发展，提高施工过程的安全性。第二提高地层软弱结构面、潜在滑移面的抗剪强度，改善地层的其他力学性能。第三改善岩土体的应力状态，使其向有利于稳定的方向转化。第四锚杆的作用部位、方向、结构参数、密度和施作时机可以根据需要方便地设定和调整，能以最小的支护抗力，获得最佳的稳定效果。第五将结构物与地层紧密地连锁在一起，形成共同工作的体系。第六伴随着结构物体积的减小，能显著节约工程材料，有效地提高土地的利用率，经济效益十分显著。第七对预防、整治滑坡，加固、抢修出现病害的结构物具有独特的功效，有利于保障人民生命财产安全。

关于岩土锚固的发展情况，我归纳为八个方面：

（1）应用范围与规模扩大。为举世瞩目的三峡水利枢纽工程，长1 607m高170m的双线五级船闸边坡，其中高约70m为直立边坡，采用4 000余根长25～61m的3 000kN（部分为1 000kN）的预应力锚杆和10万根长8～14m的高强锚杆作系统加固和局部加固。石泉水电站重力坝采用6.0～8.0MN的预应力锚杆加固，首都机场地下车库采用2 200kN的预应力锚杆1 000多根来抵抗上浮力均取得良好效果，经济效益十分明显。

（2）标准化建设逐步完善。继德国、英国、奥地利、瑞士、美国、日本等国以后，我国于1986年颁发了国家标准《锚杆喷射混凝土支护技术规范》(GB J86—85)，1990年颁发了《土层锚杆设计施工规范》(CECS22:90)。近年来，对GB J86—85规范进行了全面修订，于2001年颁发了国标GB 50086—2001。最近，冶金部建筑研究总院主持的《岩土锚杆设计施工规范》即将完成征求意见稿。该规范将对锚杆类型、材料、设计、施工、防腐、试验和监测作出明确规定，对单孔复合锚固型锚杆设计施工、固定长度对粘结强度的影响系数，锚杆验收标准及不合格锚杆的处理等也作出了相应的规定。无疑，岩土锚固标准化建设的日趋完善，标志着我国岩土锚固技术的应用与发展已进入了一个新的阶段。

(3)岩石锚固效应的研究取得可喜进展。中科院岩土所和冶金建筑研究总院等单位通过室内模型试验论证了岩石在有锚条件下，其抗拉、抗压强度及残余强度均有显著提高。锚固后岩石拱的承载力和抗变形能力得以极大提高。冶金部建筑研究总院与长江科学院合作，采用多种测试手段对三峡船闸高边坡预应力锚固的测试表明，在3 000kN级预应力锚杆作用下能在锚杆周围的开挖损伤区坡体上形成一个半径2.0m深8.0m的压应力区。预应力锚固后能显著提高岩体的弹模及完整性。

(4)锚固材料与施工机具有新的发展。目前，天津、江西新余的钢丝厂已能生产抗拉强度标准值达2 000MPa的钢绞线，为发展我国高承载力锚杆和单孔复合锚固型锚杆创造了良好条件。一些厂家生产的各种规格的具有标准连接螺纹的中空筋材，实现了自钻式锚杆与中空锚杆的国产化。江苏无锡、河北宣化等厂家生产的岩锚钻机、柳州建筑机械总厂等单位生产的锚具及6 000kN级以下的张拉千斤顶，工作性能良好，满足了各类岩石锚固工程的需要。

(5)单孔复合锚固改善了锚杆的传力机制。冶金建筑研究总院等单位已研究成功单孔复合锚固方法。该方法是在同一钻孔中安装几个单元锚杆，而每个单元锚杆有自己的杆体，自由长度与固定长度，而且承受的荷载也是通过各自的张拉千斤顶施加的，并通过预先的补偿张拉(补偿各单元锚杆在同等荷载下因自由段长度不等而引起的位移差)，而使各单元锚杆的筋体承受相同的荷载。单孔复合锚固常称为压力分散型或拉力分散型锚杆。其最大的特点是使锚固段上的粘结应力峰值显著降低，分布均匀，提高了地层强度的利用率，锚杆的承载力可随着锚固段长度的增加而成比例地提高。而压力分散型锚杆的锚固体构成多层防腐，灌浆体受压，不易开裂，其耐久性可大大提高。这种新型锚杆目前已在边坡、深基坑及结构抗浮工程中得到日益广泛的应用。

(6)锚杆新品种各具特色。缝管锚杆，水胀式锚杆、树脂锚杆、块硬水泥卷锚杆、自钻式锚杆、中空锚杆、涨壳式中空锚杆都因其自身独特的工作性能，而在岩土锚固工程领域内具有自己生存和发展的空间，并推动着岩土锚固工程向着更加高效快速，经济合理和安全可靠的方向发展。

(7)软土锚固取得重大突破。开发了对锚杆锚固体的重复高压注浆技术，使锚固体周边的软土抗剪强度得以显著增大，从而使锚固段灌浆体与土体间的粘结强度及锚杆承载力提高0.6~1.0倍。此外还研究出控制软土锚杆蠕变变形方法，成功地解决了软土中锚杆应用的两大难题，软土锚固在我国沿海地区的深基坑工程中得到广泛应用，取得了显著的经济效益。

(8)土钉支护有所创新。我国的土钉支护技术有不少创新。特别是近年来土钉与预应力锚杆、搅拌桩、旋喷桩、超前锚杆、微型桩等支护型式结合使用而形成的复合型土钉支护，显示了多方面的功能。在我国大部分地区，土钉与复合土钉支护已成基坑支护的主导型式，经济效益十分突出。

记　者：岩土锚固工程中，锚杆腐蚀会造成一些工程事故和工程灾害，随着一些大型工程中高承载力锚杆的采用，这一问题愈发突出。在锚杆的防腐设计与施工中应注意哪些问题呢？

程良奎：是的。永久性锚杆的防腐是十分重要的。对待锚杆的腐蚀问题，首先必须弄清锚杆所处地层环境是否有腐蚀性。如果地层有下列一种或多种情况，应认为地层是有腐蚀性的。这些腐蚀性条件是：(1)pH值<4.5；(2)电阻率<2 000Ω·cm；(3)出现硫化物；(4)出现杂散电流或造成对其他混凝土结构的化学侵蚀。对于埋设在有腐蚀性地层中或地层虽无腐蚀性但破坏后果严重的永久性(服务年限>24个月)的锚杆，其自由张拉段与锚固段均应有双层防腐(套管与水泥浆)，而采用压力分散型锚杆对抵抗腐蚀的影响则是最为有利的。此外，预应力锚杆锚头暴露于空气中，其保护极为重要。锚头张拉后应及时封闭，对于重复张拉型锚头应设防护钢罩，其内充填防腐油膏。对无重复张拉要求的锚头，则应采用保护层厚度大于50mm的混凝土防护。

目前在隧道与地下工程中广泛采用的普通钢筋砂浆锚杆(特别是安设于洞室顶部的锚杆)的耐久性使人担心，现有工艺不能保证灌浆饱满，锚杆杆体周边的空腔、孔隙会成为地下水侵蚀的通路。用于有腐蚀性的地层中的永久性非预应力或低预应力(<150kN)锚杆宜选用中空锚杆，它是以特制的高强钢管作为杆体，并附有止浆塞和带排气孔的托板。在工艺上则采用先插杆后灌浆，浆液是通过中空杆体由内向外、由底端向顶部流淌，能保证灌浆饱满，杆体居中性好，中空杆体周边有均匀而足够的保护层厚度，可大大提高锚杆的耐久性。

记　者：与其他协会组织有些不同的是，中国岩土锚固工程协会是一个完全市场化的民间组织，运作的非常成功，学术活动十分活跃，在行业内颇有影响力和号召力。您担任过一、二、三届协会理事长，您是怎样运作这一组织的，协会未来工作重点有哪些？

程良奎：中国岩土锚固工程协会成立于1988年，那是我和另外几位热心岩土锚固事业的同行共同策划创建起来的。我连续三届共13年担任该协会的理事长。2001年底，我主动要求换届时让年轻一些的同志担任理事长。我对这个组织充满着深厚感情。总的来说，这个协会是办得成功的，是有生命力和影响力的。其根本点是这个协会的产生顺应社会经济发展的潮流，也就是说，社会、经济建设活动和市场都急切地需要有这样一个组织。第二是有一个齐心合力，团结一致的领导集体，他们群策群力，努力奉献，紧紧围绕办协会的宗旨，那就是面向设计和施工，加强横向联合，促进岩土锚固技术发展，努力为工程建设服务而坚持不懈地工作。十五年来，协会挂靠在冶金部建筑研究总院，有一个约20 m^2 的办公室，条件十分简陋，在没有得到国家任何经济支持的条件下，坚持依靠企业和会员单位办下来，而且办得很有生气。先后召开了十二次全国性岩土锚固工程学术会议，举办了一次国际岩土锚固学术会议，并公开出版了六本岩土锚固技术论文集，编辑出版了《岩土锚固工程》刊物，开展了与日本等国外同类专业团体的技术交流，组织了多次技术培训和技术咨询活动，受到业内人士的普遍欢迎和好评。

关于协会今后的工作重点，协会秘书长苏自约同志告诉我，今后协会仍然要在几个坚持上下工夫，一是坚持围绕岩土锚固技术发展中的热点、难点问题每年开展有一定规模的学术交流活动；二是坚持促进本专业领域内的设计、施工、生产、科研和院校各单位间的横向交流与合作；三是坚持办好《岩土锚固工程》刊物。

记　者：程总，我听说您是学建筑结构的，可现在却是知名的岩土锚固工程专家，成果累累，为我国岩土工程建设作出了重大贡献，您是怎样走上这条道路的呢？

程良奎：我在大学是学工业与民用建筑的，1957年分配来冶金部建筑研究总院工作，在60年代初的“大打矿山之战”浪潮的推动下，我开始走向地下矿山，与岩石打上了交道，起初在前苏联普氏松散体理论的影响下，研究了五铰拱形等几种装配式钢筋混凝土支架，虽也曾用于矿山巷道支护，但难于大面积推广。1963年夏，我做盲肠手术后，翻阅了国外关于喷射混凝土的技术文献，大有启发，就这样我动员了几个刚从大学来我院的年轻人一道搞起了喷射混凝土研究。1965年11月，在经过无数次失败后，我们研究的喷射混凝土技术终于获得成功，并首次应用于鞍钢弓长岭铁矿157平巷支护。1966年初，人民日报、北京广播电台、北京晚报等新闻媒体相继作了报导。我们没有沉迷于成功的欢乐中，深知这仅仅是开始，今后的路程还长着呢。同年我们将喷射混凝土与锚杆相结合的支护结构用于本钢南芬选矿厂的一条近2 km长的穿过页岩地层的通水隧洞和攀钢的专用铁路隧洞，效果良好。此后，我们几乎长年累月地工作在地下矿山和隧道工程现场。在几百米以下的地层深处从事研究实践是有危险的。在南京梅山、湖北金山店铁矿、金川镍矿的地下巷道里,都曾出现过离我们工作地区7~8米处的巷道突然冒顶塌落的现象,死神同我们擦肩而过。但我们没有退缩、畏惧,坚持在艰苦、恶劣的环境中,摸索"围岩—支护"相互作用的规律,就这样,一搞就是20年,我们先后完成了"开缝式摩擦锚杆"、"金川不良岩层巷道变形控制"和"钢纤维喷射混凝土"等重大科技成果。特别是在软弱破碎及高应力大变形岩层中开创了喷锚支护新方法,提出了"及时支护,先柔后刚,分期实施,全环封闭"有效控制围岩变形的概念与方法,实现了隧道与地下工程支护的一场重大变革。

20世纪80年代以后,水利交通等基础设施与城市高层建筑等工程大量兴起,我们捕捉到这一契机,及时把岩土加固的研究方向转移到边坡和深基坑工程上来。相继在国内首创了"重复高压灌浆锚固"、"可折芯式锚杆""压力分散型锚杆"、"土钉支护"等新技术,同时还完成了"三峡永久船闸高边坡预应力锚固技术的研究与应用"研究课题,解决了船闸高边坡预应力锚固工程中的关键技术难题。从而使我国岩土锚固技术的整体水平得到跨越和提升,从总体上说已进入世界先进行列。这些成果符合社会经济发展的需要,必然会带来高的市场转化率,社会给以较多的回报也就是顺理成章的事了。

在长期的科研实践中,使我深深地懂得,一个科技工作者只有将研究方向紧紧瞄准社会经济发展的热点,并脚踏实地、百折不挠、始终如一地朝着既定的研究目标努力拼博、坚持创新,那就必然会有所作为和成就。

近十年来,新华社《走向新世纪》编辑部、《中国经济快讯》、《中国建设报》、《中华建筑报》、《岩土工程界》的记者们都曾先后采访过我并作了报导。他们都提出过这样一个问题:"你怎么能连续地取得一个又一个的科研成果的呢?"我说:"我所有的科研成果,说起来很简单,就是缘于这么一个基本原则:尽一切可能挖掘岩土固有的潜能。"

在岩土加固的科研领域中,我已经整整地工作了四十年。我酷爱这一学科和专业,胜似生命,它是我毕生的追求,也是我力量的源泉,我将毫不迟疑地沿着这条挖掘岩土潜能的道路走下去,直至走完最后一步。

• 王吉望 小传

1956年青岛工学院土木系毕业。

1956~1958年清华大学土力学，工程地质教研组进修。

1959年后在冶金部建筑研究总院从事地基工程的研究、施工和设计。

先后担任冶金部建筑研究总院地基室主任，院副总工程师，中国京冶公司副总经理、北京京冶公司、厦门岩土公司总经理，中国新加坡合资基础工程公司、上海宏顿地基工程公司董事长。

五十年代起从事基础沉降与允许变形的研究，七十年代起从事地基处理工程的设计与施工。先后负责完成武汉、深圳、北京、天津、上海、南京、湖南、云南等地包括旋喷、强夯、树根桩、塑料板排水预压、碎石、搅拌、砂桩等多种类型的地基处理工程，其中旋喷桩用于基坑加固或挡水工程在上海已完成四十余项。

七十年代末参加宝钢一期工程，作为主要技术负责人完成了国内第一个深22.3 m基坑旋喷加固和矿石砂桩施工机械的引进。

九十年代以来在上海完成了地铁二号线、四号线、六号线和十号线、外环线隧道、越江隧道、新世界国际大厦等地铁车站、隧道、建筑物基坑等基坑加固或挡水旋喷项目。目前旋喷挡水最大的旋喷桩深达47m，以及上下交叉和平行紧邻地铁车站基坑内减小位移的加固。

1992年获国务院授突出贡献奖并享受国家津贴，2002年获美国传记学院（ABI）所授当代科学突出成就证书，先后获得国家、冶金部、建设部、北京市、上海市政府颁发的科学进步奖。

先后任中国土力学岩土工程学会理事及顾问委员会委员、地基处理委员会副主任、北京建委岩土工程科技委委员、上海地铁公司科技委委员、国际土力学岩土工程学会桩基委员会委员（TC–18）、法国地基公司技术顾问。

主编一本深基坑国家行业规范，主编一套地基处理丛书，参加编写地基处理国家行业规范和上海市地基处理规范、地基处理手册和深基坑手册，在国内外发表论文数十篇。

先后多次出国技术交流、商务考察或参加国际会议，其中包括美国、日本、英国、德国、比利时、法国、土耳其、印度、新加坡、泰国和中国台湾等。1993年在台北作了介绍大陆地区地基处理技术的报告，1998年在比利时参加了TC–18委员会有关桩筏基础减沉桩专题的研讨。2003年在美国新奥尔良参加了国际注浆会议及旋喷桩专题研讨会。2009年在美国奥莱多·中美基地处理研讨会上作了介绍旋喷桩在软土地基应用状态的报告。

1998年，美国亚特兰大，土性现场勘察国际会议

1998年，比利时肯特大学土力学大楼，国际土协第18届委员会（桩基委员会）会议

2001年，土耳其伊斯坦布尔，第十五届国际土力学和岩土工程会议

和台湾亚新公司董事长莫若辑先生在参加国际会议期间合影

2009年，美国奥莱多，中美地基处理研讨会

2009年，美国奥莱多国际基础工程机械博览会

对当前地基工程中几个问题的思考

王吉望

记　者:您自50年代起就从事基础沉降与变形研究,70年代末又开始从事基坑工程。设计一般都要进行承载力、变形和稳定性计算,近年来尽管许多单位和技术人员进行了设计计算,但还是出现了不少事故,依您多年的经验,分析一下其中的原因。

王吉望:当前基础工程中常有两个方面的问题:一是基础沉降的问题,另一个是基坑的问题。基础沉降的问题相对比较少,基坑稳定的问题相对比较多。一个很重要的原因就是其计算方法基本上为半经验型的,不是完全纯理论能解决的。譬如基础沉降问题,沉降计算中无论应力还是应力应变的关系,再加上更复杂的时间关系,均是建立在某种假定上。虽为描述上述关系已有若干种模型,但是没有任一种模型能够完全反映土的实际的状态。规范中的沉降计算也同样都是基于这些基本假定,并结合沉降观测结果进行了大的修正,修正系数小到0.2,大到大于1,变化范围很大,这也证明计算结果比较准确绝不可能单靠理论,因此需要十分重视当地的经验,同时也需要对规范要求比较准确的掌握。

基坑工程的问题有两种:一是土体的滑动和位移,另外就是水的问题。稳定性的计算从土力学角度讲,一直到现在都是极限状态的计算,而在破坏以前变形的描述是没有的。沉降计算有,受到垂直荷载以后逐渐固结,从变形开始到最后稳定这个过程是有公式来描述的,可是边坡计算没有这个描述,这还不要说用连续墙挡土、钢支撑以及土方不规则的开挖,这个支护系统变形过程的计算在土力学里是见不到的,特别在要求控制变形的环境保护的时候,客观上要求计算出较准确的变形值,这就产生了矛盾。现在的途径是什么呢?一个是用有限元来计算,这是一种十分有效的手段,但还是一定要加上经验。例如计算参数的选取就要有经验,如果一个基础下沉都不能用纯理论准确计算,基坑变形过程能不修正吗?因此,另一个途径就是经验积累。现在我们国内已有很多工程经验,所以陆续编写了国家和地区的基坑规范,有关的计算没有基础沉降计算那么完整,经验积累也没有那么多,

2004年7月,地基工程专家王吉望教授访谈录。

但毕竟积累了不少经验。现在,无论是北京还是上海广州等地做了那么多基坑,都成功了,工程成功了就可以作为借鉴。譬如上海的基坑位移基本上可以算到控制在几毫米以内。刘建航院士在上海基坑工程中提出了时空效应理论,时空效应理论牵连的变形更复杂了,时间、空间都考虑进去了,从原来很简单一个单一的稳定性的计算方法,要把它扩展到各种复杂的土质条件、围护结构、支撑系统和土方开挖的时间、空间因素的条件下的变形计算,计算肯定更复杂,理论计算结果更难准确,但是变形确实能控制到几毫米,靠什么?就是大量的施工经验积累,大量的数据对比及施工监控。这种理论与实例相结合分析的方法,在基坑工程中具有突出的价值。

另外,就是计算的时候防止“漏项”,稳定性有局部和整体的滑动,还有在开挖过程中的各个工况,不要漏项,包括天要下雨也要考虑进去。但这种漏项却常常有,例如,局部的稳定了,而整体的滑动没考虑,结果整体的滑动滑下来了。

施工因素也是可能导致基坑失稳的重要因素。众所周知,基坑稳定的计算分析总是基于对施工过程中多个“工况”为基础,在基坑开挖过程中,无论是各阶段挖土的范围或支撑的设置,均需严格按预定要求执行。如果任意超挖或不按计划支撑,或者坑边大量超载,使施工中实际工况严重与设计工况不符,就有可能导致严重的后果。

水往往是导致基坑事故的另一个主要原因。水的处理很重要,现在很多工程由于基坑的水处理不好而导致流砂、管涌等,使基坑破坏。对水如何来处理?首先对挡水的要求要明确,如果工程施工的基坑要求挡水,你就必须按照设计的要求把水挡住,基坑的稳定才有前提,否则各种各样的问题都可能出现。现在在上海许多基坑的深度达到了20多米深,基坑稳定,施工顺利,但是有的基坑深度仅6~7米就有出问题的,为什么?常常就是因为水没有处理好,有时水和砂沿支护墙(或桩)缝中流了出来,基坑的稳定性完全被破坏。所以在工法选择上一定要满足止水的要求。水来自两个方向,一是侧面,另一是底部,底部的水会产生管涌,侧壁漏水也会导致严重后果,譬如连续墙施工,按要求连续墙之间应该是咬合在一起的,如果没有做好,砂性土就会从侧壁涌出,产生流砂。而坑底以下透水层尤其是承压水若未能根据设计计算要求切实封堵,就会发生坑底涌土。

此外,当采用冻结法时,一旦局部开始温度上升并导致溶化而漏水,涌水量会迅速扩大,后果严重。

以上所述既有可能出自设计方面问题,也有可能出自施工方面。

另一个是关于基本概念应该清楚的问题,也就是土力学的基本概念要清楚,因为这是指导工程实践的理论基础,一切正确的设计和施工都与基本理论相一致。同时关于地基处理方法的作用机理、所能起的作用也要清楚,当你决定要采取什么方法时,要清楚这种方法的作用机理。譬如说,强夯法、碎石桩法、注浆法这都是常用的几种方法,但是实际上使用中都包含着一些模糊的概念。强夯法常用英文名字叫Dynamic Consolidation,我们通常理解的含义是动力固结,随着我们做的工程越来越多,后来发现这一说法不准确,Dynamic Consolidation 可以理解为动力固结,但 Consolidation 还有加固的意思。如果强夯法就是通过固结排水,而使土变密实,并进而认为能有效的加固饱和软粘土和淤泥,就会产生问题,事实上在淤泥中用这种概念效果不好。属于强夯法的另一个种方法叫Dynamic Compaction,直译为动力压(夯)实;还有 Dynamic Replacement,直译为动力置换。这样,就可以了解强夯法的作用机理在不同土质条件下是不同的。有时是排水固结的过程,有时是夯实加密的过程,有时是置换的过程。如果概念不清楚,强夯法就可能用不好。碎石桩英文名字叫Stone Column,对我国许多的工程师来讲特别注意的是软土怎样来处理,对Stone Column 也是一样,可是事实上这些年使用情况 Stone Column 在软土中用作建筑物地基逐渐减少。中文的振冲法包含了两层含义:一是 Stone Column,另一种含义是 Vibroflotation,但是这两种方法的加固地基的机理不同,Vibroflotation 是在砂性土中振动变密,是一个振动挤密的过程。Stone Column 使用振冲器成孔,然后将碎石填进去,再振动,再填进碎石,形成复合地基。在软土中只能选择碎石桩法,可是这种方法的特点是什么呢?就是周围的土不能太软,软了固不住。土太软振冲后碎石向四周不断挤扩,质量难以控制。另外,碎石桩是散体材料,没有整体性,对在软土地基中降低基础沉降效果是有限的,所以一旦建筑物在这上面的话,沉降仍会很明显。如果建筑物对沉降比较敏感,就会出现问题。中英文翻译有着文化上的差异,但是有时恰恰是名字和基本概念搅在一起,由于名字叫的比较含糊,概念也模糊了。再以注浆法为例,注浆法也有三种类型:压实注浆 - Compaction Grouting,劈裂注浆 - Fracture Grouting,渗透注浆 - Permeation Grouting。而现在我们常常说的压密注浆究竟算哪一类?时常没有说清楚,有时把劈裂注浆说成压密注浆,有时把压实注浆说成压密注浆,没有深入研究的人就会搞得很模糊。压实注浆和劈裂注浆是完全不同的两个概念,劈裂注浆是裂隙注浆,压实注浆是使用塌落度很小的细颗粒的砂浆,在地基中把它分段压成一个个近似的球状体,两种加固机理截然不同。如果概念不清楚,加固的效果就把握不准。要让设计者知道用什么方法,施工者知道怎样做。譬如在细砂中做隔水帷幕,用劈裂注浆和压实注浆常很难奏效,而渗透注浆就可能取得较好的效果。

《岩土工程界》是一份很有特色的刊物,在这方面也有发挥作用的空间,帮助工程师对一些问题理解的更为准确。因为学校偏重于基本理论的教育,对工程实践中的问题讲到的少。

记　者:您对高压旋喷桩颇有研究,八十年代初曾完成过国内第一个深22.3米基坑旋喷加固和近年上海外环线47米深的旋喷桩工程,能否对这一技术的显著特点、应用领域以及未来前景作一介绍。

王吉望:高压旋喷技术这个工法很有特点,功能多,用途广。旧的建筑物可以做托换,新的建筑物有时也可用。隧道,深基坑开挖,还有保护现有的环境,包括保护地铁、管道、相邻建筑物等,有一些特殊的作用,用得很灵活。在连续墙中间遇到管道,只有采用旋喷桩的方法将连续墙连接起来。旋喷桩的深度可以达到近50米或更深,但现在的很多机械譬如搅拌桩,即使是目前进口的SMW工法,由于机械庞大,往往深度也受到限制,致使在一些工程中旋喷法仍成为优选。旋喷桩的直径大小、强度大小受土质条件的影响,受施工技术的影响,土质千差万别,施工方法中的浆液、水、风的压力、流量以及钻杆提升速度等诸多因素,既相互关联,又相互制约,所以,设计和施工中更要特别注意。这种施工方法随着我国地下工程越来越多,工程经验积累越来越丰富,制造业的水平逐步提高,应用前景宽广。但是,任何一种工法都有其适用范围,在这个工程中这种工法可能是最佳的选择,但在另外一个工程中却可能是不应该选用的,旋喷法也是如此。

记　者:随着我国基础设施的加速发展,对外技术交流以及技术设备引进呈快速上升趋势,特别是设备引进,如:旋挖钻机、连续墙设备、盾构机等,占据国内大半市场,而国内一些设备生产企业却处于劣势地位,您如何看这一现象?

王吉望:生产设备是基本的手段,过去我们的施工设备大体分两类:一类是引用国外的原理,国产的设备,如:旋喷桩、搅拌桩、碎石桩等设备,这类国产设备与国外有一定的差距,但一般尚可以满足施工工程要求。另一类是引进设备,如:连续墙设备、旋挖钻机、SMW工法机械,这些设备国内制造水平尚有待提高。总体上讲,我们在地下工程中机械水平还是不高的。在中国改革开放的今天,国家出台了很多相关政策,鼓励国内制造业与国外公司的合作,应抓住这个机会,加速引进国外先进装备制造技术,提高我国施工机械制造水平。同时加快国内有关机器制造业的体制改革,促进新产品的开发,双管齐下,这些对促进我国地基施工机械的发展都具有现实意义。

记　者:请您对我国地基基础施工技术未来发展作一估价,在这一发展过程中青年人如何利用当前好时机,发挥更大潜能。

王吉望:当前,我国地下工程正经历着历史上从未有过的大发展时期,面临着从未有过的机遇和挑战。当代的年轻人既有着巨大的发展空间,也肩负着重大的历史责任。

我仍清楚地记得,那是在五十年代,我在清华大学学习的时候,当时还很年轻的从美国归来的陈梁生教授,陈仲颐教授，以他们的知识和满腔热情，在我国原来几乎是空白的基础上大力传播美国和前苏联土力学理论和地基基础技术，迅速编写适合中国大学生的土力学、基础工程教材，培养了一批又一批的人才，大力推动国内学术活动，用他们的才华为我国土力学地基基础学科的发展作出了卓越的贡献。当我们今天仍然以由衷的尊敬和激情回顾那些年代历史的时候，衷心希望在岩土工程迅速发展的今天，无论是从海外归来的，还是在国内学有所成的年轻专家和工程师，以我国老一辈土力学家为榜样，学习他们严谨的学风，用自己的智慧和执著在当今建设大潮中，在土力学基础理论，尤其应在工程应用技术以及加强国内外技术交流方面，做出自己的贡献，为赶上国际先进水平而继续努力奋斗。

• 刘金砺 小传

刘金砺研究员，1957年毕业于清华大学土木工程系。。

刘金砺研究员，1957年毕业于清华大学土木工程系。早期从事湿陷性黄土和软土地基承载力的研究，其后长期从事基础工程研究，在桩基设计理论与方法、桩基技术创新、标准编制与推广应用方面成就突出,在土与结构物相互作用、差异变形控制–变刚度调平设计方面取得突破。20世纪70年代，研究灌注桩，主编《工业与民用建筑灌注桩基础设计与施工规程》，对推广应用灌注桩起到开拓作用；80年代，开展系统的不同土性土层中群桩试验研究，首次揭示侧阻、端阻、承台土阻力随土质、群桩几何参数的变化特征，突破国内外长期使用的群桩承载力折减方法，提出复合桩基设计方法；主编《建筑桩基技术规范》；90年代，主持开发新颖适用的灌注桩桩底桩侧后注浆成套技术，对提高桩基承载力、减小沉降效果显著，节约资金逾数亿元，现已制定为国家级工法并列入规范，在全国推广应用；主持带裙房高层建筑地基、基础与上部结构共同工作计算方法的研究；突破传统理念，首次提出变刚度调平设计理论与方法，应用于27项大型建筑，成效显著，现已列入《建设工程新技术导引》和《建筑桩基技术规范》（JGJ 94–2008）。

刘金砺面向工程实际，解决了一大批重大基础工程问题，发表论著80余篇（部），培养硕士、博士生多名，获部级科技进步奖8项，获2项国家发明专利，获土木工程学会和岩土工程学报优秀论文奖各一次，享受国务院特殊贡献津贴。

曾任中国建筑科学研究院副总工程师、地基基础研究所所长，现任地基基础研究所顾问总工程师、北京市岩土工程专业委员会主任委员、土木工程学会土力学与岩土工程分会桩基础学术委员会主任委员、中国标准化协会地基基础委员会主任委员、《土木工程学报》、《岩土工程学报》和《建筑结构》编委。

桩与桩基技术的发展

刘金砺

记　者：您从事桩基技术的研究30多年，您认为桩基技术在建设工程领域的地位及其发展前景如何？

刘金砺：桩基础可以说是土木工程学科中一个既古老又年轻的领域。我们的祖先在6 000多年前就开始采用木桩作为干阑式建筑的支承构件。浙江河姆渡遗址考古发掘出规则排列的圆形和矩形木桩。直至上世纪30年代建造的上海最高建筑上海国际饭店仍然采用木桩基础。随着混凝土和钢铁材料的出现和制造业的进步，桩基技术的发展更突飞猛进，从桩的几何尺寸到单桩承载力，从成桩工艺与设备到桩型与应用范围，都发生了巨大的变化，显示出桩基技术蓬勃发展的生机和广阔的发展前景。但直到现在，桩基工程仍面临许多需要研究探讨的课题。因此，桩基技术是既古老又年青。

桩基础取代传统基础形式，大大提升了各类基础设施建造的技术、经济和效率水平。以往跨越江河湖海的桥基，多采用沉箱、沉井、围堰施工。如今，则基本由大直径灌注桩、预制桩、钢桩所取代；长达36公里的世界第一跨海大桥杭州湾大桥等大型桥梁工程、海上采油平台、输油管支架、栈桥等，不采用桩基其建造难度简直不可想象。

桩基技术的衍生，促进了相关领域的发展，形成相互渗透、相互交融的格局。如由圆形钻孔灌注桩到机挖矩形、异形桩，再进一步衍生为地下连续墙，其功能由竖向承载发展为侧向支挡与地下永久性墙体结合。又如复合地基领域，由各种柔性桩增强体，引入刚性桩增强体，形成刚性桩复合地基，进而发展刚性、柔性桩结合，长短桩结合的复合地基，拓宽了复合地基的适用范围和设计优化思路。

记　者：您如何评价新桩型、新工艺、新技术的应用和发展？

刘金砺：关于新桩型、新工艺、新技术的开发，近十余年来取得了一些成果。从其开发思路而言，大体具有以下四方面特点：

一是提高成桩效率，实现钻灌合一。沉管灌注桩是一种成孔与灌注合一桩型，但由于其挤土效应，质量不稳

2005年11月，桩基技术专家刘金砺教授访谈录。

定，事故率过高，逐步趋向淘汰。长螺旋压灌注桩在20多年前欧洲已开发应用，但多限于压注砂浆，后插钢筋笼。我国于10多年前首先开发用于CFG桩或细石素混凝土桩。本世纪初，插筋器开发之后，扩大用于Φ600、Φ800长20多米的灌注桩。由于其无需泥浆护壁，现场文明，且工效高，无沉渣，质量稳定。

二是扩大桩土比表面积，提高承载力、材耗比。针对这一类的有挤扩多支盘桩、复合载体夯扩桩、桶形沉管灌注桩等。挤扩多支盘桩，利用多层持力层形成支盘，增大支承面积以提高承载力。其关键是支盘持力层的准确定位，砂砾层须紧靠其层顶挤扩，对于深厚软土层显然不适用。复合载体夯扩桩，只适合于浅埋持力层的多层住宅。桶形沉管灌注桩也是一种挤土灌注桩，由于带土芯，桩径较大，适于单位面积承载力要求不高、场地开阔，对挤土效应无严格限制的情况。目前多用于软土路基的复合地基竖向增强体。由于路面为半刚性，其复合地基工作机理仍有待研究。

三是与土体增强处理技术结合，形成复合桩。属于这一类的有水泥土搅拌桩插入预制芯桩形成的劲芯水泥土复合桩；环形水泥土搅拌桩，钻取土芯插入钢筋笼灌注混凝土，形成水下干作业复合灌注桩。这两种复合桩，都是利用水泥土搅拌技术在刚性桩外围形成水泥土“外套”，构成两种材料复合桩体，而提高其承载力。目前复合桩的成桩设备和工艺尚处于发展阶段，成桩直径和深度不太大，单桩承载力不高，主要用于软土地区多层住宅。

四是变泥浆循环排渣为机械直接钻孔取土成孔。传统的正、反循环排渣钻机成孔在我国使用数十年，积累了丰富的经验，已成为中大直径灌注桩的主导工艺。上世纪90年代引进旋挖钻机，由于其只利用泥浆护壁而不利用泥浆循环排渣，渣土可直接用旋挖斗钻取装车外运，所需护壁泥浆量少，并可循环使用，现场文明，工效高。随着旋挖钻机设备国产化的扩展，可望成为灌注桩的主导设备和成桩工艺。当前的主要问题是要发展清底清渣配套设备和入岩钻具。对于特大直径桩，仍需利用正、反循环钻成孔，因此对泥浆的分离处理是一个有待研究的课题。

五是通过后注浆加固沉渣、泥皮和桩周土体，以提高桩的承载力和减小沉降。我们开发桩端、桩侧后注浆技术至今已逾10年，现已推广应用于我国绝大部分省市。其主要特点是：操作简便，承载力增幅大，砂、砾、卵石为持力层的桩增幅可达100%以上，软土地区也可达40%以上；一般可减小沉降30%；可应用于各类钻、挖、冲孔灌注桩，用于高、重建(构)筑物桩基，其性价比和优越性更为突出。然而该项技术的应用存在某些误区，致使后注浆效果不佳。如：浆液水灰比，注浆流量，桩端、桩侧注浆顺序，注浆终止压力等参数的确定失当，以及对于注浆过程异常现象不进行正确调控等。

记　者:随着新桩型和后注浆技术的应用,您对进一步发挥桩的承载潜能有何看法?

刘金砺:随着新桩型、嵌岩灌注桩使用面扩大和后注浆技术的推广应用,桩身受压承载力演变为基桩竖向承载力设计取值的制约因素。长期以来,桩身受压承载力的计算只计入混凝土受压承载力,即将钢筋混凝土桩按素混凝土桩计算。这是值得我们思考的。

根据配置纵向主筋和箍筋的轴压构件的承载机理的试验研究(Mander et at,1984),箍筋除增强受剪承载力外,对于轴向受压具有明显的侧向约束增强效应,故箍筋又称为“约束筋”。有无约束筋对于轴压承载力影响极大,带箍筋的约束混凝土轴压承载力较素混凝土提高80%左右,且大大改善其应力~应变关系。因此,传统的按素混凝土计算桩身受压承载力将导致桩身承载力安全度与桩周岩土介质提供的竖向承载力安全度很不匹配。鉴于此,《建筑桩基技术规范》修编稿规定,凡按要求配置箍筋者,桩身受压承载力均应计入纵向主筋的承载力,并以工程经验为基础定出符合实际的桩身混凝土工艺系数。这样做,既充分发掘、合理利用桩的承载潜力,又不给施工者疏于质量控制开启方便之门。我们对北京地区数十根后注浆灌注桩静载试验结果进行统计分析表明,除2根试桩因桩头处理时混入泥土而破坏外,其余单桩竖向极限承载力 Q_u 与桩身受压极限承载力计算值 R_{uk}(考虑钢筋作用)之比,Q_u/R_{uk} = 1.1~1.4,且无一根桩桩身破坏。说明桩身实际极限承载力高于计算值 R_{uk}。另外,有些地方的静载试桩由于桩头处理不当导致桩身压坏,误认为是桩身承载力有问题,这值得有关质检单位引起注意,桩头处理应规范操作。

记　者:您处理过许多重大工程事故,您认为桩基事故的主要原因是什么?如何杜绝或减少类似事故?

刘金砺:桩基工程事故的原因主要源于设计失当和施工质量失控。为何出现这种情况,主要是:对土性特别是软土的特性缺乏认知;对成桩挤土效应、渗流作用等缺乏了解。按事故主因大体可分为三类:第一类是对成桩挤土效应缺乏认识所致。这类事故最多,现举三例。例一,某国际会展中心,场地为饱和粘性土层,设计选用沉管灌注桩,数台桩机在不到一个月时间就成桩上千根,经检测绝大部分断桩,严重者上下节分离达1m。最终将全部桩报废,在原有的桩与桩之间重新设置长螺旋钻孔压灌桩,后插钢筋笼。例二,某高度99m的框剪结构办公楼,场地为饱和粘土、粉土层,设计选用Φ500沉管灌注桩,均匀满布,成桩过程地面显著隆起,未进行有效检测,建至12层梁板式筏式承台的600mm厚板即开裂渗水,封顶时,核心筒周边的主次梁、与中间纵向轴线正交主次梁出现裂缝,最终不得不在梁的侧面加焊钢板,梁之间充填混凝土,形成平板式筏基。例三,某软土地区高层建筑预制桩基础,预制桩为两节,焊接接头,锤击沉桩,经静载试验检测,加载正200kN,$Q\sim S$曲线出现10cm陡降,继续加载出现台阶,沉降又趋向减小。这是典型的连接接头因挤土效应导致土体上涌而拉断,加载后上下段端头接触。尽管通过复压部分桩可正常传递轴向荷载,但在水平荷载下,不仅承载力降低,而且可能导致上下段错位,一部份桩由于挤土效应已引起上下段错位,因此不得不补桩。

第二类是因对软土的剪切蠕变、流动特性和扰动效应缺乏认知,无序进行基坑开挖,导致已成桩发生侧移、破坏。软土地区基坑须分层有序开挖,《建筑桩基技术规范》明确规定开挖高差不得超过1m。但工程实际中,由于基坑开挖不当引发的事故时有发生。例一,某软土地区高层住宅采用夯扩桩,在设计和成桩质量都存在隐患,由于成桩效应桩间土积集高孔压的情况下,基坑又采取无序开挖,导致基桩侧移、倾斜、折断,在进行简单处理后继续施工承台和上部结构。最后,导致建筑物不仅发生超常沉降,还出现平移,最终不得不炸掉整个建筑。例二,某软土地区一高层建筑采用PHC管桩,基坑开挖失当导致绝大部分桩侧移,最大侧移量超过1m。考虑到桩身总体未折断,故采取纠倾加固处理。首先降水,加固基坑支护结构并埋设锚拉件;随后用洛阳铲对基桩倾斜反侧取土,用导链慢速牵引纠倾;复位后对桩土间隙填充碎石埋管注浆;桩管内插入钢筋笼,充填细石混凝土加固至反弯点以下。处理后,逐一进行高应变检测。该大厦建成后沉降量不超5cm,迄今已逾10年,使用正常。

第三类是成桩工艺选择不当,对水的渗流、流土、涌沙等认识不足,导致人工挖孔桩混凝土离析、桩体倾斜、地面塌陷。例一,某高层建筑,场地水位高于基坑底约10m,桩锚支护,未设止水帷幕,周围布管井降水,基桩采用人工挖孔桩。由于水位不稳定,降水井与坑内人工作业的挖孔桩之间保持水力联系,新浇灌的混凝土水泥浆被渗流带走,造成严重离析现象,变成了碎石桩。为检测和注浆处理,每根桩钻孔取芯4~5孔,耗资超过成桩费用,工期延误3个月。类似的人工挖孔桩离析事故较多,有的边挖孔边在孔中抽水,导致新浇注的相邻桩水泥浆流失。例二,某高层建筑,人工挖孔桩穿越流动性淤泥层,挖孔过程中,淤泥由于应力释放而流动,临时支护无法约束,由于土体非均衡流失,引起桩体受到土体不均衡水平推力而倾斜。类似的事故也常发生在高水位砂层中,不仅导致桩体倾斜和桩体承受土体的负摩阻力,有的还引起护壁整体突降,引发人身事故。

桩基事故多种多样,要杜绝事故,并非不可能,首先设计者要把握各类土层的特性及各种桩型与成桩工艺的适用条件,切实做到可行、可控、可靠。施工管理者要从土性、土力学基本原理出发,制定切实可行的实施方案,规范操作,严格管理。

记　者:您对桩基设计理论与方法进行了深入研究,参加过许多重大工程

的设计咨询，主编过《灌注桩基础设计与施工规程》和《建筑桩基技术规范》，就桩基设计优化问题，您有何新见解？

刘金砺：桩基础的设计不同于天然地基上各类基础的设计，天然地基土的强度和模量分布是确定的，而单桩的承载力、竖向刚度、桩的布置等是可以调整的，这样，就给桩基的设计优化提供了广阔的空间。

现代高层建筑有两个发展趋势，一是地下空间与地面建筑趋向一体化，主裙连体建筑大量涌现；二是适应大空间和空间分割灵活的使用需求，框筒、框剪结构越来越多。这两类建筑由于体量大，荷载与刚度分布极度不均，差异变形控制成为主要焦点。根据既有的按传统理念设计的天然地基上箱、筏基础和桩箱、桩筏基础的反力实测，地基反力和基桩反力均呈马鞍形分布，《高层建筑箱形与筏形基础技术规范》所给出的反力系数反映出这一特点。其次，根据沉降实测结果，沉降分布呈碟形。对于框筒结构天然地基和均匀布桩桩基，其差异沉降均超过规范允许值0.2%，有的甚至出现开裂。

上述反力和沉降分布的负面效应是明显的。马鞍形反力分布导致基础（承台）的整体弯矩和核心筒部分冲切力增大，上部结构的次应力也随之增加。差异变形也是一种引发承台和上部结构附加内力的作用。筏板的整体弯矩由于基底反力的马鞍形分布和沉降的碟形分布而显著加大。前述某高层建筑梁板式桩筏基础和框架梁的开裂事故说明了这一点。

高层建筑地基基础传统设计概念存在的上述问题引发了我们的思考：如何调整基桩的刚度分布促使沉降趋于均匀，基础反力由内小外大转变为内大外小，由此既改善建筑物使用状态，又降低基础内力和材耗。这就是我们提出的变刚度调平概念设计的内涵与真谛。

对于天然地基，其初始刚度分布原本是均匀的，为适应荷载分布不均和相互作用的影响，可采用局部桩基或刚性桩复合地基增强核心筒的竖向支承刚度；对于桩筏基础，则可通过调整桩长、桩径、桩距增强荷载集度高的核心区，相对弱化外围区（按复合桩基设计）；对于主裙连体建筑则应强化主体，弱化裙房。通过变刚度设计，可实现核心区冲切力与抗力平衡，承台外缘反力减小；从而使基础整体弯矩减小、桩与承台的材耗降低，同时大大减小差异沉降，避免桩基变形引发上部结构次应力，提高建筑物使用寿命。在上述变刚度调平概念设计的基础上，采用上部结构—基础—桩土共同工作分析程序计算沉降分布、基础内力和配筋，实现设计的全面优化。

我们通过现场8个大型模型试验，对变刚度调平设计理论和效果进行了验证研究。将这一设计新概念应用于10余项大型高层建筑工程的桩基设计，取得了节约基础工程造价7 000余万元的效益，差异变形控制在0.08%以内。

记　者:您对通过科学研究提升桩基的设计计算理论水准有何见解?

刘金砺:对这一问题只能谈一些粗浅的看法。当前关于桩基的理论研究多数集中于单桩的荷载传递、荷载—沉降性状的分析,对于机理研究和群桩的研究偏少。要通过研究提升设计理论和计算分析水平,个人认为应从以下几方面入手。

第一,要重视单桩承载力机理研究。就单桩而言,其极限承载力传统的计算模式是总侧阻力与总端阻力迭加,忽略二者的相互影响。上世纪70年代,我们通过不同桩底支承条件,包括悬底、常规、桩底加固,三者所测得的承载力参数,不仅端阻力不同,而且侧阻力也由于桩底悬空而降低,因加固而提高。近年来,又相继有一些研究者也发现了类似现象,即桩端支承刚度不仅影响端阻力值,而且影响侧阻力发挥值。这给传统的荷载传递理论和承载力迭加计算模式提出了挑战,同时也给我们以启示:对于超长桩不能因端阻力所占份额极小而放宽桩端沉渣的控制标准和对桩端持力层的要求,以及认为桩端注浆对于超长灌注桩作用不大等观念,都应予以更新。

第二,要重视群桩承载力机理的研究。不同性质土层中的群桩,桩土相互作用特性是不同的,就桩侧阻力而言,对于非密实的摩擦性土(c 值小,φ 值大)存在“沉降硬化”效应。对于粘性土(c 值大,φ 值小)则存在应力迭加削弱效应;就端阻力而言,存在由于相邻桩端土侧向变形互逆的增强效应。对于承台效应,既有限制桩土相对位移对侧阻力的削弱效应,又有产生竖向土抗力的增强效应,其综合效果是以增强效应为主,并随桩距增大而显著增大;当承台/桩长比小于1时,承台土抗力还对桩端阻力起增强效应。桩—土—承台的这种相互作用效应随土性、桩基几何参数而变化的规律已通过大比例模型试验研究取得一定成果,但对于其作用机理随桩距、桩长等几何参数以及土性的变化仍有待深入研究,最终建立分析计算模型。

根据较系统的群桩试验。证实群桩效应将改变单桩的荷载传递性状,因此单桩的荷载传递分析方法不能套用于群桩,尤其是不考虑相互影响的荷载传递法。

第三,关于桩基变形计算。对于体型复杂的建筑物考虑桩土、承台、上部结构共同工作进行变形计算分析是很有意义的。对于一般建筑物桩基可采用常规方法进行计算,目前的计算模式是半理论半经验的,即对单向压缩分层总和法计算值乘以经验系数。计算与实测之间有时差异还比较大。要进一步提高沉降计算的可靠性,似应从三方面着手研究。一是研究桩基的变形机理与变化特性,包括:对于桩基在工作荷载下的刺入变形和桩端以下地基整体压缩变形随持力层性质、桩长、桩距等的变化;压缩层深度随土性、附加应力比的变化;二是近似考虑上部结构和承台刚度对于按自由荷载计算变形分布的调整方法;三是对于不同建筑物结构形式,不同几何参数桩基和不同工程地质特征的桩基沉降变形的反演分析。

随着超高层建筑的发展,设计桩长越来越大,软土地区桩长达到80m,非软土地区桩长也大大超过一般高层建筑的桩长,进入坚硬持力层深度10m以上。试桩结果表明,在桩顶荷载为$Q_u/2$时,桩端荷载和沉降为零或数值很小,桩顶沉降主要由桩身压缩引起。对于这种超长桩基仍按传统的实体深基模式计算沉降,即将附加荷载作用于桩端平面计算附加应力分布和压缩层深度,并忽略桩身压缩,与实际荷载传递与变形特征不符。因此长桩和超长桩、群桩基础沉降计算有待研究探讨。

第四,关于桩土—承台—上部结构的共同作用与分析计算。随着建筑物体型趋向复杂化,共同工作的计算分析的价值趋于突出。根据建筑结构和场地地质特征,对变刚度调平概念设计进行具体的共同工作计算分析,取得包括沉降变形分布、差异变形、反力分布、承台内力与配筋、上部结构次生内力等数据,并进一步调整布桩与承台设计,实现设计的最终优化。这是共同工作计算分析价值的实实在在的体现。

共同工作计算中的关键是刚度凝聚,其中上部结构和承台中厚板的刚度凝聚问题已基本解决,问题的核心是桩土刚度的凝聚。而后者是由柔度矩阵求逆而得。因此,问题归结为柔度系数的确定,也就是桩—桩、桩—土、土—桩、土—土相互作用影响系数的计算。目前,按Mindlin解计算的相互影响系数比试验实测结果大,这可能是连续介质线弹性理论与有限连续性土体之间的差异所致。由此导致对桩土刚度计算偏小,沉降计算值偏大,且沉降分布与实际不符。根据测试,实际影响范围,黏性土大于粉土,粉土大于砂土,并随土压缩模量提高而增大。作为一种近似,我们采用以单元距离的自然对数模型对影响系数进行修正。总的说来,群桩的桩土相互作用机理及其对柔度系数的影响仍有待深入研究。

第五,关于复合桩基的应用。当地基土不存在与承台脱空的情况下,按复合桩基设计不仅带来经济效益,更主要的是对于框—筒、框—剪结构等荷载与刚度分布极为不均的建筑按变刚度调平原则设计中,可运用普通桩基与复合桩基结合,实现减沉与增沉使沉降趋于均匀。复合桩基设计中的技术关键是如何确定承台效应系数。《建筑桩基技术规范》(JGJ 94—2008)给出了承台效应系数经验值(0.08~0.6),该经验值未区分土的类别。承台效应系数实际是桩、土相互影响的反映,如前所述,黏性土的相互影响强于粉土,粉土又强于砂土,即砂土的承台效应系数最大,粉土次之,黏性土最小。有关这方面的系统经验数据和变化规律,仍待研究积累。

● 侯学渊 小传

1932年11月生，上海人，1955年毕业于同济大学。

侯学渊教授曾任同济大学助教、讲师、副教授、系主任、研究所所长，现任同济大学教授、博士生导师、软土工程中心主任、地下空间中心主任、中国土木工程学会土力学及基础工程学会常务理事、中国土木工程学会隧道及地下工程学会理事兼地下空间委员会主任、中国建筑学会地基基础委员会副主任、中国建筑业联合会地下空间协会副理事长、中国岩石力学与工程学会地下岩石工程委员会委员、上海市土木工程学会副理事长、上海市土力学及岩土工程委员会主任、《岩土工程师》杂志名誉主编，《岩土工程学报》、《地下空间》和《地基基础》杂志编委。

侯学渊教授长期从事岩土工程、结构工程及地下空间的教学、科研与咨询工作，研究方向是软土地基与深基础和地下结构与地层相互作用，软土地层移动理论与实践。

主要研究成果有：建立了柔性衬砌、收敛反馈、补偿墙基、软土锚杆、劈裂注浆、地下空间模式等理论，并用于重要工程取得成功；“地下电厂设计技术”(协作)获1978年全国科学大会成果奖；“大型结构撞损的鉴定修复原理与技术”获1990年国家科技进步三等奖和国家教委科技进步二等奖；“隧道土压和设计原理”获1987年国家教委科技进步二等奖；“软土隧道底拱隆起整治研究”获1985年国家教委科技进步优秀奖和上海市科技进步三等奖；“软土地基注浆加固”获1988年上海市科技进步一等奖；“上海深基坑的稳定与隆起”获1991年上海市科技进步二等奖；“高层建筑补偿墙基设计”获1993年国家教委科技进步三等奖；“浅埋黄土双线隧道施工技术”获1988年铁道部科技进步三等奖；“软土深埋石砌隧道裂损加固技术”获1985年浙江省科技成果三等奖。

侯学渊教授还担任上海、北京、海南、浙江多项国家重大工程的常任顾问，并主持设计了多项大中型工业和民用建筑、地铁、交通和水利工程。建立了地下空间学科。

出版著作有：《地下结构》、《盾构法隧道》、《中国土木建筑辞典 隧道与地下工程卷》、《基坑工程手册》、《软土市政地下工程施工技术手册(对构筑物影响预测和防治)》。发表论文100多篇，主要论文有：“软土地下圆形结构设计计算理论”、“软土内时本构模型”、“软土劈裂注浆机理与应用”、“The Design model of urban underground Space”等。

不断创新才能推动岩土学科跨越式发展

侯学渊

记　者：侯老师您是我们非常尊崇的知名专家，我刚刚听说您的弟子们和同济大学地下系师生在不久前为您庆贺70岁生日，场面感人。这一方面说明对您的敬重；另一方面表明大家仍关注和需要您做更多的工作，特别是给予年轻人更多的教诲和指导。这次来拜访您，很想多听听您为人师表、成就事业的成长历程以及从事教学、科研实践与管理的体会，以给予年轻人更多的启迪和思考。

侯学渊：原来不想搞祝寿，搞了后感触很多。我大学是在同济大学上的，学习成绩在班里一直排2-3名，担任班干部，比较早的加入共青团、党组织，参加和组织活动比较多。培养了许多独立思考和动手能力。我毕业后留校任教，长期担任教研室副主任、主任，主管过思想政治工作，但我一直对业务投入的精力比较多，尽力做到又红又专。这次生日体会最多的是学生对我的感情，平时没有感觉到，深入以后才有更多的体会，这里最突出的有两个人，一个是白云，一个是白廷辉（插：两位总工都是我们的编委），生日会上白云曾这样对我说：没有侯老师就没有我白云的今天。因为他是从一个基层的技术人员成长为一个集团公司的总工程师，体会比较深，当初选择白云读我的研究生，一是感觉到他的思维比较快，对于一个从事技术工作的人来讲思维敏捷是非常重要的；另外一点，白云看问题有独创性。我这人比较喜欢独创，比较常规的做法是做不成大事情的。目前，我们领导的学术工作有五至六个人，有的是教授和副教授，像很优秀的朱合华、黄宏伟也和我有一些合作。今年我和白云、白廷辉有一个合作，要办一个论坛，第一次的时间是3月7号，由白云主持，内容主要是针对上海建设中的一些实际问题，特别是一些热点和争议性比较大的问题。不同的设计和施工单位会提出各种各样的方案，而且分歧和争议比较大，针对这种情况我们搞一个论坛。面向全世界的著名大学教授和学会组织，参加的人员是世界比较著名的一些专家教授，每次20人左右，地点在同济大学地下系，用Professor Hou Research Lab. 的名义召

2003年5月，岩土工程专家侯学渊教授访谈录。

集，初步想叫侯学渊学术工作室，我认为中国的学术界还是相对比较封闭的，像德国的教授 Wittke 经常给我发研究公报，泰国的 Bala－国际著名的土力学专家和我们经常探讨一些问题。今年的论坛，我们准备了六个专题，准备把有不同学术观点的人物全部请到，一起商讨。比如说上海隧道管片的排列方式，有通缝和错缝两种，我比较赞成错缝，但是在上海就有两种观点，大直径的隧道都为错缝，六米以下的大多为通缝，广州、深圳、南京都为错缝。我们可以在这次论坛上请国内外的专家一同探讨，寻找理论依据，把国外的做法引进来。我们虽然没有决策权，但可以活跃学术和理论的探索，推动相关问题的解决，这是我比较得意的一件事情。隧道建设公司的刘建航院士是我很好的朋友，他知道我办这个论坛，他讲有一喜，也有一忧。忧的是，他怕很多人争论僵持不下，会找到他给个结论，因为他是上海的地下工程结构的总设计师和专家；喜是可以促进学术进步。我讲不会影响具体的施工工程，只是在学校进行学术探讨。我认为中国的学校都应该有这种气氛，这样对年轻人也是一种很好的锻炼，我经常找一些年轻人探讨一些问题，然后可以组织一些科研项目。

说到我们现在的时空软土工程研究咨询中心，可以谈到我的一些学术观点的转变。早期多数人都在搞力学研究，我也一样，毕业后搞隧道的衬砌的力学计算，五十、六十年代都是用的苏联的计算方法，而且以个人的名字来命名，像隧道施工过程中拐弯处地层对衬砌的牵动作用和土体的失稳的问题，都是以弹塑性力学为基础的，这算第一个阶段。第二个阶段是从七十年代初开始，和香港张佑启教授一起把有限单元法引入隧道研究、地下结构与土层共同作用。到了七十年代中期我的科研方向发生了很大的转变，偏向于实际工程，并结交了上海隧道界二位专家王振兴和刘建航，他们的施工经验我认为是很丰富的，我的力学研究比较好，因此我们相结合在一起搞了一些工程。后来我们又结识了国际隧道协会的主席 Muirwood。我将他的隧道支护方法引入中国，这就是柔性衬砌，现在上海的很多隧道衬砌支护就采用了这种方法和原理，不是很厚，应该说这是一个创新，刘建航院士认为这是有一定刚性的柔性衬砌。我认为我们的科研不能单纯地搞力学分析，这不是我们的重点，我们应转向工程。这里插上一句我过去经常讲的话：搞钢结构的教授是 90% 的理论和 10% 的实践，搞钢筋混凝土的教授是 50% 的理论和 50% 的实践，搞岩土工程的教授是 10% 的理论和 90% 的实践。现在再和一些专家、教授探讨时，这一观点又有一些转变：像一些大型岩土工程（如三峡工程）就需要 30%～40% 的理论指导，但是无论如何，我认为岩土工程实践的比例占的相对大一些。但对大学的教授完全可以搞纯理论性的研究，我就抱着这个观点成立了软土研究中心，到目前为止，让我感到欣慰的是这是上海地铁建设公认的一家研究中心,经费充沛,主要是要保工程出成果,培养大量的年轻人。现在上海地铁建设处于快速发展时期,理论研究非常重要,像我们提出的时空效应理论,在上海地铁一、二线和高层建筑的基坑支护都得到很好的应用,变形和位移是可以预测的。对上海城市地下交通、地下地上交通的转换枢纽问题,地下交通交汇点施工问题、地下交通布局等,我们研讨呼吁过,后来并得到了很好的重视。但在上海建设一号线时就没有考虑到与后来二号线交汇问题,像人民广场地铁就无法实现零转换,要走几百公尺,这不是学术问题,不能指责。像浦东的陆家嘴就没有搞多少地下空间,因为当时急于招外商投资进来,外商不愿意投那么多资金搞地下工程,成本太高。另外我们还和上海市科委合作成立了上海城市地下空间研究发展中心,主要针对地铁以外的地下停车场、地下商场、地下储藏库等。

记　者:您认为在您人生事业追求中对您影响最大的人是谁?有哪些方面的影响?

侯学渊:一是我的老师,像李国豪老校长,李寿康、高巨清、张问清教授;二是我的同辈,像刘建航院士。李国豪老校长有句话对我影响很大,他说:人的学问不在于复杂,在于简单。譬如说,解方程 $\Sigma X=0, \Sigma Y=0, \Sigma M=0$;可能有的人用偏微分方程去解,搞得很复杂,而解决不了问题,实际上可能很简单就解决了。这就是说要掌握最基本的、基础的,但要深入。李寿康教授讲过搞科学研究强调坚固踏实,要一步一步的走,不能跳跃。高巨清教授是西南交大教授,在我们国家隧道设计领域是第一位教授,教了我很多隧道基本思路。张问清教授做事踏实,善待学生。我和刘建航院士一直合作,观点一致,我们相互交流和融合的东西很多,现场实践,施工工艺与方法、检测等都向他学习。还有解放前担任上海市市政局局长的徐以枋老先生,他对我讲搞地下工程一定要胆大心细,不胆大干不了事,不心细要出问题,我一生铭记在心。

记　者:您现在是两个中心的主任,在软土地下结构与工程,特别是地下结构与地层的相互作用,软土地层移动理论与实践作了大量的研究与探索,取得了大量研究成果。您和刘建航院士一起提出的"时空效应理论",这些研究成果是在实践当中摸索规律性的东西,无疑对行业发展起到重要的推动作用。我想提两个问题:一是这些成果和理论的内涵,创立的基点与作用;二是从事科学研究如何创新?

侯学渊:首先是社会需要,地层移动理论是生产实际当中产生的,现在地下空间开挖深度越来越深,特别是地铁建设很快,情况也越来越复杂,上海的土层流变性很大,需要研究规律;第二,我们一直重视实践,但规律性的理论成果也应重视,故对一些数值计算,我肯定它是一个非常实用的方法。我曾经见到过搞数值计算最厉害的,美国 Desai 教授,他讲,有限单元法输入的是垃圾，输出的也是垃圾，他讲这句话值得考虑。当然这是一种非常完整的方法，把我们以前忽略的边界条件，任意边界条件都考虑在内，从二维空间到三维甚至四维空间都可以来算，解决问题。另一项科研需要的是物理模拟，我认为国内不够重视，要大声呼吁，像一些模型实验要大力提倡。我们土力学的鼻祖们就非常重视模型实验。另外最重要的是现场量测，因为地下开挖对地层的扰动很厉害，位移很大，需要量测数据找出规律，搞岩土工程要研究工艺和仪器设备。

我认为科研人员要有概念的创新，像上海的地下连续墙、盾构隧道施工、降水的施工工艺与方法就有许多概念创新，要从实践中提炼出理论的东西，反过来指导实践。像上海地下基坑、隧道施工地面隆起的问题在过去比较突出，通过研究、通过取得现场数据进行数值模拟、物理模拟，得出规律，特别是隧道施工通过控制盾构机的扭矩和推进速度以及支护方法得以解决。隧道施工中的横向变形规律已经掌握，我们现在研究纵向的变形规律。

记　者：软土基坑施工与隧道施工技术有哪些？未来的趋势是什么？

侯学渊：软土基坑施工多为一些常规的施工方法，大都为国外十几年前搞过，像地下连续墙、混凝土搅拌桩、旋喷桩等都为常规法，基坑支护土钉墙算是一个创新。桩基的问题是一个很老的话题，桩基与土体的摩擦力、剪切力等是需要研究的，像上海的磁悬浮的桩基要求就很严格，变形一般不能超过几个毫米，桩基要打到 80 公尺深的密石沙上。隧道施工多为土压平衡法，目前有一个需要研究的问题就是近距离的隧道施工的变形问题，我近期的科研重点是近距离隧道。另外，隧道使用过程中的灾害与治理，是我们目前关注的另一个问题。

记　者：侯老师您在许多方面具有超前意识，善于从实践中用独到的眼光捕捉事物的规律，但实际工程中干扰因素很多，很难找到统一的规律性，您如何看待和解决这一矛盾和问题的？

侯学渊：科学有两类，一类是单个人的研究，在实验室关着搞理论的研究；而大多数教授大多数人是结合实际搞一些技术研究，像我们同济大学地下系，我就一直提倡要百花齐放，不同的观点进行争论，这样才能发展才能繁荣科学研究。我一生的事业在上海，对上海有着浓厚的情感，这些年上海的变化很大，作为学者，从技术和人文环境角度考虑，上海的发展要注意地上建筑与地下空间的协调，注意生态环境，像日本大深度地下空间最近大突破，东京已证明地下 40m 建筑比地面便宜，故决定采用地下方案，所以我们正向上海市政府提出 30m 深地下环行公路方案，内环线就应该修成地下的高速公路，减少大气污染等。

张旷成 小传

1952年毕业于川北大学（后合并于现重庆大学）土木工程系。

1989年12月荣获首批中国工程勘察大师荣誉称号；1991年10月起享受国务院特殊津贴；1991年12月荣获陕西省突出贡献专家称号；1992年6月荣获陕西省优秀共产党员专家称号；1997年被中共深圳市委确认为深圳市杰出专家；2001年1月起享受广东省特殊津贴。现任深圳市勘察测绘院有限公司顾问总工程师，中国土木工程学会桩基学术委员会委员；中国建筑学会工程勘察分会资深委员（终身）；中国建筑学会基坑工程专业委员会委员；广东省土木建筑学会顾问；深圳市地质学会高级技术顾问；深圳市土木建筑学会岩土工程专业委员会顾问。

曾任工程技术负责人、审核人、审定人的工程勘察、设计项目千余项。主编和主持修编了行业标准《高层建筑岩土工程勘察规程》（JGJ72-2004），它是我国这一领域的第一本标准，该规程主要特点是强调勘察工作不仅要客观反映地质情况，而更重要的是要解决工程中所关心的岩土工程问题，因而把岩土工程评价列为重点，独立成章，分7节提出了各种岩土工程问题的评价要点。1993年来到深圳后，主要从事地基处理、基坑支护、桩基工程等岩土工程设计咨询工作。主编了深圳市标准《深圳地区建筑深基坑支护技术规范》（SJG 05—96），它也是这一领域全国第一本技术规范。2000年主编了《深圳地区岩土工程的理论与实践》一书。参与过深圳市许多大型复杂工程的评审和岩土工程技术咨询。

参加工作至今曾获国家科委颁发的科技成果完成者证书1项；国家科技进步二等奖1项；国家优秀工程勘察银质奖3项、铜质奖2项；省部级科技进步二等奖6项、三等奖3项；部、省、市优秀工程勘察、设计奖20项；各种工程奖项共计36项。

从岩土工程设计看岩土工程勘察工作中几个值得注意和改进的问题

张旷成　李亮辉

1　建筑抗震地段类别的划分需要慎重

国家标准《建筑抗震设计规范 GB 50011—2001》(以下简称《抗震规范》)强制性条文4.1.9条规定“场地岩土工程勘察,应根据实际需要划分对建筑有利、不利和危险的地段……”4.1.1条和表4.1.1提出了如何划分的具体规定。但笔者看见有些勘察报告对此划分并不确切,以下举两个工程实例加以分析。

实例1　深圳地区某地质灾害的挡土墙加固工程。挡土墙高度小于10m,系八十年代兴建的浆砌片石挡墙,挡墙上、下均有多层建筑,经地质灾害调查评估,认为由于挡墙年久失修需要对挡墙进行加固,由此进行了勘察工作,勘察结果是场地并没有已有滑坡、崩塌、泥石流等地质灾害,但勘察报告的结论却将该场地划为“危险地段”。

笔者认为将此场地划为“危险地段”是不合适的。按《抗震规范》危险地段是“地震时可能发生滑坡、崩塌、地陷、地裂、泥石流等及发震断裂带上可能发生地表错位的部位”。深圳地区,抗震设防烈度为7度,设计地震加速度为0.1g。在历史上,深圳市地震活动并不强烈,自有史记载以来,未见破坏性地震。在建市初期和以后,深圳市有关部门进行过专门性地震地质工作,结论是:深圳不具备发生大于5级地震的构造条件。在此地震地质背景条件下,上述场地不可能由于地震而产生滑坡、崩塌、泥石流等地质灾害。因而上述场地不应定为“危险地段”。由于场地内有陡坎,按“不利地段”的“非岩质的陡坡、边坡的边缘”条件,将场地定位“不利地段”是可以的。

实例2　广东东莞地区某建设场地的岩土工程勘察报告,在场地稳定性评价一节中写到:在场地西北角有数个钻孔揭露了断层角砾岩,厚度13.0~39.3m,层顶埋深9.8~40.0m,走向近南北,倾向西,倾角60°左右,据区域地质成果,该断层总体走向北西,延伸长度15km,角砾岩带长2km以上,按断层规模,系浅切割断层,属非发震断裂,但断层带影响带较宽,结构面较松软,在地震作用和地应力失去平衡条件下,可能发生滑动。由此,该勘察报告结论,本场地为“不利～危险地段”。

笔者认为这个判别结论是不合适的,东莞地区,抗震设防烈度为6度,设计地震和速度为0.05g。按《抗震规范》4.1.7条条文说明,在地震烈度小于8度的地区,地面一般不会产生断裂错动。本场地为6度区,没有产生如此大的地震作用和地应力致使断裂失去平衡产生滑动的条件,因而不宜判定为“不利地段”,更不应判定为“危险地段”,按4.1.1条条文说明,可判定为“可进行建设的一般场地”。

值得特别注意的是《抗震规范》3.1.1条强制性条文指出,选择建筑场地时,……,对不利地段,应提出避开要求;当无法避开时,应采取有效措施,不应在危险地段建造甲、乙、丙类建筑。勘察单位在判定和划分抗震地段类别时,要了解判别的后果及其利害关系,它涉及场地取舍的重大原则问题,需要极为慎重。

2 岩体完整程度建议按完整性指数作定量划分

在广东地区,大部分大直径灌注桩桩基均以微风化岩作为桩端持力层,此时除应通过岩芯进行单轴抗压强度试验以判定基岩坚硬程度外,还要判定基岩岩体完整程度。对于前者,几乎所有勘察单位都会这样做,只是取岩芯的数量和代表性方面,各有差异;而对后者,有关基岩完整程度的判定多数单位还是按野外描述,以国标《岩土工程勘察规范 GB 50021—2001》(以下简称《勘察规范》)附录A.0.2作定性判定,这样判定结果,往往会因人而异,有时差异甚大。建议按“完整性指数”以《勘察规范》表3.2.2-2的规定进行判定,现举一个工程实例来加以说明。

实例 深圳皇岗～香港落马洲第二公路桥桥基工程详细勘察阶段报告

第二公路桥横跨深圳河,主桥长190m,宽23m,双向四车道为过境货车专用桥,桥墩采用大直径桩基,桩基的持力层有两种岩性,香港侧为微风化板岩,4个试样和单轴极限抗压强度平均值 $\bar{q}_u=56.5\text{MPa}$,经实测岩块压缩波波速的中值 $V_{pr,m}$ 为3 540m/s,岩体压缩波波速的中值 $V_{pm,m}$ 为2 496m/s;深圳侧岩性为微风化花岗岩,9个试样饱和单轴极限抗压强度平均值 $\bar{q}_u=62.3\text{MPa}$,岩块压缩波波速的中值 $V_{pr,m}$ 为3 316m/s,花岗岩岩体压缩波波速的中值 $V_{pm,m}$ 为2 730m/s。

计算两种岩性的完整性指数 I_v:

(1)微风化板岩

$$I_v=\left(\frac{V_{pm,m}}{V_{pr,m}}\right)=\left(\frac{2\,496}{3\,540}\right)^2$$

$$=(0.705)^2=0.497$$

微风化板岩的完整性指数的中值 $I_v=0.497$ 介于0.55～0.35之间应属

“较破碎”。

(2)微风化花岗岩

$$I_v=\left(\frac{2\,730}{3\,316}\right)^2=(0.0.823)^2=0.677$$

微风化花岗岩的完整性指数的中值 $I_v=0.677$ 介于0.75～0.55之间应属“较完整”。

微风化板岩单轴极限抗压强度平均值 $\bar{q}_u=56.5\text{MPa}$，属“较硬岩”，岩体完整性指数 $I_v=0.497$，属“较破碎”，按《勘察规范》表3.2.3-3，岩体基本质量等级属Ⅳ类；微风化花岗岩 $\bar{q}_u=62.3\text{MPa}$，属“坚硬岩”，属“较完整”，岩体基本质量等级属Ⅱ类，说明两侧岩体基本质量等级有明显差异，建议设计加以考虑。

通过上述工程实例分析，建议今后岩体完整程度按实测岩块、岩体的压缩波以完整性指数作定量划分，使对岩体的基本质量等级有更为确切的认识和评价。

3 深圳地区海积淤泥的沉降计算方法对比及计算参数的选取

3.1 淤泥沉降计算方法对比

深圳地区的海积淤泥，为新近沉积的全新世 Q_4^3 地层，C^{14}年龄为640±70～2 150±90。三个代表性工程，每个工程近90个试样(其中 c，φ，C_c 值数量较少)，土工实验所测得的物理力学性质参数统计如表1。

三个工程所测得的平均值很接近，反映了深圳海积淤泥的性质，由于后海湾填海工程更接近于陆域，其性质较其他两个工程略好。

目前计算软土沉降的方法有两种：一种是按 $e\sim p$ 曲线计算，另一种是按$e\sim \lg p$曲线进行计算。现以后海湾填海后的城市道路路基为例，进行两种方法的对比，路基下为10m厚的流塑状淤泥，路堤加固处理交工面高程为+3.2m，其上为结构层及路面，路面高程为+4.0m，地下水位按多年平均低潮位-0.28m计算，淤泥顶面高程按-1.5m计。预留淤泥固结沉降的填土荷载按淤泥厚度25%考虑。

作用于淤泥层顶面的附加压力 P_0 计算如下：

P_1—行车荷载按汽车—超20级，以土柱高0.78m计，$P_1=0.78\times19=14.8\text{kPa}$

P_2—路面及结构层的附加压力，$P_2=0.8\times24=19.2\text{kPa}$

P_3—交工面高程至地下水位的填土附加压力，$P_3=(3.2+0.28)\times19=66.12\text{kPa}$

P_4—地下水位至淤泥层顶面的填土附加压力，$P_4=(1.5-0.28)\times9=10.98\text{kPa}$

P_5—预留淤泥固结沉降后的填土附加压力，$P_5=25\%\times10\times9=22.5\text{kPa}$

P_6—采用超载预压，按超载土为2.0m计算，$P_6=2\times19=38\text{kPa}$

作用于淤泥顶面上的附加压力：$P_0=P_1+P_2+P_3+P_4+P_5+P_6=171.6\text{kPa}$，按172kPa计。

表1　深圳海积淤泥物理力学性质参数统计

工程名称＼平均值＼指标	含水率 w (%)	重度 γ (kN/m³)	比重 G_s	孔隙比 e	液限 w_L (%)	塑性指数 I_P	液性指数 I_L	压缩系数 a_{1-2} (MPa⁻¹)	压缩模量 E_s (MPa)	直剪快剪 C (kPa)	直剪快剪 φ(°)	压缩指数 C_c
后海湾填海工程	83.7	15.0	2.70	2.33	46.9	17.4	3.10	2.03	1.70	7.1	4.2	0.741
西部通道工程	91.0	14.8	2.67	2.46	49.1	18.8	3.37	2.25	1.60	5.3	2.5	0.760
机场跑道扩建	92.4	14.7	2.67	2.51	55.5	22.7	2.70	2.17	1.68	6.4	1.6	0.72

选择曲线1、按标准固结方法试验，其物理力学性质参数接近于后海湾淤泥土性参数平均值的典型曲线计算。其天然密度 $\rho=1.5\text{g/cm}^3$、天然含水率 $w=82.4\%$、天然孔隙比 $e=2.235$，压缩指数 $C_c=0.728$，其各级压力下的孔隙比（$e\sim\lg p$ 曲线的实测值）如表2：

表2　两条标准固结试验曲线所测得各级压力下的孔隙比

压力 p/kPa	曲线1 e_i	曲线2 e_i	压力 p/kPa	曲线1 e_i	曲线2 e_i	压力 p/kPa	曲线1 e_i	曲线2 e_i
12.5	2.104	1.643	200	1.257	1.103	200	1.262	1.105
25	2.000	1.576	100	1.274	1.113	300	1.224	1.075
50	1.838	1.486	50	1.299	1.133	400	1.159	1.027
100	1.607	1.352	25	1.331	1.158	600	1.054	0.943
200	1.257	1.103	50	1.323	1.150	800	0.965	0.880
300	1.255	1.096	100	1.298	1.130	1 200	0.819	0.771

（1）按《建筑地基处理技术规范》（JGJ 79—2002）以压缩曲线 $e\sim p$ 曲线计算软基的最终沉降量。

$$S_f=\xi\sum_{i=1}^{n}\frac{e_{0i}-e_{1i}}{1+e_{0i}}h_i$$

式中符号意义见规范，为对比取 $\xi=1$；e_{0i} 取10m厚淤泥中点5m，即 $5\times5=25\text{kPa}$ 下的孔隙比，即 $e_{0i}=2.000$；e_{1i} 取25kPa与附加压力172kPa之和为197kPa，用插入法求得197kPa压力的孔隙比 $e_{1i}=1.381$，故

$$S_f=\frac{2.000-1.381}{1+2.000}\times10=2.063\text{m}$$

（2）按考虑固结历史的 $e\sim\lg p$ 曲线进行计算，深圳海积淤泥，按固结历史判定应属"欠固结状态"，但经实测的前期固结压力 p_c 随深度的变化曲线与有效自重压力 p_z 相比，海域内淤

泥 p_c 均大于 p_z，即超固结比 OCR 均大于1，而陆域有上覆填土，其 OCR 均小于1。海域淤泥从沉积以来，至今未受到过上覆压力，按"超固结"是不合适的，只能认为是非应力原因所引起的"似超固结土"，此问题留待进一步研究。作为工程计算，从偏于安全出发，按"正常固结状态"，按《高层建筑岩土工程勘察规程》（JGJ 72—2004）以下式计算沉降：

$$S_f' = \sum_{i=1}^{n} \frac{h_i}{1+e_{0i}} C_{ci} \lg\left(\frac{P_{zi}+p_{0i}}{P_{zi}}\right)$$

式中符号意义见规范，但此处的 e_{0i} 是第 i 层土的初始孔隙比，本计算按天然孔隙比取 $e_{0i}=2.235$，压缩指数取试验结果 $C_c=0.728$，故

$$S_f' = \frac{10}{1+2.235} \times 0.728 \times \lg\left(\frac{25+172}{25}\right) = 2.017\text{m}$$

两种计算方法的结果非常接近

$$\frac{S_f'}{S_f} = \frac{2.017}{2.063} = 0.978$$

再以曲线2计算。其 $w=64.9\%$，$\rho=1.61\text{g/cm}^3$，$e=1.724$，$C_c=0.535$，5.0m处的有效自重压力 $p_z=5\times6.1=30.5\text{kPa}$，$p_0=172\text{kPa}$，$p_z+p_0=202.5\text{kPa}$，按 $e\sim p$ 曲线计算的

$$S_f = \frac{1.556-1.183}{1+1.556} \times 10 = 1.459\text{m};$$

按 $e\sim\lg p$ 曲线计算的

$$S_f' = \frac{10}{1+1.724} \times 0.535 \times \lg\left(\frac{30.5+172}{30.5}\right) = 1.614\text{m}，其 \frac{S_f'}{S_f} = 1.106$$

从以上两种计算方法的对比可看出，其计算结果非常接近，$S_f'/S_f=0.978\sim1.106$，土愈软，愈接近。但根据深圳市深港西部通道及滨海大道等工程的海积淤泥按超载2.0m堆载预压法所得的实测沉降量结果，要比计算结果为大，实测沉降量与淤泥厚度的比值为25%～30%，即10m厚淤泥实测沉降量为2.5～3.0m，较计算的2.0m沉降量大1.25～1.5倍，但实测沉降中包括了下卧层的沉降量，而上述计算中未包括，经估算下卧层沉降量为20～30cm，即包括下卧层沉降量在内的计算沉降量应为2.2～2.3m，即实际的主固结沉降量为计算沉降量的1.1～1.3倍，亦即沉降经验系数 $\xi=1.1\sim1.3$。

3.2 计算参数的选取

（1）以上计算证明按 $e\sim p$ 曲线或 $e\sim\lg p$ 曲线计算结果是非常接近的，现行建筑、公路、港口等各种地基处理技术规范和地基规范都采用 $e\sim p$ 曲线的方法计算沉降，主要是因为它比较简单。但目前几乎所有的岩土工程勘察报告中都只有100～200kPa的压缩系数和压缩模量，其加荷等级为50、100、200、400kPa，即使提供了压缩曲线，也只有上述压力下的孔隙比，而没有小压力的 e 值，致使按 $e\sim p$ 曲线计算沉降不可能实现，为此建议为计算软土沉降的 $e\sim p$ 曲线的加荷等级应为12.5、25、50、100、150、200、250、300、400 kPa。

（2）建议岩土工程勘察报告按上述各级压力下的孔隙比进行数理统计，提供各级压力下的孔隙比的平均值或标准值，绘制平均值或标准值的

"综合 $e\sim p$ 曲线",或选择接近于软土物性参数平均值或标准值的典型 $e\sim p$ 曲线,供岩土工程设计计算沉降之用。

(3)按 $e\sim \lg p$ 曲线计算沉降是欧美国家常用的方法,其沉降计算结果较按 $e\sim p$ 曲线略大。其中最关键的是 C_c 值,应按足够数量的 $e\sim \lg p$ 曲线实测求得。

4 基坑工程中抗剪强度参数的选取

4.1 计算稳定性所需抗剪强度参数

稳定性验算往往需要进行整体稳定性验算、抗隆起稳定性验算、抗滑移稳定性验算等,这些验算需要用到土的抗剪强度参数。这类稳定性问题往往都是由于基坑底部存在软粘土,且系快速开挖、卸荷所造成。由于快速卸荷,土中剪应力快速增加,对于粘性土,尤其软粘土,其超静孔隙水压力来不及消散,土体亦没有充分时间产生固结,因而为这类问题计算提供的抗剪强度参数的试验方法宜采用三轴不固结不排水剪(UU)或直剪的快剪方法。基底抗隆起稳定性验算,规范就明确规定由十字板试验或三轴不固结不排试验确定。

4.2 计算土压力所需抗剪强度参数

(1)参考文献[1]中提到:对基坑工程来说,通常在确定土压力系数时所用的 c、φ 值可以取直剪固结快剪指标或三轴固结不排水强度指标。但对于渗透性很差的软粘土,一般应取天然快剪或不固结不排水强度指标,并从理论上分析了三轴不固结不排水试验,其 φ 角应等于零。由于 UU 试验在施加周围压力和轴向加载过程中都不排水,施加的周围压力全部由孔隙水承受,所以从理论上讲,周围压力的大小都不能改变摩尔圆的直径,此时应有 $\varphi_u=0$,土体的抗剪强度用 c_u 表示,如果得出的 φ_u 不等于零,仍应取 $\varphi_u=0$。该文献还提到:Jack 从理论上推导了静止土压力系数为 $k_0=1-\sin\varphi'$,因而在计算土压力时应采用有效强度 φ'。

(2)参考文献[2]中指出:在进行不固结不排水试验时,对取样技术和设备要求很高,否则试样可能回弹松弛,测得强度指标失真,某些勘察报告提交的饱和粘土的不固结不排水试验其 φ 角比 0°高得多,可能由此原因造成。有的勘察报告 φ_u 高达 15~20°,更令人费解。不管是什么土,饱和土的三轴 UU 试验,其内摩擦角必须为零。如果不能满足试样完全不回弹与不扰动,则可以在原位压力下固结。但自重压力应该为该土层厚度中点的有效自重应力,而不能按每一深度的实际自重应力分别固结。

(3)参考文献[3]中指出,根据从 1989 年至今 10 年里 11 项工程 153 个土压力盒的实测资料分析反算得出的结论是:软土地基采用朗肯公式计算土压力,主动土压力计算应采用土的固结快剪指标,被动土压力计算应采用快剪指标。

(4)现行规范有关土压力计算所采用抗剪强度参数的规定:行业标准《建筑基坑支护技术规程》(JGJ

120—99)、行业标准《建筑基坑工程技术规范》(YB 9258—97)、行业标准《港口工程地基规范》(JTJ 250—98)、上海市标准《基坑工程设计规程》(DBJ 08-61—97)、广东省标准《建筑地基基础设计规范》(DBJ 15-31—2003)、深圳市标准《深圳地区建筑深基坑支护技术规范》(SJG 05—96)等都规定宜采用三轴固结不排水剪或直剪固结快剪。行业标准《港口工程地基规范》(JTJ 250—98)还规定,"直剪快剪不宜采用"。

(5)修编《高层建筑岩土工程勘察规程》(JGJ 72—2004)时,对基坑工程中抗剪强度参数的试验方法选用非常重视,根据审查该规程专家的意见,选择了上海地铁工程三个软土场地,同时完成的直剪固结快剪试验,三轴不固结不排水试验(UU)和三轴固结不排水试验(CU)所测的强度参数标准值按总应力法用朗肯公式水土合算进行了试算、分析对比后规定:计算土压力可采用固结不排水(CU)试验提供的参数,当按有效应力法计算时,宜采用测孔隙水压力的固结不排水试验(CU),提供 c'、φ'参数。

4.3 为基坑工程勘察报告应提供的抗剪强度参数

目前所见到的很多勘察报告所提供的抗剪强度参数过于单一,往往只有直剪快剪(有不少报告还未注明试验方法)指标,不能满足基坑工程设计计算的要求,建议根据上述分析意见的要求,至少应提供每一主要土层的三轴不固结不排水试验的 c_{uu}、φ_{uu}参数以计算稳定性,和三轴固结不排水试验的 c_{cu}、φ_{cu}参数以计算土压力。试验数量应少而精,但必须满足每一主要土层不少于6件的要求。

5 嵌岩桩承载力计算分析和所需岩土工程参数

5.1 嵌岩桩的侧阻力、端阻力及单桩极限承载力计算

现行行业标准《建筑桩基技术规范》(JGJ 94—94)修订征求意见稿(2005.2)和行业标准《高层建筑岩土工程勘察规程》(JGJ 72—2004)都规定嵌岩桩单桩竖向极限承载力是由三部分组成,按下式计算,即

$$Q_{uk} = Q_{sk} + Q_{rk} + Q_{pk} = u\sum_{1}^{n}\zeta_{si}q_{sik}l_i + u\zeta_s f_{rk}h_r + \zeta_p f_{rk}A_p$$

式中符号意义见规范。《桩基规范》在计算嵌岩段总极限侧阻力(第2项)和总极限端阻力(第3项)时,是根据岩石饱和单轴抗压强度 f_{rk} 分别乘以侧阻力修正系数 ζ_s 和端阻力修正系数 ζ_p 求得;而《高层规范》是根据岩石风化程度、f_{rk}和岩体完整程度查表求得其极限侧阻力和极限端阻力。现对两种方法不计第一项进行对比,上式可简化为:

$$Q_{uk} = Q_{rk} + Q_{pk} = \zeta_s f_{rk}\pi d h_r + \zeta_p f_{rk}\pi d^2/4 = f_{rk}\pi d^2(\zeta_s h_r/d + \zeta_p/4) = f_{rk}\pi d^2\eta$$

式中 $\eta = \zeta_s h_r/d + \zeta_p/4$

按《桩基规范》修订征求意见稿修订后的侧阻修正系数 ζ_s 和端阻力修正系数 ζ_p 计算的 η 值如表3所示。设桩径 $d = 2.0\text{m}$,按《高规》计算时,

$Q'_{uk}=u_r q_{sr} h_r + q_{pr} A_p$，当 $f_{rk}=15\text{MPa}$ 时，查表得 $q_{sk}=800\text{kPa}$，$q_{pr}=9\,000\text{kPa}$，当 $f_{rk}=30\text{MPa}$ 时，查表得 $q_{sk}=1\,200\text{kPa}$，$q_{pr}=18\,000\text{kPa}$。下面分别采用《桩规》和《高规》进行单桩极限承载力计算，其对比如表4所示。

表3　侧阻修正系数 ζ_s、端阻力修正系数 ζ_p 和 η 值

	h_r/d	0.5	1.0	2.0	3.0	4.0	5.0	6.0	7.0	8.0
软质岩	ζ_s	0.054	0.058	0.056	0.054	0.051	0.048	0.045	0.042	0.040
	ζ_p	0.70	0.73	0.73	0.70	0.66	0.61	0.55	0.48	0.42
$f_{rk}\leqslant 15\text{MPa}$	η	0.202	0.241	0.295	0.337	0.369	0.393	0.408	0.414	0.425
硬质岩	ζ_s	0.045	0.050	0.045	0.040					
	ζ_p	0.60	0.60	0.50	0.40					
$f_{rk}\geqslant 30\text{MPa}$	η	0.173	0.200	0.215	0.220					

表4　《桩规》与《高规》单桩极限承载力 Q_{uk}（kN）的对比表

$f_{rk}=15\text{MPa}$	桩规	h_r/d	0.5	1.0	2.0	3.0	4.0	5.0	6.0	7.0	8.0
		Q_{uk}	38 075	45 426	55 605	63 521	69 553	74 077	76 906	78 035	80 108
	高规	h_r	1.0	2.0	4.0	6.0	8.0	10	12	14	16
		Q'_{uk}	33 301	38 327	48 380	58 433	68 486	78 538	88 591	98 644	108 697
	Q_{uk}/Q'_{uk}		1.143	1.185	1.149	1.087	1.016	0.943	0.868	0.791	0.737
$f_{rk}=30\text{MPa}$	桩规	h_r/d	0.5	1.0	2.0	3.0					
		Q_{uk}	65 218	75 396	81 051	82 936					
	高规	h_r	1.0	2.0	4.0	6.0					
		Q'_{uk}	64 088	71 628	86 707	101 786					
	Q_{uk}/Q'_{uk}		1.018	1.053	0.935	0.815					

从上述对比结果看出两种方法计算结果是很接近的，当深径比 h_r/d 较小时，《桩规》略大于《高规》，较大时，相反。《桩规》正式颁布后，亦曾作过对比，两本规范计算结果仍是很接近，并符合上述规律。

5.2　嵌岩桩计算所需岩土工程参数

从上述计算分析中可看出：为嵌岩桩单桩极限承载力计算需要，勘察报告提供中风化、微风化的准确分层、饱和单轴极限抗压强度及岩体的完整程度，在提供后两者参数时，应保证有足够的测试数量和取值代表性。

参 考 文 献

[1] 陈肇元、崔京浩. 深基坑支护技术综述. 山东济南：全国首届基坑工程学术讨论会(1997):55~59.

[2] 李广信、吕禾. 土强度试验的排水强度及强度指标的应用. 工程勘察，2006，(3)，12.

[3] 吴铭炳，软土地基深基坑支护中的土压力. 工程勘察，1999，(2)：15~17.

• 杜嘉鸿 小传

注浆技术及地下工程专家，1923年出生，浙江省东阳市人，1949年毕业于北洋大学采矿系，1952年10月哈尔滨工业大学矿山建筑专业研究生毕业。

杜嘉鸿教授在舞阳铁矿建井工程中作现场模拟试验

研究生毕业后回东北工学院采矿系任教并兼井巷教研室副主任，后被聘为副教授、教授；1983年兼任国家经贸委中国新技术开发公司“注浆、堵漏、防水”高级技术顾问、中国黄金总公司治水技术顾问；1978、1982、1988年先后参加西班牙、匈牙利、澳大利亚国际治水学术交流，在布达佩斯学术会议上任大会执行主席。

长期从事注浆理论与实践的教学与科研工作。出版著作四部：《国外化学注浆教程》、《地下建筑注浆工程简明手册》、《井筒淋水的处理》、《岩土注浆理论与工程实例》。在国内外学术会议和学术刊物上发表论文70余篇。主要研究成果有：“化学注浆材料与工艺”获1978年全国科学大会奖；“铬渣木素化学注浆材料”获1982年冶金工业部创造发明四等奖；“化学注浆堵水与加固”获1985年冶金工业部科技成果推广奖；“高压旋喷注浆新技术凿井”获1989年冶金工业部科技成果四等奖。

注浆技术魅力无限

杜嘉鸿

记　者:注浆技术作为一种特殊工程技术在市政、铁路、公路、水利、矿山等领域得到广泛应用,您长期从事注浆技术研究、特别是化学注浆技术的理论研究和实践探索,参加了许多大型和重点项目的科技攻关,是国内注浆技术的知名专家之一。根据您多年的研究成果,您认为我国目前注浆技术理论是否已形成一个比较完整的体系?就其应用而言可分为几大类?与国外水平相比如何?

杜嘉鸿:注浆技术是以经验为主的一门科学,注浆技术考虑了浆液本身的特点,结合工程实践,提出了"注浆工程学"的概念,形成了自己的理论体系。但就目前而言,该理论体系有待于进一步完善。注浆技术涉及化学、流体力学、土力学、岩石力学等学科,同时还要研究被注介质的特性,包括岩体裂隙、混凝土裂缝及土体孔隙的特性等。因而形成一个注浆理论的完整体系还需要广大的工程技术人员的不懈努力。不可否认,注浆技术是一门逐渐成熟的科学技术。

注浆技术的分类方法较多,按注浆压力的大小,可分为静压注浆和高压喷射注浆两大类。静压注浆一般压力较低,注浆压力随浆流在被注介质中遇到的阻力的增大而升高,浆液为流动状态。根据浆液对土体的作用机理等,可将静压注浆分为充填注浆或裂隙注浆、渗透注浆、压密注浆和劈裂注浆四大类。静压注浆的种类不同,适用的条件不同、加固的目的和效果也不相同。

高压喷射注浆所采用的压力较高,浆流呈射流状,根据浆液的喷射形式可分为旋喷、摆喷和定喷;根据喷射管的类型可分为单管法、双管法、三重管法和多管法等。

注浆技术主要应用在水利堤坝、矿山巷道、竖井、隧道、地铁等地下工程开挖时的防渗堵漏和加固,也可用于防止地面沉陷,已有建筑

2003年9月,注浆技术专家杜嘉鸿教授访谈录。

物的防护、加固；在建筑工程中广泛用于提高地基承载力、各种地基的加固。

我国对注浆技术的研究起步较晚，但发展较快，特别是改革开放以后，注浆技术在众多工程中的应用取得了明显的经济效益和社会效益。

记　者：在各类岩土加固和止水工程中，注浆技术往往和其他技术相结合，而且和使用的机具、手段有很大关系，在改变岩土体的力学性能和应力传递规律方面起到了独特的作用，您认为这种复合技术是否是一种发展趋势和方向，从理论角度如何解释？

杜嘉鸿：注浆技术的初始发展阶段，注入的方法比较简单，浆液所用材料单一，注浆的作用有限。随着社会的发展，注浆技术不断完善，同时工业的发展，给注浆技术提供了强大的手段，使其应用的范围不断扩大。但随着工程建设的发展，需要解决的问题越来越复杂，单纯的依靠某一工程技术来解决复杂的工程问题，显得越来越力不从心。因而，工程技术人员试图将一门工程技术与其他工程技术相结合来解决工程问题。如注浆技术与锚固技术相结合出现了锚固理论；注浆技术与基础工程施工技术相结合出现了复合地基；技术钻孔灌注桩孔底注浆大大提高了桩端承载力；深基坑支护技术与注浆技术相结合出现了复合基坑支护结构等等。由于现代工程建设涉及许多科学技术领域，而且各个科学技术领域之间又相互渗透，因此注浆技术要适应工程建设的发展，就必须与其他工程技术相结合，只有这样，注浆技术才能解决复杂的工程问题。从另一方面来说，注浆技术涉及了土力学、岩石力学、流体力学、工程地质学、水文地质学、化学等学科，而且还和液压技术、射流技术、电子技术等息息相关。随着工程技术的不断进步，各个学科领域的相互渗透，新的注浆理论、新的施工工艺、新的注浆材料、新的注浆设备及新的注浆效果检测手段将不断地被开发和研制出来，注浆技术将获得强大的生命力。可以预见各个相关技术领域的结合将是工程技术的发展趋势。

记　者：“劈裂注浆”早期应用于水利坝基加固工程中，是否和现在的“挤压注浆”是一个概念？注浆过程中尽可能防止跑浆是一个很大问题，现在有什么有效办法？

杜嘉鸿：劈裂注浆是应用较广泛的一种注浆方法，其理论滞后于应用。劈裂注浆是在钻孔内施加液体压力于弱透水土层中，当液体压力超过劈裂压力时土体产生水力劈裂，在钻孔附近形成网状浆脉，通过浆脉挤压土体和浆脉的骨架作用加固土体；挤压注浆即是压密注浆，它是用极稠的浆液，通过钻孔挤向土体，在注浆处形成球形浆泡，靠浆液的扩散挤压周围土体，浆液不向土体渗透，只对土体产生挤压作用，因而土体不发生水力劈裂，这就是压密注浆与劈裂注浆的根本区别。压密注浆被广泛用于建筑物的抬升、固结地基土等方面，而劈裂注浆主要用于土体加固和软弱地基的防渗处理。

注浆过程中的跑浆有几种情况：一是串孔，处理的方法一般是采取间隔布孔、分序注浆，或将相邻孔同时注浆；不能多台泵同时注浆时，可暂时封闭串浆孔，待相邻孔注浆完成后再清孔补注；或掌握被注介质的注浆工程特性、地下水的流量及方向，采用"推赶法"注浆；当由于注浆压力较大而引起跑浆时，应适当降低注浆压力，并加强观测，发现问题及时处理。

表面冒浆，在浅层地基中注浆或隧道回填注浆、或坝体施工质量较差的接缝注浆中容易发生冒浆现象。对容易产生冒浆的注浆工程，应以预防为主，注浆前应预先制定预防措施。对于不同的注浆工程，处理冒浆的方法也有区别，应尽量选用可靠而又简便的方法，如堵塞漏浆的裂缝、改变浆液浓度、降低注浆压力、间歇注浆和添加速凝剂等：地面大面积冒浆时可采用反压法处理。

当高压喷射注浆中出现浆液流失时，首先分析浆液流失的原因，然后采取相应的措施处理，如采用速凝浆液，或采用水泥水玻璃双液浆，或控制浆液水灰比等。

记　者：在我们读研期间，您经常用"创业之道在于勤，须奋力攀登；求学之道在于精，宜去伪存真。持恒心，得亦安，不得亦安；倾全力，成亦然，不成亦然"教育我们，这也是您的人生的座右铭，寓意深刻，对于我们成长启发很大。

杜嘉鸿：1971～1976年冶金工业部及学校安排我们去协助河南舞阳铁矿建井，我们提出来用化学注浆固结流砂层。经过科学调研、室内试验和现场模拟扩散半径试验（照片二），顺利地完成了任务，为我国第一个用化学注浆法固结流砂层的建井实例。得到了冶金工业部的嘉奖及1978年全国科技大会成果奖。在现场1000多天的日日夜夜里，我倾全力工作，住在5平方米的土房内，生活极其简陋，部里领导和群众看到我坚持五年搞科研，深受感动。1976年唐山大地震，我又被派去支援唐山，在地震棚中住了一年，一方面指导唐山矿冶学院学生毕业设计，一方面采用双液劈裂注浆恢复了唐山刘庄煤矿的两个井筒，使之提前一年恢复生产，得到了唐山市抗震救灾奖。从这两个实例中得知：创业要勤奋，工作要有毅力，要有全力以赴的精神；对工作中的缺点、错误或失败，勇于改进，坚持真理；对于成绩所属，采取宽容忍让的态度，不多计较。

记　者：此次铁道部专门邀请您来京研究渝怀线某隧道施工方案论证会，您这么大年龄还在坚持在科研工作一线，实践着一生的追求与信念。

杜嘉鸿:周恩来总理说得好:活到老,学到老。近年来,新的科技发展异常迅速,去年我旁听了博士生的纳米材料课,联系我所了解的我国文物损坏和保护情况,与授课教授共同探讨了注浆技术在文物保护方面应用的可能性,并在有关岩土工程杂志上发表。我想在今后的城市岩土工程建设中还有许多可研究的新课题。我还要继续发挥余热,为培养人才、为工程建设再出一把力。老骥伏枥,志在千里。

• 高大钊 小传

1935年5月生，浙江平湖人。1958年毕业于同济大学公路与城市道路专业本科，历任同济大学土力学与基础工程教研室主任、同济大学科学研究处处长、同济大学科技咨询部主任、同济大学科学技术开发公司副董事长兼总经理等职。同济大学教授、博士生导师。曾任中国力学学会理事、上海建筑学会理事、上海力学会理事、中国力学学会岩土力学专业委员会主任、上海市建委科技委地基基础委员会副主任、国家科技奖励评审委员、上海力学会岩土力学专业委员会主任。上海市建委科技委委员；《力学学报》、《力学季刊》、《岩土工程学报》及《岩土工程师》等期刊编委。现任全国注册土木工程师（岩土）专业考试试题设计与评分专家组副组长、中国力学学会岩土力学专业委员会名誉主任、中国建筑学会工程勘察分会资深委员（终身）、《工程勘察》编委。

长期从事土力学与基础工程的教学科研工作，编著《土力学可靠性原理》、《天然地基上的浅基础》、《桩基础的设计方法与施工技术》等书，主编有《土质学及土力学》、《软土地基理论与实践》、《岩土工程手册》、《地基工程可靠度分析方法研究》、《土力学与基础工程》、《地基基础设计与施工丛书》、《岩土工程标准规范实施手册》、《岩土工程的回顾与前瞻》、《软土地基与地下工程》、《土力学与岩土工程师》等十余部教材、手册与专著；发表岩土工程学术论文100余篇；同时从事高校科技管理研究工作，发表管理学术论文10余篇。

早年参加我国第一本地基基础设计规范的编制，长期致力于岩土工程概率极限状态设计方法及岩土分类与鉴别的研究，是我国最早从事岩土工程可靠度研究的学者之一，为国家标准《岩土工程勘察规范》、《建筑地基基础设计规范》以及上海市《地基基础设计规范》的主要起草人，获建设部科技进步二等奖、建设部科技进步三等奖及水利部科技进步三等奖，1992年被评为全国工程建设标准与定额先进工作者。

曾代表我国标准化组织到德国、捷克参加国际标准化组织工作会议，被聘为国际标准化组织岩土工程技术委员会（ISO/TC182）通讯委员。

如何理解规范

——两位工程师的对话

高大钊

数月前,在一次闲谈时,张工和李工的对话引起我极大兴趣。谈话内容对加深理解规范很有帮助。征得他们同意,凭记忆发表如下,以飨读者。

一、土的抗剪强度指标

李:我们最近在设计一个基坑,根据地方规范,土的抗剪强度指标是用直剪的固结快剪,而国家规范的新规定是用三轴不固结不排水剪指标,不知是出于什么考虑?

张:我想,大概是因为三轴试验是比较合理的一种试验方法,可以控制排水条件,应力条件也比较明确。至于不固结不排水剪,从理论上说,如果不考虑扰动的话,那应当是反映了土的天然强度。

李:就拿我们这个地方的主要土层来说吧,直剪的固结快剪指标的内摩擦角大约在18°左右,粘聚力大约是12kPa,而三轴不固结不排水剪指标可能在35kPa左右,用这两套指标计算的结果相差很大哩。

张:是吗?

李:比方说开挖深度是5m的基坑,地面荷载20kPa,在开挖面以上作用于围护结构上的土压力合力,用三轴不固结不排水剪指标计算得到的还不到直剪固结快剪指标计算结果的一半,作用点至开挖面的距离也只有一半。不知道是直剪的结果太保守呢还是三轴的结果太危险?

张:噢!是这样吗?那差别确实太大了点。你有没有计算过拉力区的高度?相差多少?

李:拉力区高度?什么是拉力区高度?

张:啊!小李,你离开学校没有几年,怎么把土力学的概念都忘记了?你刚才不是讲土压力的合力吗?那土压力分布的三角形顶点到地面的距离就称为拉力区高度,表示这个高度范围内土与墙面之间没有压力,当然土与墙面之间也不可能产生拉力。从理论上说,由于土的粘聚力的作用,这个高度的土体能保持直立的坡面,不支撑也不会滑动。

李:那不是太好了,围护结构的顶面可以做得低一些,那就经济了不是?对了,您刚才说的这个高度也相差很大,用直剪指标时,1m 都不到,而用三轴不固结不排水剪指标计算的结果却接近 3m 了。

张:小李,不要太乐观了,土力学的问题并没有这样简单,不能简单地根据计算的结果下结论,如果土的指标用得不合适,计算的结果就没有任何用处。

李:那么用什么指标合适呢?

张:每一个指标都基于一定的物理概念,用三轴不固结不排水剪试验求得的土的天然强度,或者称为总强度,只有粘聚力而没有摩擦角。但如果从不同的深度取土测定不固结不排水强度,对于正常压密的土,则可发现,不固结不排水强度随深度而增大,也就是说在不同的应力历史条件下,得到的天然强度是不同的。对于这种凝聚性材料,能否用经典的土压力理论计算还是一个值得讨论的问题,我建议你看一看《岩土工程学报》2000 年第 3 期沈珠江院士的一篇文章,"基于有效固结应力理论的粘土土压力公式",相信对你会有帮助(为了便于理解,请参见图 1。编者)。

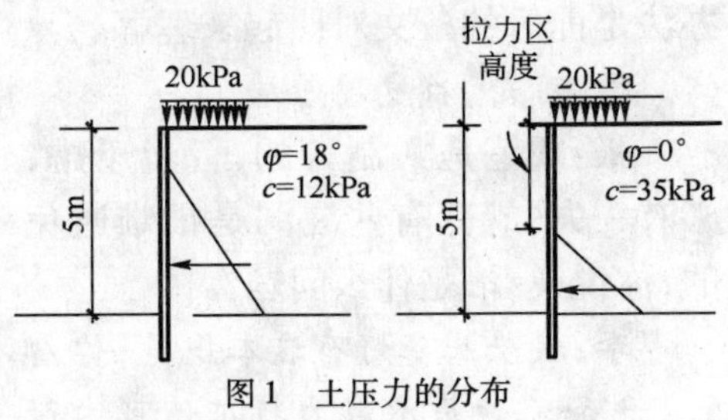

图 1　土压力的分布

二、褥垫层

李:谢谢你。我再请教个问题,在地基处理的新规范中,褥垫层的使用放在很突出的地位,我不清楚为什么要采用褥垫层,什么情况必须用,什么情况不一定用?

张:褥垫层?噢,过去在山区处理软硬不均地基时就采用过,对于调节不均匀沉降有很好的效果。后来听说在 CFG 桩的使用中采用了褥垫层,因为 CFG 桩的刚度比较大,设置褥垫层可调节反力的分布。

李:不仅是 CFG 桩,采用水泥搅拌法和高压喷射注浆法加固地基时,都规定了使用褥垫层,而老规范是没有这个规定的。

张:是吗?都推广使用了?

李:是啊,前些日子,我设计了水泥搅拌桩加固地基,审图时没有通过,说不符合国家标准的新规定,执行新规范就要采用褥垫层。

张:有那么严重吗?

李:审图说,对高压喷射注浆,规范写的是"宜",还可以商量,而对水泥搅拌桩,规范写的是"应",就没有商量余地了,必须不折不扣地执行,我们院的老总还批评我没有学好新规范哩。

张:啊!那为难你了。其实,这些都是经验的总结,订到规范里是为了对工程师有所帮助,岩土工程是经验性非常强的一门技术,要因地制宜,还需要不断的发展。

李:发展?不敢不敢。照规范做我总没有错了,省得吃整改,太平点。

张:那你为什么不采用褥垫层呢?

李:我倒是琢磨过这个问题。规

范条文说明中说褥垫层可以调整竖直荷载的分担，褥垫越薄，桩分担的荷载越多。设置褥垫不是为了使桩少承担一些荷载，让地基土多承担一些荷载吗？

张：是啊！就是这个道理，其实并不是什么太高深的理论问题。

李：那么，张工，我问你，为什么要采用水泥搅拌桩加固地基？

张：那是地基土太差了，希望水泥搅拌桩分担一些荷载，既满足地基承载力的要求，也可以减少沉降量。

李：是啊！采用水泥搅拌桩是为了让桩来帮土的忙，但又害怕桩喧宾夺主，又采用褥垫层来制约它，是不是这个逻辑？

张：哈哈，小李，你真会说笑话，你说形成了一个悖论，是不是？

李：不不，张工，这可是你说的，我没有那么说。

张：为什么那么害怕？这是讨论学术问题么，有什么可以害怕的？

李：我还在想，真要让桩少分担些荷载，还有更经济的办法。

张：什么办法？

李：将置换率减小点，桩距放大点不就可以达到目的了。我真不明白，为什么多用了桩，再用褥垫层去削弱它的作用？

张：也许是桩端的土层太好了，桩的沉降太小，土的作用发挥不出来。

李：可是，我这个工程，桩端并没有好土，桩有足够的沉降，我还害怕沉降太大了。张工，您说我错在哪里啊？

张：是啊！岩土工程问题，条件千变万化，用一个模子怎么能都装进去呢？“实事求是”话好讲，真要做到可难啦！小李，你还是一个肯动脑筋的年轻人，希望你能保持这种精神，还有什么问题要讨论吗（为了便于理解，请参见图2。编者）？

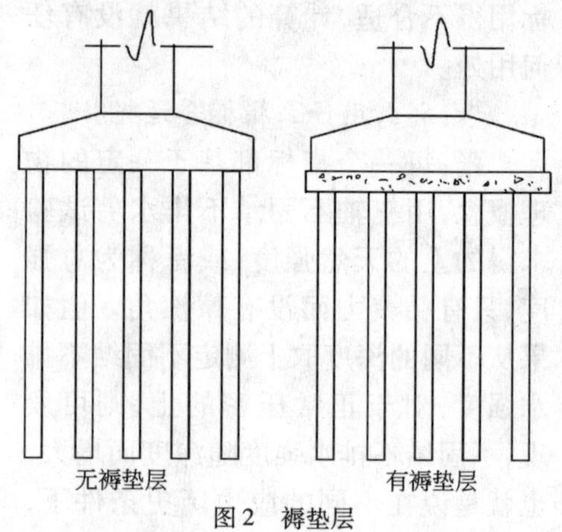

图2　褥垫层

三、地基承载力

李：还有一个问题，可能我是书呆子，太咬文嚼字了。我总在想，要执行好规范，必须对规范的条文有深刻的理解，还必须从总体上去理解规范。

张：非常正确，对规范是需要咬文嚼字，也需要从总体上去理解，最好的办法是前后的条文对照起来理解。

李：可是，我发现矛盾了。

张：规范是人制订的，智者千虑，必有一失，规范有些漏洞是很难避免的，你说说看，是什么问题？

李：我手头正好有这本规范，你看5.2.3条，“地基承载力特征值可由荷载试验或其他原位测试、公式计算、并结合工程实践经验等方法综合确定”。

张：看到了，这条有什么问题？

李：没有问题。再看 5.2.4 条的这个公式：

$$f_a = f_{ak} + \eta_b\gamma(b-3) + \eta_d\gamma_m(d-0.5)$$

公式中的 f_a 称为修正后的地基承载力特征值，f_{ak} 称为地基承载力特征值，按上面的 5.2.3 条确定。是吗？

张：对，是这个意思，这应当也没有什么问题。

李：再看 5.2.5 条"根据土的抗剪强度指标确定地基承载力特征值可按下式计算"，这个地基承载力特征值的计算公式是：

$$f_a = M_b\gamma b + M_d\gamma_m d + M_c c_k$$

张：噢，我明白了，你的意思是这 3 条之间存在矛盾，闭合不起来。我想你的问题大概是：(1)f_a 究竟是地基承载力特征值还是修正后的地基承载力特征值？(2) 地基承载力特征值的符号究竟是 f_a 还是 f_{ak}？

李：是的，技术标准对术语和符号的规定应当是非常严格和科学的，同一个物理量只能用一个符号来表示，同一个符号也只能表示一个物理量，刚才这三条似乎不符合这些原则。

张：其实这并不仅仅是一种表示方法的问题，而可能是对于新提出的术语，推敲得不够的缘故。你看，在术语和符号这一章中，有一条关于"地基承载力特征值"的定义是这样写的，"指由荷载试验测定的地基土压力变形曲线线性变形段内规定的变形所对应的压力值，其最大值为比例界限值"。这个定义，是比较狭义的。这也许是最初的思路，但后来的条文中，却明显的扩大了。

李：在哪些方面扩大了呢？

张：如果严格按照这个定义，在 5.2.3 条中应当把"公式计算"这几个字去掉，在 5.2.5 条中也不应当采用"地基承载力特征值"的术语，因为它并不符合第 2 章所下的定义。这样，5.2.3 条和 5.2.4 条就没有矛盾了。但同时，在后面桩基础中，又将特征值推广到单桩承载力。这样一来，特征值这个词就泛化了，似乎应当在第 2 章中对"特征值"下个定义，而不是对"地基承载力特征值"下定义，你说对不对？

李：是啊！那公式计算的结果用什么术语恰当呢？总不能称为"修正后的地基承载力特征值"吧！

张：按照规范的逻辑，似乎称为"地基承载力计算值"更妥贴一些。

四、设计控制

李：谢谢张老指点，使我看得更深一层了。噢，我还想请教一个问题，是最后一个了，不好意思打扰您那么长的时间。

张：没有关系。

李：80 年代我读书的时候，土力学教科书上用的是"极限承载力"和"容许承载力"的术语。后来 90 年代的规范里，用的是设计值和标准值的术语，现在又改为特征值了。据条文说明，好像是说原来标准值一词的翻译有问题，正确的术语应当叫特征值，但不明白为什么对抗剪强度指标仍然用标准值的术语。张老，您能否给我梳理一下，这些术语之间究竟有什么样的关系。

张:啊,那么复杂的术语系统,我怕也说不确切,试试看。我认为这里存在两套不同的术语系统,从两个不同的角度来给设计参数定名。第一个系统是土力学基础工程的系统,无论是天然地基或者桩基,都存在极限状态和工作状态两个不同的设计控制点。

李:是否可以说,对应于极限状态的承载力称为极限承载力,那么对应于工作状态的为什么称为容许承载力呢?

张:可能有不同的设计控制方法,以应力~应变曲线,或者压力~变形曲线上的第1转折点控制,在结构设计中称为容许应力法,土力学中称为容许承载力法,认为只要基底反力小于容许承载力,就能保证建筑物的安全。但后来发现这种方法不一定能控制得好。例如,荷载的可能变化,或者第1转折点至第2转折点之间的余地太小,万一超过了转折点,就很快接近极限状态,那就危险了,所以还需要研究第2个转折点。

李:噢!采用极限承载力时,怎么控制设计呢?

张:将极限承载力除以安全系数就得到容许承载力,安全系数取2~3,这种方法称为安全系数法,为了与多系数法区别,又称为总安全系数法。总安全系数中包括了可能的各种因素,但缺乏定量的依据,完全是经验性的。人们不满意总安全系数法太模糊,就提出了多系数的方法。

李:多系数法是什么意思呢?

张:将可能影响后果的因素分别用不同的系数来控制,如超载系数、材料均质系数和工作条件系数等。

李:那就是分项系数了?

张:不!是两回事。这种多系数法是分别考虑各种因素的影响,其数值是分别确定的,无法统一考虑相互的影响。而分项系数则是建立在概率极限状态基础上,用统一的极限状态方程求解,得到用以分别表示作用和抗力的设计值与标准值的关系。简单地说就是作用效应的设计值等于作用效应的标准值乘以荷载分项系数,而抗力的设计值则等于抗力的标准值除以抗力分项系数。

李:就以地基承载力为例吧,地基容许承载力是标准值还是设计值?

张:你又迷糊了不是?讲到地基承载力的标准值和设计值,这与容许承载力是从完全不同的角度来研究地基承载力问题的结果,不能混为一谈。设计值是对极限状态问题进行概率分析的结果,是设计控制点的概率表示方法。地基极限承载力的标准值除以分项系数就得到地基承载力的设计值。既然分项系数与总安全系数不同,因此地基容许承载力也就不同于地基承载力设计值了。

李:那标准值又是什么概念呢?

张:按照国际标准化组织的说法,标准值是性能指标或设计参数的代表性数值,也是一种概率意义的取值,你看规范中关于抗剪强度指标的标准值计算方法,就是一种概率取值方法。

李：那规范的特征值并没有概率的含义啊！

张：是啊，据我个人的看法，规范定义的特征值和国际标准化组织定义的标准值之间似乎看不出内在的必然联系。

李：我似乎清楚了一些，非常感谢您的解释。

张：不，我不是规范编制组的成员，按照规定，规范编制组才有解释权。我们讨论对规范理解只是一种交流，不一定全面，也可能不符合规范编制的原意。但我认为，进行这种讨论是非常必要的，不同的看法是很正常的，正确的东西是愈讨论愈清楚的。何况规范是要求大家执行的技术文件，弄不清楚怎么正确执行呢？

李：张老，我们单位像我这样的人还不少，对规范还有许多不理解的地方，是不是理解的要执行，不理解的也要执行，在执行中加深理解？

张：怎么说呢？有些东西并不完全是技术问题，涉及公众利益和安全，涉及经济政策的法规性条文，那不是你理解不理解的问题，必须执行。但技术问题，特别是因地制宜的问题，规范应当规定必须做什么和不允许做什么。至于怎么做，怎么计算，构造怎么处理，那没有唯一解，做得好不好就看各人的水平了。不然，要你们工程师干什么？当然，对规范条文应当努力去理解它，不清楚的地方可以讨论，也可以向编制组讨教。

李：谢谢张老的教诲。

• 殷宗泽 小传

1937年2月生，江苏海安人。1960年毕业于武汉水利学院，现任河海大学教授，中国土木工程学会土力学与岩土工程分会名誉理事，《岩土工程学报》编委会主任。

殷宗泽教授主要从事土力学理论和应用的研究，在土石坝应力变形分析和土体本构关系领域，作出了突出贡献，先后获省部级以上科技进步奖9次。

理论上的主要发展有：从虚位移原理和流量平衡关系推导了比奥固结理论的有限元方程；提出土石坝有限元计算中模拟蓄水引起湿化变形的方法；提出土石坝心墙水力劈裂的数值模拟方法、判别方法；提出了一种非饱和土固结的简化有限元计算方法等。[JP2](1973)将非线性有限元法应用于土石坝的应力变形分析（党河沥青混凝土心墙坝）；（1976）将非线性应力应变模型与比奥固结理论相结合应用于土石坝固结计算（巴家咀土坝）。在土体本构关系方面：提出了椭圆—抛物双屈服面弹塑性模型，刚塑性接触面变形模型和有厚度接触面单元；反映变形各向异性的计算模型等。

殷宗泽教授（左一）主持国际学术研讨会

1984～1997年，参加了三峡二期围堰设计、施工中的应力变形分析研究，研究成果论证了设计，对围堰结构形式的选择和工程的实施发挥了重要作用。1988~1990年，进行小浪底土坝应力变形分析，解决了心墙是否水力劈裂、防渗墙是否破坏、防渗墙与心墙接头处是否开裂等设计中的关键问题。参加了拟建的我国最高土石坝工程，如230m水布垭面板坝、261m糯扎渡土石坝、320m锦屏坝的土石坝比选方案等的应力变形分析，在重大工程决策中发挥了重要作用。

研制了免施工干扰埋入式沉降观测仪，获实用新型专利；研制了新型真三轴仪，中主应力传力块竖向柔性而横向刚性，试样可均匀受力变形。

已培养博士32名，硕士14名，博士后3名。1978年获江苏省科学大会科技先进工作者称号；获茅以升土力学与岩土工程大奖（2004年度）、省高校优秀研究生导师、省高校优秀学科带头人等荣誉；为2009年黄文熙讲座报告人。

做人与治学都要勤奋努力诚信为本

殷宗泽

记　者：殷教授，您在土力学理论和应用研究特别是土石坝应力变形分析和土体本构关系方面研究作出了突出贡献，学术成就为大家熟知。土体本构模型的研究，曾经热了一段时期，现在有些冷了，您如何看这一现象？

殷宗泽：有热有冷是正常的。土的变形规律很复杂，不同学者从不同角度提出计算方法，就形成了上百种模型，有些模型仅从力学概念提出，不能实际应用，一用就出问题，自然要淘汰；有的模型太复杂，也不实用，没有生命力。用，是检验模型的最好办法。简单实用，又能把握变形主要规律，就是好的。各国学者看法还不一致，欧洲人喜用剑桥模型，日本人喜用关口模型，中国人普遍用邓肯模型。香港知名学者邓汉忠教授问我，“中国普遍用邓肯模型，是否与你有关?”（他知道我是邓肯学生）。我不敢说是由于我的关系。应该说，最早将邓肯模型介绍到国内是我的导师钱家欢教授。1972 年，他和姜朴教授一起翻译了邓肯 1967 年在 ASCE 上发表的那篇文章，南京水科院刊印发行。我是通过那本小册子学邓肯模型的。将该模型应用于我国土石坝工程，我起了一定作用。1973 年，将其用于计算党河水库沥青混凝土心墙坝的应力变形，1974 年在水利部系统应用电子计算机经验交流会上发表（那时“经验交流会”这个词时髦，明明是学术讨论会，也标成“经验交流会”）。在应用中，我们也作了些处理，如提出应用回弹模量的标准，小主应力降低时的处理等。后来潘家铮院士在他书中介绍了我们的党河心墙坝分析成果，并评价道：“为我国进行土石坝非线性分析较早尝试”，“在土坝非线性分析上，跨出了重要的一步”。我也因在土石坝非线性应力变形分析研究领域工作的开展，于 1978 年江苏省科学大会上被表彰为省科技先进工作者。在应用邓肯模型方面我带了个头。但该模型的广泛应用，还是广大岩土工程师们的努力。

无疑，邓肯模型也存在缺点。许多学者力图克服这些缺点，建立新模型。沈珠江院士提出了双屈服面弹塑性模型，我本人也提出椭圆—抛物双屈服面模型。都在 1988 年前后发表。

2003 年 7 月，土力学专家殷宗泽教授访谈录。

应该说,双屈服面模型能更好地反映变形规律。但是,在计算结果上,与邓肯模型相比,改进还不显著,还没有发现某些情况非得用双屈服面模型,用邓肯模型就不行,因此就难以取代邓肯模型。

后来有一件事对我触动较大,使我注意到确实有些情况邓肯模型不能适应,会算出不可靠的结果。我们计算水布垭面板堆石坝,234 m 高,如果建成,将是世界最高面板坝。我们算得面板下部最大拉应力达 20MPa。长江委工程师认为太大,说我计算有问题。工程师有实际经验,他们心中有个大数。我又查阅了一些已建面板坝的实测资料,许多情况面板上不是受拉,而是受压。我反复检查了我的计算程序和数据,没错。怎么回事?这个问题在脑子里盘旋了好多年。它迫使我去研究邓肯模型,还有双屈服面模型等存在的问题。我申请了国家自然科学基金,让研究生做真三轴仪试验。发现从小主应力方向加荷,无论受力方向应变还是侧向应变,都比从大主应力方向加同样荷载所产生的相应应变小得多。换句话说,模量大得多,泊松比小得多。小主应力的侧向是大主应力和中主应力,被它们压得紧紧的,哪能产生多大侧膨胀?泊松比必然很小。邓肯模型,双屈服面模型,主要依据大主应力方向加荷的试验结果,没有反映小主应力方向加荷的变形特点。而水库蓄水时,水压力恰恰是从小主应力方向施加的,就导致了面板计算应力的误差,甚至不可靠。土体中计算应变误差 0.1%,算不了什么,但反映到与其变形协调的混凝土面板上,就会产生十分显著的应力误差,甚至拉压相反的误差。在这种情况下,就须要考虑变形的各向异性。我们最近作了改进,已有了头绪,可望解决这一问题,把面板坝应力变形计算向前推进一步。

本构模型理论如何发展?要在应用中发展。应用就是实践。应用才能发现有什么问题,在什么情况下有问题。通过试验、理论研究,去分析为什么会有这样的问题,进而想出解决的办法,就会有新见解,提出新方法、新理论。对于一般加荷情况,邓肯模型能适应,可以仍然使用邓肯模型。有些情况不考虑剪胀性误差很大,用双屈服面模型。还不解决问题,就考虑各向异性,发展新模型。逐步深入,逐步发展。还是有许多工作好做的。

岩土工程是一门实践性很强的学科,要十分重视实践。上面我只讲了本构模型理论,其实岩土工程其他各领域的发展也是这样。

记　者:河海大学岩土工程学科是由中科院院士、我国著名岩土力学先驱黄文熙先生创建,1987 年被确立为国家级重点学科,有一批富有朝气的学术梯队,取得了丰硕的成果,现在各高校都很重视学科建设问题,请您谈谈河海这方面的详细情况。

殷宗泽:学科建设是高等学校和科研单位建设的关键。名牌大学之所以有名,就是因为拥有一批名牌的学科点,拥有学术权威。国家提出“211”工程建设时，是把建设一百所重点高校和建设一批重点学科点并列在一起提的。重点学科点是学校中的由很少一部分人构成的集体。为什么要与学校并立？就是因为这是学校建设中的关键，国家要直接抓，专项经费支持，并检查监督其发展。

河海大学岩土工程学科点有幸于1987年被评为国家重点学科点。以钱家欢教授为首，我们有一批国内知名学者，如徐志英、姜朴、方开泽、向大润等教授。在解决岩土工程问题，尤其是水利工程中的岩土工程问题中，做出了有价值的成果。国家重点学科，是一种荣誉，更是一种压力。因为国家对我们的期望和要求更高了。我们从两个方面来建设重点学科点：一是抓人才建设，尤其是对青年学科带头人的培养、造就和引进。非常高兴的是我们已经有一批优秀的年轻学者，如刘汉龙、徐卫亚、施建勇、陈建生、朱伟等教授。他们崭露头角，在不同的学术领域取得了令人瞩目的成就；二是抓学术水平的提高，我们强调成果要对工程负责、对社会负责、对未来负责。对未来负责就是，不搞拼凑，不搞蒙骗，要经得起时间的检验。因此，出了一批高质量论文和获奖成果。这两方面的努力，保障了我们2002年被再次评为国家重点学科点。我想，今后的学科建设还是要从这两方面来抓，尤其要抓青年杰出人才的培养与造就，要造就出新的学术权威。

记　者：刚才您谈到了您的两位老师钱家欢和邓肯，他们是这一领域的杰出人物，作为弟子，您一定有更深的体会和感受。

殷宗泽：钱家欢是我的研究生导师。1963年，副校长徐芝伦院士给我们青年教师作了个报告，讲攀登科学高峰，要有登山队，他鼓励我们考研究生，做登山队员。我就报考了，并录取为1964年土力学研究生，导师是钱家欢。我顺利通过了各门课程的学习，进入论文工作阶段。钱老师让我与上海水文地质大队合作研究上海地面沉降问题，着重研究软土流变对地面沉降的影响。上海方面的课题负责人是知名专家施履祥总工，也是钱老师的好友。钱老师从流变理论方面指导，施总帮我认识上海地面沉降中的实际问题。经过大半年努力，我已提出了一种分析计算方法，并通过水文地质大队委托位于嘉定的计算机研究所计算。那时的计算机比较原始，由程序人员将我们提出的计算公式编成二进制程序进行计算，要许多天后拿结果。算了一次，结果不太满意。后来文化大革命，研究不得不终止。我学业也半途而废。那时的本科生后来作为毕业生的，我们研究生也被视为毕业了。

1973年初，我们可以搞点业务工作了，钱老师让我搞有限元计算。我听了徐芝伦的有限元讲座，学了前面所讲钱老师翻译的邓肯论文，再读了计算机ALGOL语言，便到上海计算所作党河心墙坝非线性有限元计算研究。我的关于党河心墙坝的成果，关于巴家咀土坝固结计算成果，都是在那儿产生的。

是钱老师的指引，使我走上研究

土石坝应力变形分析和土体本构模型理论的道路。后来又是钱老师的大力推荐,1981年初去了美国伯克莱加州大学,做访问学者。导师是知名的邓肯教授,后来为美国工程院院士。在那里两年,我学了先进的科学,先进的仪器,先进的研究方法,以及先进的教学方法。对我后来的发展也是有很大影响的。邓肯本人的治学和为人之道也很值得我学习。最主要一点是实在。向他请教问题,他能解答的,会十分清楚地讲解;不能回答的,实事求是说自己也不懂,或者建议我请教某某教授。从不拿权威架势,似乎什么都懂。有一次,一位美国人,博士,来问我问题,说是邓肯告诉他我对这个问题研究得深,建议他向我请教的。我来自发展中国家,当时只是讲师,无名之辈。他让美国博士来请教我,足见他在学术上没有任何偏见,非常实际,非常客观地看问题的。我还和他聊起过培养研究生的问题。我说:“你培养了十多名博士生,每人的研究方向都不同,你要读很多书才行。”他说:“按理是这样,但没有那么多时间。有些新东西,我不知道,来不及学,是学生读了告诉我的。”很实在,也很虚心。另一方面,他对学生要求又是很严格的。怎样做试验,如何分析结果,都有具体指导,来不得半点虚假。确实,如果没有讲究实在的品格,是不可能做好学问的。

记　者:当前学术领域有不少现象已引起社会各界广泛关注,您对做人与做学问辩证关系怎么看?

殷宗泽:我在去年教师节(殷教授获2002年江苏省高校道德建设先进个人)会上讲过:“做人诚,做事勤”。“诚”,指诚实、诚恳、诚信。我上小学时,有两位班主任老师在我成绩单操行评语中写道“诚实”。操行,就是现在所讲的思想品德。当时我知道诚实就是不说谎的意思。确实,我不会说谎,说了谎,心跳得厉害,会内疚。诚实,就是实事求是,是做人、治学的基本道理。弄虚作假也许能蒙人一时,但很快被时间否定,实际上是自讨苦吃。何苦呢?从诚实出发,待人就会诚恳。对人以诚相待,得到的是诚的回报,自然能和睦相处。还有一条是诚信,说了的话要算数。说了不干,吹牛,谁还会信你?因此,诚恳、诚信,处人之道。根本的,还是诚实。

再说“勤”字。指的是勤学、勤思、勤劳。学无止境,我年逾花甲,学起来不如年轻人,但还要不断学。邓肯还向学生学,我能不学吗?科学发展很快,不学就落伍,还怎么去发展?仅仅学还不行。学而不思,不会发现问题、解决问题,不可能有创新,不可能有作为。所以要勤思。我脑子里常存放一些问题,时不时翻出来想想,从不同角度去想,看点书,问问别人,有时动手干干,再去想。思到一定程度,思到了路子上,就能弄出个头绪来,就有新见解,出新成果。这就是创新。当然,还要勤劳,要肯花力气去干。不干是一事无成的。

• 林宗元 小传

1929年9月生，福建莆田市人。1953年3月毕业于同济大学结构系，岩土工程专家。

林宗元，1929年9月生于福建莆田，1945年毕业于莆田砺青中学，1948年毕业于哲理中学，1953年3月毕业于上海同济大学结构系，从事工程勘察及工程结构设计已56年。原任中国北方工业公司勘察设计研究院副总工程师（教授级高级工程师），历任第一、三、五机械工业部勘测公司主任工程师、副总工程师，现任中兵勘察设计研究院顾问总工程师，中兵北方勘察设计研究院顾问总工程师。1980年起为国际工程地质与环境协会（IAEG）会员；1986年起任中国工程勘察协会第一届至第三届副理事长，兼任第二届、第三届秘书长；1998年7月起任第一届、2002年1月起任第二届全国勘察设计注册土木工程师（岩土）专业考试考题设计与评分专家组成员；2000年9月起任中国勘察设计协会第四届理事会顾问；2001年8月起任第四届中设协工程勘察与岩土分会顾问。1989年被建设部评为首批“中国工程勘察大师”荣誉称号；1992年被国务院授予“有突出贡献的科技专家”称号。曾被英国剑桥和美国的传记中心选入《世界名人录》。主持过国内外各类型（如国防工业、机械工业、化工、造纸、冷冻工厂、机场、海上工程、天然洞室利用、人工洞室、高层与超高层建筑等）、各种地层（如一般岩土、湿陷性土、软土、膨胀土和红土等特殊性土）、各种地质环境条件（如平原、山区、滨海、半沙漠地区等）、各种环境工程地质问题（如边坡和滑坡、隐伏岩溶地表塌陷、地下矿层采空、泥石流、地震工程问题等）的大中型工程勘察项目一百多项，对红土、膨胀土等特殊土有独特研究，在超高层建筑场地的岩土工程勘察、环境工程地质与环境岩土工程等方面有独创性见解。曾获得国家级优秀工程勘察银质奖2项，部级优秀工程勘察奖或优秀论文奖5项。主编《岩土工程丛书》一套五本，1992年3月~1996年12月先后出版；主编《简明岩土工程勘察设计手册》和《简明岩土工程监理手册》，共三本，2003年7月出版。2005年出版《岩土工程试验监测手册》、《岩土工程治理手册》，这十本书在内容上尽可能体现指导性、简明性、实用性、可靠性与先进性，前者有一百多个、后者有七十多个有代表性的有关单位；前者有三百多名、后者有一百五十多名有关专家、教授、研究员参编，受到工程勘察有关单位广大岩土工程技术人员的欢迎，对推动我国岩土工程的发展起到积极的作用。其中两本被指定为2002年和2003年全国注册土木工程师（岩土）执业资格考试专业考试复习参考书。在国内外各种学术会议上及国家级刊物上发表论文40多篇。

再论岩土工程

林宗元

8 年前,本人曾经发表过一篇小文章("试论岩土工程"),谈论过对岩土工程的认识。现在社会上对推行岩土工程体制已基本上没有争论了。随着形势飞跃的发展,给我国岩土工程界以机遇与挑战。广大岩土工程工作者,特别是年轻一代,负有重大的历史使命,应该充分利用这个良好时机,为完善岩土工程体制、为完成岩土工程体制与国际接轨而奋斗。

1 历史背景

简略回顾岩土工程的发展历史背景是必要的。发达国家自二次世界大战结束后兴起的岩土工程(geotechnical engineering)行业至今有 50 多年了,在工程建设领域有很高的地位,备受相关方面的重视。

我国推行岩土工程管理体制至今 30 余年。在原国家计委设计局和后来的建设部勘察设计司领导的大力倡导与支持下,经过有关社会团体、大专院校、科研单位、工程勘察设计骨干单位的不断努力,在人才培养、经验交流、技术立法、经济立法、体制改革等方面取得了卓有成效的成果。目前我国已初步确立了岩土工程体制,工程勘察的业务范围有了很大的扩展,从业人员的社会地位有了明显提高。当然,在部门、地区之间、工程勘察设计单位之间,岩土工程的技术水平、技术装备水平还是有明显差别的。

为推进注册土木工程师(岩土)执业资格考试的落实,自 1998 年 6 月成立第一届专家委员会以来,经过几年的筹备,今年 2 月又成立了第二届专家委员会。2001 年 12 月我国正式加入了世界经济贸易组织(WTO)。建设部和人事部决定今年开始进行注册土木工程师(岩土)执业资格考试。这将推动我国岩土工程管理体制更快的发展,并最终与国际接轨。

与国际上发达国家相比,由于历史、社会等原因,我国岩土工程目前的差距主要表现在:

——政企没有真正分开,计划经济体制下的管理思维方式还没有根除,还没有摆脱某些行业分割、地区保护的局面;

——市场处于无序竞争等不正常

原文发表于 2002 年第 3 期《中国勘察与岩土工程》

状态；

——相当一部分专业技术人员的技术素质不够高，知识面太窄，解决岩土工程问题的能力不够强，技术装备不先进，与岩土工程体制不相适应；

——管理体制，特别是质量管理体制相当不完善，尤其是某些中、小型工程中岩土工程勘察工作量布置、钻探现场描述、取土、水试样和成果报告等方面的质量问题比较突出；

——有的部门工程勘察设计单位内部分工过细，以致影响专业技术人员的全面发展。

上述这些问题严重影响我国岩土工程的进一步发展，有待各级政府主管部门、行业协会、广大工程勘察设计单位领导和岩土工程专业技术人员与管理人员共同努力，充分应对机遇与挑战，以尽快实现岩土工程管理体制与国际接轨。

2 对策

2.1 抓好深化体制改革

深化体制改革有多方面的工作需要做，其中与岩土工程发展密切相关的两个环节，就是要实行两个分开，即政企分开，技术（知识密集型）与劳务分开。两个分开，便于根除部门分割（垄断）、地区保护。根据国际发达国家和国内先进单位的经验，要鼓励成立以专业技术人员为主的岩土工程咨询（或顾问）公司和以劳务为主的钻探公司、岩土工程治理公司等；推行岩土工程总承包（或总分包），承担任务不受地区限制。岩土工程咨询（或顾问）公司承担的业务范围不受部门、地区的限制，只要是岩土工程（勘察、设计、咨询监理以及监测检测）都允许承担。但如果是岩土工程测试（或监测检测）公司，则只限于承担测试（监测检测）任务。钻探公司、岩土工程治理公司不能单独承接岩土工程有关任务，只能同岩土工程咨询（或顾问）公司签订承接合同。

入世后要适应竞争对手多元化的局面。

2.2 认真研究世界贸易规则，搞好市场整顿

根据经济全球化的新形势，我国加入世界经济贸易组织后对外承诺，允许外国企业在中国成立勘察设计咨询合资、合作企业，5 年内开始允许外商成立独资企业。在行业协会的主持下，大力整顿工程勘察设计咨询市场秩序势在必行。按照服务贸易透明度原则和最惠国待遇原则，逐步建立公开、公正、公平、竞争有序的、统一开放的市场，以融入国际工程建设市场。各工程勘察设计咨询单位需要结合自身具体特点，找准自己的发展空间，确定自身的发展战略，明确本单位在市场上将占据的位置。有条件的企业既要立足于国内（国内市场面对国际化环境），还要打入国外市场去创业。

入世后已有条件直接学习外资先进的管理模式和营销理念。

2.3 全面提高岩土工程队伍的整体素质

受传统工程地质勘察体制（请注

意:这里不是指工程地质)弊端和工程勘察设计分工不合理的影响,早期大专院校培养的专业人才有不少人不适应岩土工程工作的要求。技术在不断发展,需要陆续更新知识。为此,行业协会需要定期对在职专业技术人员和管理人员进行再教育,按照不同类型进行培训。即使通过了土木工程师(岩土)执业资格考核、考试的,也应该按规定定期接受继续教育,以达到全面提高我国岩土工程队伍总体素质的目的。

在我国,岩土工程包括5个方面,作为一个合格的岩土工程师,不但要能够做好以岩土工程勘察、设计、咨询和监理为核心的技术把关,还应该能够准确提出岩土工程治理公司在施工中应注意的关键问题。因此,岩土工程师应具有全面的理论基础,还应有丰富的实践经验,素质的提高就得靠不断的充实积累,不断的总结提高。要善于实践,善于研究新问题,善于总结提高。

入世后要解决好优秀人才外流的问题。

2.4 要改革市场准入制度,完善质量管理体制

现行新的《工程勘察单位资质分级标准》可以说是个过渡型的标准,还带有计划经济性质的成份。单位资质的弊端是显而易见的。总工程师的个人素质再高,也把握不住现场工序中的漏洞。不少工程质量事故的实例可以充分说明这一点。国际通行的市场准入制度是着眼于负责签发工程成果并对工程质量负终生责任的专业技术人员的基本素质上,单位靠符合准入条件的注册岩土工程师在成果、信誉、质量、优质服务上的竞争。岩土工程市场在实行注册岩土工程师执业制度后,将逐步过渡到由岩土工程师去主宰,再加上完善的岗位质量责任制,目前工程质量的弊病才有可能根除。

可见,进行注册土木工程师(岩土)执业资格考试具有深远的意义。这有利于进一步推行岩土工程体制,有利于提高岩土工程技术队伍的总体素质,有利于保证工程质量,有利于加强国际交流,推动我国岩土工程与国际接轨。

3 几个热点问题的讨论

3.1 重视技术创新问题

抓好技术创新,有利于提高单位的竞争力和信誉,有利于提高工程质量,这是优胜的后盾。从行业总体来说,广义的技术创新包括专业技术人员的技术创新、技术装备的创新、施工工法的创新等等,这是赶超世界先进水平的动力。因此各级领导和广大专业技术人员都要重视和鼓励技术创新。

3.2 要推动岩土工程咨询监理的正常开展

在国际上,岩土工程咨询监理有悠久的历史,受到社会的重视。在中国,由于历史和社会的原因,岩土工程咨询监理没有正常的开展,只有上海等地区开展得好一些。现行的《工程

勘察单位资质分级标准》已经将岩土工程咨询监理与岩土工程勘察、设计、监测检测并列为综合类和专业类甲级可以承担的业务范围。为此,岩土工程骨干单位应该不失时机,积极创造条件,开展岩土工程咨询监理业务,很好地抓住这个经济增长点。

3.3 推动环境岩土工程的发展

环境工程地质(environmental engineering geology)和环境岩土工程(environmental geotechnology)先后兴起于1981年和1982年,在中国先后开展了几次全国性的环境工程地质学术会议,在美国、中国等国家先后召开了几次国际性的环境岩土工程的学术会议。两者属于两个不同的学科,又密切相连。环境岩土工程是岩土工程的重要组成部分,特别是在某些特定环境下的工程建设必须予以充分重视,不能忽略。由于某些原因,环境岩土工程的发展在我国受到了不应有的干扰和忽视。几十年来大量的工程事故及其造成的恶果,有力地说明了不重视环境岩土工程就要受到惩罚。作为一个岩土工程的专业技术人员,不掌握环境岩土工程的有关专业知识和技能是极不称职的。新的《工程勘察单位资质分级标准》中已将环境岩土工程作为工程分级标准的内容,足见工程建设主管部门对环境岩土工程的重视。行业协会等有关社会团体、广大岩土工程专业技术人员、管理人员需要同心协力,共同为推动环境岩土工程的发展而坚持不懈地努力。

• 史佩栋 小传

1927年11月生于浙江绍兴，上海国立交通大学（1946–1950）毕业，现任《岩土工程丛书》编审出版委员会主任委员、浙江省建筑行业协会地下工程分会会长、浙江省建科院地下工程研究中心顾问、浙江大学城市学院土木系顾问。

1927年11月生于浙江绍兴，成长于上海。上海国立交通大学（1946–1950）毕业，此前曾就读于上海圣约翰大学。现任《岩土工程丛书》编审出版委员会主任委员、浙江省建筑行业协会地下工程分会会长、浙江省建科院地下工程研究中心顾问、浙江大学城市学院土木系顾问。

曾任职于浙江省建筑工业厅、浙江省建筑科学研究院、科威特国际承包商集团、北京市城乡建设基础公司、海南亚安迪国际工程顾问公司等单位，并先后在国内外多所高校兼职、访问或讲学。

著述颇丰，近年的主要出版物有：

《实用桩基工程手册》（中国建筑工业出版社，1999)

《高层建筑基础工程手册》（中国建筑工业出版社，2000）

《21世纪高层建筑基础工程》（中国建筑工业出版社，2000）

《城市地下工程与环境保护》（人民交通出版社，2002）

《深基础工程特殊技术问题》（人民交通出版社，2004）

《建（构）筑物地基基础特殊技术》（人民交通出版社，2004)

《英汉对照图示基础工程学》（人民交通出版社，2005）等

曾参译《基础工程手册》、《难处理地基的基础工程》、《软粘土工程学》，主译《桩基设计原理》、《用沉降比较法分析油罐破坏》等国际名著。在国内外学报期刊及论文集发表了很多论文、报告、译文、短文、杂文等。

为数部地方标准及国家标准的起草人、专题研究人或评审人；热心组织国际国内和海峡两岸间的学术交流活动，曾主持或参与主持召开多次大型学术会议或论坛。

获世界华人重大学术成果荣誉一项、省部级科技进步奖三项、国家实用新型专利二项。

桩与深基础浅基础的演进

史佩栋

一、关于桩的定义

桩在我国的词书、教科书或术语标准中似乎至今未见有完备的定义或解释。

尽管桩在我国城乡早已是少长咸知,妇孺皆晓的事物,但我国发行最为普及的《新华字典》(1998年修订版)中对桩的解释是"一头插入地里的木棍或石柱"。这岂不是把老奶奶、小学生们也给搞糊涂了?

手头有一部1938年商务印书馆出版的《辞海》,其中写道:"桩,橛杙也"。又查"橛"字,则见"橛,杙也";查"杙"字,则见"杙,橛也"。这是以词解词,对于古汉语水平不高的读者,恐怕只会越来越糊涂。不过在其"桩"的条目下所举的一个例子则有:"今谓击木入土曰打桩",但它仍未说清楚什么是桩?

我国《工程地质手册》(1992年2月第三版,1995年11月第11次印刷),其第821页中云:"一般所谓桩是指用打入或压入地基中并使地基产生挤压作用的细长构件"。那么,这里至少有两个问题:一是自上世纪七八十年代以来至现今应用甚广的钻孔灌注桩,不幸被排除在"一般"之外了;二是"使地基产生挤压作用",似乎不能说是打桩的主要目的。

我国行业标准JGJ 84—92《建筑岩土工程勘察基本术语标准》把桩定义为"设置在地内的预制或现浇的柱状构件,通常用以提供垂直或横向支承。广义的桩还包括加固地基或岩土体而建造的砂桩、碎石桩、土桩、护桩、抗滑桩等"。应当说,此条与上文引用的各书中的说法相比,更为完善。但仔细推敲,似乎也还有不少问题,尤其是广义的"桩"把砂桩、碎石桩、土桩等用不同材料制成的桩与护桩、抗滑桩等功能不同的桩混为一谈,作为一本标准似乎有失严谨。

再查我国国家标准GB/T50279—98《岩土工程基本术语标准》。有趣的是,这本标准中根本没有"桩"的条目,但它却有排桩、抗滑桩、灰土桩、石灰桩、微型桩、树根桩、挤密桩等条目。后来看条文说明,方知其中提到由于地基基础方面的术语已包含在其他标准和规范中,故该标准未予选列。笔者觉得,既称岩土工程国家标准,似不宜将致关重要的条目排除在外。质言之,“桩”这一术语,在我国至今尚未见于国家标准,令人不无遗憾。

我国大多数高校教科书,包括发行量甚大、几次再版的教科书,在其桩的专门章节中都仅把桩描述为“最古老的”或“最古老而又年轻的”基础形式之一。这都不错,但这只说及了桩的历史和现状,以及桩的主要功能,致于究竟什么是桩,没有说明白。

当然也有少数例外。例如高大钊教授主编的《土力学与基础工程》(中国建筑工业出版社,1998 年 9 月第一版),在其桩基础一章(作者宰金璋教授)的概述中说;“作为基础结构的桩是将承台荷载(竖向的和水平的)全部或部分传递给地基土(或岩层)的具有一定刚度和抗弯能力的杆件。桩可以用各种材料制成,木、钢、混凝土或它们的组合,可以在现场或工厂预制,亦可在土中直接浇灌”。这就给人以一个比较清晰的概念。同时,宰教授说得颇为严谨而含蓄,其言外之意是桩尚有其他用途,此处只讲作为桩基础中的桩,并不是桩的全部。

另外,如《中国大百科全书》(1999 年第 9 册第 7 093 页)中说,桩是“沉入、打入或浇注于地基中的柱状支承构件。”这是笔者迄今所见写得最为简单明了的定义,但也不免失之偏颇,因为桩除了柱状外还有管状、筒状、板状、壁状等等。

在人类长期应用桩的实践过程中,桩的材料已发生了重大变化,桩的类型和形式愈来愈多,施工工艺日新月异,桩的用途和功能被不断地开发,故桩的本来面目已经大变,远非“击木入土”或“柱状构件”等几个字所能说明,亦非套用一句老话所能概括。根据目前的认识,笔者认为要给桩下正确的定义,或要回答“什么是桩”这个问题,恐至少应考虑以下几点:

(1)桩是设置在地面或水面以下一定深度的柱状、管状、筒状、板状、壁状等的受力构件,它一般呈直立设置,必要时倾斜设置;前者称为直桩,后者称为斜桩。

(2)桩常被用来作为房屋、桥梁、高塔、码头等建构筑物的上部结构向地基深部传递荷载(或力)的下部结构。此时,桩顶常设承台,承台具有承接上部结构并与其下部的桩(或若干根桩)联成一体的作用,这种下部结构通常即称为“桩基础”。

(3)桩也可被用来支挡土体而成为岸、坡、槽、坑的围护结构。此时,桩被称为“围护桩”或“支护桩”,也称为

“挡土桩”。这类桩常需成排设置,或连接成壁板状或墙体。

(4)相对于“围护桩”而言,上述承台下的桩,通常称为“基础桩”或“基桩”。

(5)桩除了上述两类主要功能外,还可作为锚桩、标桩、系船桩等。而发展至今,在建构筑物纠倾加固、增层加载、邻房保护等方面,又有隔离桩、控沉桩、限沉桩、托换桩、应力转移桩等等。

(6)至于桩可用不同的材料制成,可用不同的施工方法设置,似乎可以写入定义,也可以不写入。

那么,桩的定义究竟如何表述,才能做到文字简明扼要而其内涵基本概括无遗呢?这个问题,笔者亟盼大家共同研究讨论,以收集思广益之效。

为便于研究讨论,这里再酌引国外对桩的一些定义,以供参考。

美国的《基础工程手册》(Foundation Engineering Handbook, by H. F. Winterkorn & H. Y. Fang, Van Nostrand Reinhold Co., 1975)中第19章在桩的定义及分类一节中写道:

“桩是竖直或微倾斜的基础构件,它的横截面尺寸比长度小得多。桩被设置在土中,把作用于上部结构的荷载和力传递给地基土。桩的长度与设置方法,以及桩的工作方式,都可以有很大变化;因此桩很容易适应于不同情况和要求。”(俞调梅教授译)。

美国J. E. Bowles著、我国唐念慈教授等译的《基础工程分析与设计》(Foundation Analysisand Design, 3rded. 1982)(中国建筑工业出版社,1987年10月)第16章中说:“桩是木、混凝土或钢的结构构件,用来把地表的荷载传递到土体中的较深处。荷载传递可以沿桩身竖向分布或通过桩尖使荷载直接作用到下面的土层。”

英国的《岩土技术辞典》(Dictionary of Geotechnics, by S. H. Somerville & M. A. Paul, Butter worthCo. Ltd., 1983)中第131页在“桩”的条目中写道:“桩是用来将荷载由水面或低强度土层传递至高强度持力层的结构构件。桩可以采取打入法(挤土)或钻孔法(非挤土),可以预制(钢管或型钢、木材、预制或预应力混凝土),或就地灌注。桩可以是端承桩(即其承载力来自支承在好土或岩石中的桩尖)或摩擦桩(即其承载力来自其桩身与周围土体之间的附着力),或兼具两种因素的桩。”

由于桩的发展与时俱进,日新月异,从以上引文可以发现,上述国外在二三十年前所下的定义,用于今日也显得有点“捉襟见肘”了。这就更有必要在我们的同行读者、专家中展开一次讨论了。

二、何谓深基础？何谓浅基础？

按照国内外的传统观点，以及迄今常见的教科书、专著、手册或标准中的表述，建构筑物的基础工程常视其埋置于地面以下的深度不同，而分为浅基础和深基础两类。但浅基础与深基础具体如何划分？浅基础或深基础的定义是什么？却长期以来众说纷纭，未见有统一认识；即使同一作者在不同时期也会有不同的说法。表1是近50年来国内外的一部分有代表性的出版物和术语标准中所见到的关于浅基础的基本条件，见仁见智，可见一斑[1]。

表1　浅基础的基本条件

序号	定义	出处
1	$D\leqslant4$ 或 $D<5$m	文献2，3（[前苏联]1947；陈梁生、陈仲颐，1957）
2	$D\leqslant2B$	文献4（[美]H. F. Wiuterkonetc. 1983）
3	$D\leqslant B$	文献5，6（高大钊，1998，1999）
4	$D\leqslant B$	文献7（[澳大利亚]I. K. Lee 等，1983）
5	$D\leqslant B$	文献8（[美]J. E. Bowles，1987）
6	$D<5$m	文献9，10（顾晓鲁，1978，1993）
7	$D=3\sim5$m	文献11（杨位洸，1981）
8	明挖基础	文献12（刘成宇，1981）
9	$D<B$ 或 $D<5$m	文献13（JGJ 84—92）
10	$D<B$ 或 $D<5$m	文献14（GB/T50279—98）

注：D－基础埋置深度；B－基础底面宽度或最小宽度。

更为有趣的是，作者手头有一本上世纪70年代购得的香港工艺出版社出版、袁芝编译的《土壤力学与例题详解》，书中未说明其编译的依据是何书，也未印明出版年月（可能是"盗版书"）。该书第256页写道："设基础最小宽度为B，埋入土中的深度为D_f，则$D_f/B<1$者属于浅基础，$D_f/B>3\sim5$者属于深基础。"这是在同一本书中对浅基础与深基础的划分竟有互不衔接的标准，试问：当$D_f/B>2\sim3$时，应属于什么基础？

诚然，浅基础和深基础的荷载传递机理和破坏模式不同，其设计计算方法和计算参数必然有所区别。但工程实践证明，若纯以某一相对深度或绝对深度来界定深基础或浅基础，有时会造成计算结果与测试结果发生很大差异而使人无所适从。

美国基础工程专家 J. E. Bowles

曾说过,尽管你可以把浅基础的定义略带随意性地定为 $D \leqslant 2B$ 或 $\leqslant B$ 等等,但下部结构的实际形状和位置却常会明确确定基础的类型[8]。更何况就施工技术而言,似乎没有必要在浅基础和深基础之间人为划定一个相对的或绝对的深度界限。

如所熟知,通常所谓浅基础一般是指独立基础、条形基础、筏形基础、箱形基础、壳体基础、大块基础及不埋式基础等;而桩(墩)基础、沉井沉箱、锚拉基础、板桩墙及地下连续墙一类的支挡结构,则常被统称为深基础。这实际上已毋需按照基础埋置深浅,而只按照基础结构的主要特征及其对施工技术的不同要求即可做出比较明确的分类。

可以看到,有的文献如[15,16]等,虽然仍将基础工程分为浅基础与深基础两类进行论述,却并未给出它们的量化的界定或定义。文献[17]虽有浅基础一章,也并未给出它的深度定义。而文献[18]则以"地基主要受力层"的观点代替了浅基础和深基础的提法。

随着基础工程的理论研究、设计计算方法和施工技术的急剧发展,如今不同的基础类型还常被联合应用,较典型的例子如,在软土地基的高层建筑中广泛应用了桩筏、桩箱基础;又如近年在我国南北各地应用较多的 CFG 桩加褥垫、加条基或筏基等等。因此,现今所谓浅基础或深基础似乎只是沿袭传统习惯,对建筑物下部结构的某一部分提供一个概念而已。而将浅基础与深基础合理地联合应用,以充分发挥地基土的作用,乃至发挥地基-基础-上部结构的共同作用,应当认为是基础工程设计与施工技术通过20世纪后半叶的大量的科学研究和工程实践所取得的一项历史性的突破或创新[19,20]。

基于上述观点,今天的深基础工程,或者说,完整意义的深基础工程,可用下图表示。它也表明了深基础工程是一门综合性很强的边缘学科。

完整意义的深基础工程
- 深基础深部结构体(桩、墩、锚、沉井沉箱等)
- 深基坑工程
  - 围护结构——如地下连续墙、SMW 型围护墙等等
  - 基坑内外土体加固(它本属于地基处理范畴)
  - 撑锚体系
  - 工程降水
  - 土方开挖
- 桩顶承台/筏基/箱基等结构体(后者传统上属于浅基础范畴)——大体积基础混凝土施工
- 工程监测与环境保护技术(应是深基础工程的不可或缺的组成部分,必须应用于桩基等施工、基坑围护结构施工、降水施工、土方开挖、大体积混凝土施工等各个阶段)

由于笔者水平有限，且查阅文献可能挂一漏万，以上两段“漫话”，是否误钻了“牛角尖”？幸请读者指正。

参考文献

[1] 高大钊.岩土工程的回顾与前瞻.北京:人民交通出版社，2001，255~256.

[2] [前苏联] БОГСПОВСКИЙ, ОСНОВНИЯИ ФУНДАМЕНТЫ, 1947.

[3] 陈梁生，陈仲颐.土力学与基础工程.北京:水利出版社，1957，4;235.

[4] [美]H. F. 温特科恩，方晓阳主编.钱鸿缙，叶书麟等译校.基础工程手册.北京:中国建筑工业出版社，1983.

[5] 高大钊.土力学与基础工程.北京:中国建筑工业出版社，1998，179.

[6] 高大钊等.天然地基上的浅基础.北京:机械工业出版社，1999，150.

[7] [澳大利亚]I. K. Lee, W. White, O. G. Ingles 著，俞调梅等译校，岩土工程.北京:中国建筑工业出版社，1986，368.

[8] [美]J. E. 波勒斯编著，唐念慈等译，基础工程分析与设计.北京:中国建筑工业出版社，1987.

[9] 天津大学等.地基与基础.北京:中国建筑工业出版社，1978，331.

[10] 顾晓鲁等.地基与基础(第二版).北京:中国建筑工业出版社，1993，329.

[11] 华南工学院等.地基及基础.北京:中国建筑工业出版社，1981，200.

[12] 刘成宇.土力学与基础工程(下册).北京:中国铁道出版社，1981.

[13] 中华人民共和国行业标准.建筑岩土工程勘察基本术语标准(JGJ 84—92).北京:中国筑工业出版社，1992.

[14] 中华人民共和国国家标准.岩土工程基本术语标准(GB/T50279—98).北京:中国计划出版社，1998.

[15] 华南理工大学等.地基及基础(新一版).北京:中国建筑工业出版社，1991.

[16] 陈书申，陈晓平.土力学与地基基础.武汉:武汉工业大学出版社，1997.

[17] [墨西哥]L. 齐法特著.史佩栋等译.难处理地基的基础工程.北京:水利出版社，1982.

[18] 黄熙龄.第三章地基基础的规划设计原则.见:陈仲颐，叶书麟，基础工程学.北京:中国建筑工业出版社，1990.

[19] 史佩栋.实用桩基工程手册.北京:中国建筑工业出版社，1999.

[20] 史佩栋，等.高层建筑基础工程手册.北京:中国建筑工业出版社，2000.

千年更替话岩土

史佩栋　高大钊

在喜逢世纪之交、千年更替之际，回顾一下岩土工程的发展历史，或对其现状和前景作一论述，都是十分有意义的。

笔者认为，对于岩土工程的概念、其在世界和我国的历史、兴起和发展，目前存在一些似是而非的说法，可能是对“岩土工程是什么?”认识不甚清楚。为此，本文拟谈3个问题：①何谓“岩土工程”？②岩土工程一词的“由来”；③岩土工程的发展历史。

1　何谓“岩土工程”？

简单地说，凡与岩石或土有关的工程活动，不论处于地面以上或以下，均属岩土工程；此处所谓“土”，是指地基土或以土作为工程材料。所谓地下岩土工程，是指建筑物的基础、铁路公路的隧道等；所谓地面以上的岩土工程，则有土石坝、路堤等。

国家标准《岩土工程基本术语标难》(GBT 50279—98)中说，岩土工程是指“土木工程中涉及岩石或土的利用、处理或改良的科学技术”。这一定义说明了，岩土工程在学科归属上是土木工程(学)的一个分支。这在国际上几无例外，正像结构工程、市政工程、道路工程等都是土木工程的分支一样。

2　“岩土工程”的“由来”

“岩土工程”(Geotechnigue)一词，据我国土力学及岩土工程学科奠基人之一俞调梅先生考证[1]，可能最早出现在法国科学家库伦(C. A. Coulomb)于1773年写成，而于1776年出版的题为《极大极小原理应用于建筑中的费力学问题》，即著名的土压力古典理论一文的末尾。国际著名的土力学及岩土工程学者B. B. Broms曾说[2]，瑞典历史上为了处理铁路沿线不断出现的塌方问题曾于1913年成立了国家铁路委员会岩土工程委员会，较早采用了岩土工程一词。该词的瑞典文为Geoteknik。

由于Geotechnigue是法文，因此在流传甚广的、由日本国株式会社研究社于昭和11年即1936年出版的《新英和大辞典》(第一版)中尚无Geotechnigue一词；该辞典于1942年发行了第 95 次版本，亦未见有 Geotechnigue 一词。

西方国家最先将“岩土工程”作为期刊刊名的，是创刊于 1948 年的、著名的英国《岩土工程》杂志，它仍采用法文 Geotechnigue，当时封面上写的是《岩土工程（国际土力学杂志）》，这意味着当时把“岩土工程”作为“土力学”或“土力学与基础工程”的同义语。自 1972 年起，该刊刊名不再有“土力学”字样[1]。

自此以后，“岩土工程”一词开始被西方各国普遍接受，并被广泛应用于有关的科技文献。同时，与法文 Geotechnigue 相对应，出现了英文 Geotechnics、Geotechnology、GeotechnicalEngineering 等词。

我国在 20 世纪 50 ~60 年代曾将上述英文、法文译为“土工”或“土工学”。铁道部科学研究院铁建所至今设有“土工室”；南京水利科学研究所（后称院）设有土工室（后称所）；浙江大学土木系自 20 世纪 50 年代至 80 年代中曾设“土工学教研室”。

1953 年中国土木工程学会要求各省市分会成立土工组。北京分会土工组由茅以升先生任组长。当时几乎每个星期日或节假日都有学术活动，持续了 3 年之久，并出版了《土工专刊》和《土工汇刊》。卢肇钧、汪闻韶、周镜、陈仲颐等先生都是当时北京土工组的主要成员。那时，上海土木工程学会土工组的学术活动也十分活跃，俞调梅、孙更生、徐以枋、郑大同等先生是其主要成员。抗州、南京的土工同行也常赶至上海参加活动。

1979 年 12 月，我国《岩土工程学报）诞生，这极大地促进了“岩土工程”一词为我国工程界、学术界广泛应用。继而各地有关高校相继设置了“岩土工程”专业，一些规范以“岩土工程”命名，并制定了岩土工程术语标准等；《岩土工程师》、《岩土工程技术》、《岩土工程界》等期刊陆续问世。但至今也仍有沿用“土工”，一词的期刊，如武汉冯国栋先生等创办的《土工基础》。

那么，法文 Geotechnigue、英文 Geotechnical Engineering 等何以被译为“岩土工程”？据俞调梅先生在文献[1]中分析，“这可能是由于在 50 年代初期，学习了前苏联的文献资料，把通常说的土（砂土、粘土）称之为疏松岩石或疏松土，因此曾经用岩土力学这一名词来代替土力学，而岩土工程这一名词就可能由此产生”。

20 世纪 80 年代初，在俞调梅教授的主持下，同济大学在国内率先开展了岩土工程学科的国际学术交流，先后邀请美国、澳大利亚等国的著名学者到同济大学讲学，并与美国的方晓阳教授建立了学术合作关系，在同济大学建立了我国第一个岩土工程情报资料站；编辑出版了《岩土工程参考资料》；筹备召开了两次海洋岩土工程及近海与离岸结构物国际学术会议（1983 年、1985 年）等。

我国第一部以岩土工程命名的专业书籍，是俞调梅先生等根据澳大利亚学者 I. K. Lee 赠送的原著（I. K.

Lee, W. White & O. G. Ing les, Geotechnical Engineering, Pitman PublishingInc. U. S. A. 1983)组织译校的一部高校教材。[3]该书最早向我国读者比较系统地阐述了岩土工程的内涵及其原理与实践纲要。

3 岩土工程发展历史

B. B. Broms 说:"岩土工程的发展历史是非常令人激动的。"[2]

岩土工程的发展历史不仅可以追溯人类有历史之前,而且应当说地球上一有人类,就有岩土工程活动。只不过岩土工程形成为一门专门学科,至今尚不足100年。有人认为,人类发展的历史交织着岩土工程发展的历史,此言并不过分。

笔者等研究认为,岩土工程的发展,至今大致已经历了3个历史时期。进入21世纪后,随着土力学和岩土工程学科自身的发展以及影响岩土工程发展的世界科技诸领域急剧发展的新趋势,可以预料,不需要经过太长的时间,它将进入其第四历史时期。参见图1。

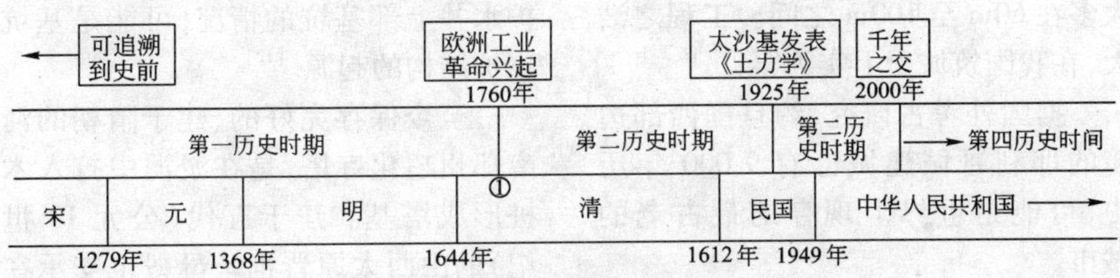

图1 岩土工程发展的几个历史阶段

①—清乾隆(1736年~1796年)年间

3.1 第一历史时期

此时期长达数十万年。也就是说,岩土工程起始于人类依靠穴居或巢居以躲避洪水猛兽和风霜雨雪侵袭的时代,包括其后原始人利用土、木、石等自然资源,以谋求改善生存生活和生产条件的时代。此中人类的种种活动无不包含了(或有赖于)岩土工程。而在其早期,岩土工程活动以解决栖身之处(居住)和防治水患(水利)为首要目的。

众所周知,我国北京周口店著名的"北京猿人"的遗址说明,50万年前我们的远祖在这里的洞穴中居住。我国夏代大禹治水(距今约4 200余年),分土地为9个等级,从疏堵入手,换来九州平安,是一项非凡的防治水患的岩土工程。

随着时间的推移,人类经过聚居时代、部落时代等而产生了城市,道路桥梁渐渐为人类生活交往、生产活动及统治者进行治理和对敌进攻等所必需,于是出现了与岩土工程密切相关的又一重要工程领域。据史载,远古尧帝时,称道路为"康衢";西周时按照道路规格的不同,分别称为"路、道、途、畛、径";秦始皇为了传递文书,命人修筑"驰道",并采取"稳以金堆”的路基压实措施；唐代以筑路长达5万里者称为“释道”；至元代则有“大道”之称；清代又有“大官路”等。现今的巷、坊、里、弄、胡同之类的名称，皆始自唐代沿用至今，泛指大道之外的小路。[4] 凡此种种无不蕴藏了岩土工程的业绩。

最近，在河南新密市古城寨村发现了一座保存相当完好的4 000多年前的古城址，据推测，很可能是黄帝的故都。据考察，该城址东南部原为低洼地带，筑城时不惜大面积填土夯实以筑墙基，其最大深度达10m，而宽度大多在60m至100m之间。工程之浩大，在我国筑城史上实为罕见。[5]

据国外考古研究，约旦国西部边境的耶利哥城建城已有9 000年历史，可能是世界上现存的最古老的城市。[6]

上海以1292年(上海升格为县治时)作为城市诞生的一年，但考古表明，早在6 000年前已有居民在此生息。[7]

武汉最初建城于盘龙，至今已有3 400多年历史，这是最近从其古护城壕发掘的一根木桩和一截木碳，经碳14年代测定而作出的推断。[8]

始建于公元前5世纪，为秦始皇时代连接起来的北京八达岭长城是驰名中外的伟大历史遗迹，而其基础实有赖于对岩土的正确处理。[9]

最近发现，河南南阳现存的大规模古石城是战国时代楚国长城的遗址，应是我国最早的长城。[10] 在江南，浙江临海保存着始建于东晋(距今1 600余年)的古城墙，长达4 671m，依山就势，沿江修筑，并有7道城门，8座敌台，17座平台，雄险壮观，其形态、功能等与八达岭长城颇为相似。[11] 人称“江南长城”。

开凿始于隋朝(公元6世纪)，举世闻名的我国大运河跨经长江、淮河和黄河流域，逶迤万里，若不处理好复杂的岩土问题，岂能穿越地质条件迥不相同的辽阔地区而成为亘古奇迹。

我国木桩基础的使用，可以追溯到距今六、七千年的河姆渡文化期。河姆渡遗址发掘时还见到了以木桩支护水井上部基坑的情况，可能是基坑支护结构的起源。[12]

至今保存完好的、建于隋朝的河南郑州超化寺塔，是在淤泥中打入木桩形成塔基。建于五代(公元10世纪)的山西太原晋祠圣母殿也支承在木桩上。五代的杭州湾大海塘大规模地采用了木桩加石承台。明清时代的北京御桥、南京石头城等都采用木桩基础。

我国历代兴建的北京故宫等许多宏伟壮丽的宫殿寺院和遍布各地的巍巍高塔，都全靠奠基牢固，方能历经风雨沧桑逾千百年而安然无恙。

浙江东阳城区有卢宅古建筑群，建于14世纪中叶，前后九进，主轴线纵深达320m，为我国民居之最。其主体建筑称“肃雍堂”，至今保存完好。建筑界有“北故宫，南肃雍”之媲美，充分说明了600多年前我国在建筑、结构和岩土工程各方面协调一致所达到的综合水平。

建于明代(15 世纪末)的北京五塔寺的金刚宝座塔,是在一个很大的塔基台座上建造了五座塔。这与当今所谓“大底盘”上建造“广场”式建筑群堪称异曲同工,或曰前者为后者开创了先河。[9]

近年,浙江龙游县发现的古石窟群,其规模宏伟,布置有序,施工精湛,已引起了考古学家、岩石力学家、建筑学家、历史学家,乃至旅游部门的密切关注。虽然它的开凿年代与当时的目的、用途均有待考证,但它属于一项超常的岩土工程的历史业绩,当无异议。

以上仅列举了岩土工程第一历史时期的若干著名的和新发掘的工程实例。由于篇幅所限,所述大多为我国的实例。但考古和文献表明,世界各文明古国的远古先民,在史前的建筑活动中都创造了自己的岩土工程业绩。由于生产力水平的制约,这一历史时期自史前一直延续到公元 18 世纪 60 年代欧洲工业革命兴起之时,经历了漫长的岁月。

岩土工程第一历史时期区别于以后各历史时期的主要特征在于:

(1)此时期,特别是在其早期或史前时期,缺乏对地质勘探的认识和手段。我国古代后来虽有“堪舆学”与“择地术”为兴建房屋选择场地;但那只是评论场地地面或其周围环境,不可能述及地基的深部。由于对地质条件缺乏了解,历史上因地基基础问题而引发病害或事故的工程并不少见,往往给先民留下许多力不从心的遗憾。

(2)此时期对岩土工程或地基基础尚缺乏今日的设计概念,施工主要凭工匠的经验,因而常导致工程边建边改,甚至经几度停工才建成。例如意大利比萨斜塔,奠基动工于 1173 年而竣工于 1372 年,历时整整 200 年,主要由于当时对软弱地基上建造高塔缺乏经验,以致在塔身建到 3 层半时发生了不均匀沉降,因无法处理而被迫停工,一停就是 94 年;后于 1272 年带着倾斜复工,倾斜加剧又被迫停工,一停又是 82 年。[13]

(3)尽管人类通过劳动逐渐创造了各种劳动工具,但此时期施工及物料运输,不论其重量、运距及操作难度如何,主要依靠劳动者的体力,因此,人力物力消耗巨大,而效率低下。著名的古埃及的金字塔、中国的长城、大运河等,每一项工程无不动用了数以万计的劳力。

(4)岩土工程所用材料,除了直接形成于岩土的洞穴、洞室外,主要直接取自土、木、石、竹、柴排等大自然资源;至仰韶文化期(距今五、六千年)而有石灰;至秦代(距今 2 300 年)而开始烧制粘土砖,即今所谓秦砖。长城的建成,即说明了当时制砖业的发达。

不论如何,在此时期先民毕竟给后人留下了众多的千古不朽的杰作,留下了一片绚丽多彩,折射了人类的古文明。对此,我们除了惊叹远古祖先的智慧、勤劳和毅力外,实在无法作出任何解释。

应当指出,在此时期,我们的祖先

还比较重视工程经验的积累，为后人留下了诸如《考工记》、《营造法式》、《工程做法》、《鲁班经》、《样式雷》等传世之作，其中包含了许多关于地基基础亦即岩土工程的宝贵经验。其中《营造法式》出版于北宋末年（公元1103年），是当时皇家“建筑师”李诫主编，堪称我国第一部国家建筑标准，它既包含今日建筑、结构与岩土的内容，也涵盖设计与施工。

此时期可称为岩土工程只有工程实践，缺乏理论指导的时期。

3.2 第二历史时期

此时期持续约160年，即自18世纪60年代起至20世纪20年代中期或1925年太沙基发表划时代的《土力学》名著之前。

18世纪60年代欧洲英、法等国及北美相继发生工业革命，19世纪中、晚期俄、日等国陆续开始了工业革命，即所谓第二次工业革命。它们极大地推动了世界各国生产力的发展，使工场手工业渐渐向近代大工业机器生产发展。岩土工程施工随之由纯粹的手工操作、体力劳动，发展为半机械化或局部机械化作业。尤其是此时陆上交通进入了铁路时代，以及码头、水库等的兴建，都带来了一系列新的岩土工程技术问题，促使人们开始进行理论探索与技术创新，从而拉开了岩土工程学术研究的序幕。

1773年，法国科学家库伦（C. A. Coulomb）提出了关于土力学的第一个理论，它后来由摩尔（O. Mohr）发展成为土的Mohr Coulomb强度理论，为土压力、地基承载力和土坡稳定分析奠定了基础。

1776年，库伦又发表了建立在滑动土楔平衡条件分析基础上的土压力理论。

1846年，柯林（Collin）用曲线的滑裂面对土坡稳定进行了系统研究，发表了关于斜坡稳定性的理论。

1856年，法国工程师达西（H. Darcy）通过室内渗透试验研究，建立了有孔介质中水的渗透理论，即著名的达西定律。

1857年，英国学者朗肯（W. J. M. Rankin）提出了建立在土体的极限平衡条件分析基础上的土压力理论，它与库伦理论被后人并称为古典土压力理论，至今仍具有重要理论意义和一定的实用价值。

1869年，俄国学者卡尔洛维奇发表了世界上第一本《地基与基础》教程。

1885年，法国学者布辛内斯克（J. Bossinesq）和1892年弗拉曼（Flamant）分别提出了均匀的、各向同性的半无限体表面在竖直集中力和线荷载作用下的位移和应力分布理论，迄今仍为计算地基中应力的主要方法。

1889年，俄国学者库迪尤莫夫首次应用模型试验研究地基破坏、基础下沉时地基内土粒位移的情况。

进入20世纪后，土力学研究继续取得了进展，例如，1920年普朗德尔（Prandtl）根据塑性平衡的原理，研究了坚硬物体压人较软的、均匀的、各向同性材料的过程，导出了著名的极限承载力公式。

纵观历史发展,B. B. Broms 认为,早期土力学的发展大约在 1913 年左右发生了一个转折点。当时,瑞典、巴拿马、美国、德国等相继发生重大滑坡坍方事故,表明已有的一些分析方法已不能满足处理事故的要求,于是纷纷成立了专门委员会或委托专家进行调查研究。例如,瑞典为处理铁路沿线不断出现的坍方问题,在国家铁路委员会内设立岩土委员会;巴拿马运河为处理可能堵塞运河的一段河道边坡事故,成立了专门委员会;美国土木工程师协会设立了研究滑坡的特别委员会;德国的基尔运河为处理施工中的滑坡事故设立了调查委员会;德国的克莱(K. Krey)开始对挡土墙和堤坝所受的土压力进行广泛的调查研究。此外,瑞典由于 Stigberg 码头的破坏,成立了港口特别委员会。对该码头滑动原因的分析,导致了著名的瑞典圆弧滑动法的产生。瑞典国家铁路委员会岩土委员会于 1920 年成立了一个岩土试验室,它可能是世界上第一个岩土试验室。[2]

瑞典学者 Christopher Polhem 可能是最早研究打桩动力学的学者之一。早在 18 世纪上半叶,他写道:"对一根桩,必须知道三件事,即桩锤的重量、锤击时桩锤提升的高度,以及锤击时桩的下沉量。"他认为,如果知道了这三个参数,就能得到桩的承载力的大小和计算出需要桩的数量,而无需深究其理论关系。他的观点与后来许多国家的学者所研究制定的几十个打桩公式的本质是一致的。[2]

补偿基础的原理早在 19 世纪已为欧美一些国家的学者所发现。1908 年,加拿大不列颠哥伦比亚省维多利亚市的皇后旅馆较早地采用了补偿基础[2],比著名的墨西哥的拉丁美洲大厦(1957)整整早半个世纪。

在岩土工程发展的第二历史时期,除了上述密切结合工程实践进行理论探索和调查研究,促进了土力学和岩土工程的发展之外,钢铁、水泥和混凝土等新材料伴随着工业革命兴起而次第问世,并被广泛应用于土木工程和岩土工程,这对于岩土工程的进一步发展具有深远的影响。历史已证明,如果没有钢铁、水泥、混凝土和钢筋混凝土,便不可能有现代意义的土木工程,也就没有岩土工程的发展。

1885 年,美国芝加哥建成了世界上第一座具有现代意义的高层建筑——10 层的家庭保险公司大楼,它是世界上第一座采用钢结构建成的高层建筑。1902 年,美国辛辛那提 16 层的登格尔斯大楼建成,是世界上第一座高层钢筋混凝土建筑。随之,在美国纽约等大中城市以及世界上许多城市纷纷兴建高层建筑。

随着铁路桥梁和高层建筑的兴起,桩基研究开始受到重视,并被大量应用。19 世纪 80 年代,美国芝加哥全城遭受特大火灾,在其后的大规模重建工程中于 1893 年成功地开发应用了"人工挖孔桩",这种新桩型是对桩基技术的一大历史贡献,100 余年来,一直受到世界各地的青睐。[14]

有趣的是,1899 年俄国工程师斯特拉乌斯首先提出了混凝土灌注桩的建议;稍后在 1901 年,美国工程师莱蒙德(Raymond)也独立进行了沉管灌注桩的设计与施工。此概念很快被流传至世界各地。[15]

岩土工程发展的第二历史时期,相当于我国清乾隆 24 年至民国 14 年间。由于清皇朝闭关锁国,帝国主义入侵,以及辛亥革命后军阀混战等原因,当时我国的经济极度落后,建设缺乏资金,自谈不上岩土工程的发展。

以铁路建设为例,清朝自 19 世纪 80 年代开始修筑铁路,至甲午战争只完成了从天津至山海关一段铁路以及台湾新竹附近一小段铁路;至 1911 年清政府被推翻时,仅完成铁路 4 300 多公里,其中除京张铁路(1905 年 ~ 1909 年)为我国杰出的铁路工程师詹天佑(1861 年 ~ 1919 年)自己设计并主持施工外,大多为外国人出资和设计施工。

又如 1923 年,我国上海由外商投资才建成了 10 层的字林西报大楼,成为我国第一座现代高层建筑,却比芝加哥的家庭保险公司大楼晚 38 年。

岩土工程在第二历史时期的发展,在各国之间显示了较大的差异,但从总体概括而言,它仍具有以下明显的特征:

(1)工业革命带来了钢铁、水泥、混凝土等新材料和各种施工机械,给岩土工程的发展创造了无限的新机遇;

(2)出现了现代意义的土木工程、水利工程、铁路公路工程和桥梁工程等,对岩土工程提出了新要求;

(3)伴随着前所未有的工程实践而产生的一系列复杂的技术问题,促使人们开始进行理论探索和技术创新,但由于时代的局限性,许多难题未获解决。

此时期可称为岩土工程学科的孕育时期。

3.3 第三历史时期

此时期始于太沙基发表《土力学》名著的 1925 年,至今已历 70 余年。

其实早在土力学的发展发生转折的年代,年轻的太沙基(1883 年 ~ 1963 年)也正在对土力学进行思考和探索,因为在 1906 年 ~ 1912 年间,太沙基在其所从事的钢筋混凝土结构和水电站工程工作中,看到了许多地基基础的意外失败事故。他发现当时对于土的力学性质的认识远未能解决工程实际问题,于是下决心对土的力学性质进行长期的试验研究。随后他先于 1921 年 ~ 1923 年间形成了土力学的有效应力概念和土的固结理论;接着于 1925 年出版了他的经典著作《土力学》,这是土力学和岩土工程发展史的新开端或重要里程碑。而后,他又在美国《工程新闻实录》期刊上以"土力学原理"为题发表了系列文章介绍他的研究成果。这些工作奠定了太沙基作为土力学和岩土工程学科创始人的崇高地位。

1948 年,太沙基对土力学早期的研究工作作了如下评价:"土力学创始于 1776 年库伦土压力理论的发表，是个很有才能的开端，但在后来的一个世纪里就几乎没有什么进步。研究工作多少局限于改进中的纯净的无粘性的砂作用于挡土墙背的计算方法。针对此课题所发表的一些论文，与课题实际的重要性很不相称。在工程实践中，大多数施工难点和事故都是由于渗流所产生的压力而引起，但这些压力并未受到重视，因此，这些理论对于要面对实际的工程师们来说，用处不大。它们多半只在教室里才会有用处。"[16]

1943 年太沙基的另一重要著作《理论土力学》出版；1948 年太沙基和泼克(R. B. Peck)合著的《工程实用土力学》出版。这两部书对当时土力学的研究与应用进行了适时的总结，并为岩土工程的更好发展奠定了理论基础。太沙基首次将各种岩土工程问题归纳成为系统的计算理论，书中充满了理论结合实际的范例。

自 1925 年以来，特别是二战后的 50 余年以来，与土力学理论不断获得发展和完善的同时，在相关学科科技进步以及世界各地社会经济总体不断增长的有力推动下，岩土工程不论在我国或在世界范围，不论就其类型、规模、数量或质量而言，都取得了前所未有的巨大进展，远非前两个历史时期所能比拟。对此，自非此短文所能尽述，有兴趣的读者可参阅即将出版的文献。[17]

这里仅拟就岩土工程在第三历史时期发展中的若干特征作一简述：

(1) 此时期，随着经济建设的发展，岩土工程所涉及的领域已由传统的水利工程(堤坝、水库)、建筑工程(基础、基坑)和公路铁路工程(路基、边坡、隧道、桥墩桥基)扩大至地震工程、海洋工程、环境保护、地热开发、地下蓄能、地下空间开发利用等领域，且它们所带来的技术难题与日俱增，有力地促进了岩土工程科技与科研的发展。

(2) 岩土工程中大量推广应用钢材、水泥、混凝土等新材料，改变了土木工程和岩土工程的基本面貌；土工合成材料的产生和广泛应用，为重大岩土工程难点问题的解决提供了新的技术途径和方法。

(3) 机械、电子工业的发展为现代大型岩土工程提供了各种必要的、重型的、自动化的施工机械设备，彻底改变了传统的岩土工程大量依靠手工劳动的状况，从而提高了劳动生产率，加快了施工进度，并为大型、深层、深水下的岩土工程施工创造了物质条件。

(4) 桩的类型不断增加。传统的桩型只有打入式木桩一种。如今已有打入、振入、压入、钻孔、挖孔、搅拌、高压注浆等数大类工艺百余种桩型，可以适应各类复杂的地质条件和环境条件，满足各种工程结构的不同需求。

(5) 由于岩土工程常需面对各种软弱地基和特殊地基，因此，各类地基处理技术蓬勃兴起，获得了广泛应用，并且在应用中互相交叉渗透，又不断产生了新的加固与改良技术。

（6）现代计算机和数值计算技术的发展，离心模型试验机及大型高压三轴仪等现代量测、试验设备的问世，为复杂的岩土工程问题的研究、计算与验证提供了先进手段，并且推动了信息化施工方法的形成，促进了土力学和岩石力学进一步发展。

从以上数端已可窥见岩土工程在其第三历史时期的发展获得了十分辉煌的成果。诚然，也留下了不少问题犹待继续研究解决。特别是，由于岩土条件的特殊复杂性和岩土工程类型的极其多样性，对岩土特性的认识仍远不能满足工程实践的要求；同时，岩土工程的设计施工仍在很大的不确定性条件下进行；工程事故仍难以避免。

此时期可称为岩土工程学科的创建奠基和初具框架的时期。

3.4 第四历史时期

当前，以电子计算机技术、航天技术、信息技术为代表的一系列现代高新技术的兴起，已引发了人类历史上前所未有的一场科技革命，它的规模、深度和影响都将远远超过以往的工业革命和第二次工业革命；它对社会生产力和世界经济的发展必将产生极大的推动作用，并将极大地改变世界的面貌。就我国而言，在新的世纪里将会出现史无前例和世无前例的工程建设高潮，大量的复杂的岩土工程问题都将急需研究攻克，岩土工程的重要性必将更为突出。岩土工程学科必将出现新的突破。因此可以预料，岩土工程学科将在21 世纪迅速实现由第三历史时期向第四历史时期的转变。

按照土力学的发展进程而言，自1773 年库仑最早发表土体破坏理论至1923 年太沙基提出一维固结理论或1925 年发表《土力学》名著时止，一般被公认为土力学发展的萌芽期，这大体上相当于岩土工程发展的第二历史时期。自1923 或1925 年至1963 年罗斯科（K. H. Roscoe）发表著名的剑桥模型时止，一般被认为是古典土力学时期。罗斯科的贡献被认为是现代土力学的开端。我国著名土力学家沈珠江院士认为，经过了30 多年的努力，现代土力学已越过重要阶段而渐趋成熟，但可能还需要30 年才能大体上完成其基本框架。[18] 他认为，现代土力学可归结为一个模型（即本构模型）、3 个理论（即一个变形理论和两个破坏理论）、4 个分支（即理论土力学、计算土力学、实验土力学和应用土力学）。[18]

由此推测，大约到2023 年左右，岩土工程学科将具有完备的现代土力学理论作指导，加以有相邻和相关学科与产业的配合与渗透，而由第三历史时期迈步进入其第四历史时期。

以上很粗略地综述了岩土工程及其学科的发展历程。可以看到，不论在我国或国外，岩土工程都具有数十万年悠久的历史。但岩土工程学科的形成，则是最近七、八十年的事；而岩土工程学科的迅猛发展以及大规模的岩土工程实践，无论在国内或国外，又都是20 世纪后半叶，亦即第二次世界大战以后五十余年以来的事。展望未来，在新的世纪、新的千年里，岩土工程面临的任务必将更重，发展的道路必将更广阔！

参考文献

[1] 俞调梅，等. 关于岩土工程及其专业人才培养的几个问题. 石油建筑设计，1982(2).

[2] Brand E W, Brenner R P. Soft Clay Engineeringn. Elsevier Scientific Publishing Co. Amsterdam, 1981, (1).

[3] 俞调梅，叶书麟，曹名葆，等. 岩土工程. 北京：中国建筑工业出版社，1986.

[4] 中国建设报. 1999. 11. 27，第4版.

[5] 钟欣. 黄帝故都疑在新密，见：文汇报. 2000. 5. 22，第9版.

[6] 参考消息. 1982. 3. 5，第3版.

[7] 伍江. 上海百年建筑史. 上海：同济大学出版社，1997.

[8] 信息日报. 1999. 9. 11，第5版.

[9] 安怀起，薛文广，等. 中国古建筑. 上海：上海教育出版社，1979.

[10] 钱江晚报. 2000. 10. 24，第8版.

[11] 罗哲文. 江南长城. 杭州日报，2000. 12. 20，第9版.

[12] 史佩栋. 实用桩基工程手册. 北京：中国建筑工业出版社，1999.

[13] 史佩栋，张美珍. 拯救比萨斜塔. 岩土工程界，2000，3(11).

[14] 史佩栋，梁晋渝. 纪念大直径灌注桩问世100周年(1893～1993)，见：中国土木工程学会第七届土力学及基础工程会议论文集. 北京：中国建筑工业出版社，1994：427～431.

[15] 陈梁生，陈仲颐. 土力学与基础工程. 北京：水利出版社，1957.

[16] 冯国栋译. 太沙基为(岩土技术)创刊所写的前言. 土工基础. 1999(6).

[17] 高大钊，等. 岩土工程回顾与前瞻. 北京：人民交通出版社，2001.

[18] 沈珠江，理论土力学. 北京：中国水利水电出版社，2000：1～6.

● 欧晋德 小传

美国凯斯西储大学土壤力学专业毕业，获博士学位。

中华顾问工程司副工程师，国立中央大学、成功大学、台湾大学兼任教授，亚新工程顾问公司经理、总工程师、副总经理，荣民工程事业管理处总工程师，交通部南宜快速公路工程筹备处处长，“交通部”台湾区国道新建工程局局长，“行政院”公共工程委员会副主任委员、主任委员，台北市副市长。

现任：台湾高速铁路董事长。

曾任国际学会：东南亚大地工程学会理事长(1990~1993)、东南亚大地工程学会常务理事(1994迄今)、亚澳道路协会理事(1995~1999)、国际道路协会理事(1994迄今)、国际岩石力学学会副会长(1995~1999)。台湾：工程环境学会理事长（1990~1993）、土木水利工程学会理事长（1993~1995）、道路协会理事长（1994至今）、工程师协会理事长（1995~1999）等，并获得多项奖励及荣誉。

同根同种本一家　共谱大地新篇章

欧晋德

记　者:欧先生您好,很高兴您能接受我们的采访。海峡两岸地工技术/岩土工程交流研讨会自92年起至今已举办了五届,双方普遍感到会议交流一届比一届精彩和深入,内容丰富,感情挚深。您是两岸技术交流的积极推动和参与者,您对海峡两岸技术交流现状与未来作何评价?

欧晋德:我认为海峡两岸的技术交流应是积极的推动,扩大交流的范围和规模,因为技术的、人文的东西是无界的,就应该多沟通,只有交流沟通才能不断创新和发展,何况海峡两岸同文同种,我们常讲血浓于水,本来就是一体的,不因为两岸的隔绝,政治的因素,造成两岸的许多资讯都不来往,这对两岸,或世界都是不好的事情。应该多沟通、多交流、多来往,每一件事情都应从两方面了解,人有了了解,就会避免掉许多的误会。相互的勉励更会促进感情和来往,我也经常去世界各地交流,可总是存在着语言的隔阂,你英文再好还是有障碍,我们有这么多的经验,况且中国人天生就聪明有智慧,全世界都可以交流,何况两岸呢?不应计较其他的什么,应当拿出真正的东西来交流,相互的学习、了解和进步,这也是我们这些年所期待和推动的目的所在,现在看来,我们的这些目的都达到了。

记　者:您是当年为数不多的出国留学后回来创业人员之一,也是《地工技术》杂志和财团法人、地工技术研究发展基金会发起人和创立者,当初是什么原因促使您有这样的设计和行动,这样一些过程中的感受是什么?

欧晋德:地工技术基金会已经有20多年了,对台湾来讲,20多年前大地工程技术还是萌芽时期。30年前我是从海外留学回来为数不多的人员之一,岩土工程对台湾工程未来是不可缺少的学科,那时的台湾的大地工程可以说是一片处女地,因为台湾是一个非常小的岛屿,而且地质条件非常之差,要在这样条件下建设几乎是躲不开,不是说这块地方不好就可以换一块地方,没有选择,非要克服这些困难不可。因此遇到的问题多,如地盘沉降、边坡滑移、土石流等,建设高楼和地铁、道路桥梁、水电站等,需要做

2005年1月,台湾岩土工作专家欧晋德访谈。

地盘改良的、做特殊基础处理的等等，城市建设高楼要做基础和地下空间，向下开挖很深，而房子和房子之间挨的很近，做深开挖会有非常多的问题，自己在这一方面也学到许多东西，累积许多痛苦的经验，因此当时我就想应当好好总结这一经验，和大家一起来分享。所以我和洪如江、黄子明、李建中教授等一起找到30个工程界、学术界的朋友，每人拿了3万多元钱，共筹集了100多万元台币，办起《地工技术》杂志，当时办得非常之辛苦，要找题目，写文章，把工程成果汇总起来。那时的想法是把台湾所有岩土工程方面的经验等累积起来，有一块园地，让大家分享，办杂志，也希望这些经验与国际有一个交流的管道，来提高水准。第一期杂志我特意写了篇序言，中心意思是"奠定大地工程之基础，开拓国际之境界，培养人才，累积经验"。从开始办，一点一点在累积，自己写稿、审稿，跑印刷厂，剪辑发行，找广告客户赞助，每一集花费20多万元，成本很高，100多万元资金很快就差不多了，当时李博士他们很忧虑，担心办完第一年是否还可以办第二年？我说没关系，我们一点一点地办，钱不够我们再找钱。我们很幸运，工程界的反响非常大，他们看到杂志有很高的水准，也就一直在支持我们。我们这样办了二十几年，资金越来越多，规模越来越大，后来我们不光办一本杂志，同时也开展了一些学术交流，包括两岸交流，已经变成了自己的一个努力的方向。

记　者：您的经历很丰富，既有从事专业的经验，又有从政的经历，现在又回来从事专业方面工作。

欧晋德：许多人问到我个人的经历问题。我1972年毕业于美国Case Western Reserve University，获得土壤力学博士学位。毕业后在美国教了一年书，1973年回到台湾开始从事工程规划、设计、咨询等，当时正赶上台湾所谓的"十大建设"：桃园机场、台北到花莲的铁路、第一条高速公路、第一座钢铁厂等，我参加了第一条高速公路的建设。80年代初我到了新加坡、马来西亚，帮助他们设计高速公路、捷运等，80年代末回到台北。由于我在国外做过一些工程，在国际上发表了许多论文，所以行业人士对我也比较清楚。由于我想积累一些工程方面经验，回来后我就作了台湾最大的营造公司——荣民公司的总工程师；两年后政府部门考虑到我个人的专业领域涵盖比较广，就把我抽去做几个管理部门整合在一起的国道工程局的局长；当时台湾正在修建台北到宜兰的高速公路和其他的几条高速路，郑文隆博士（现任行政院公共工程委员会副主任）任我的助手，接下去我到了行政院公共工程委员会担任主任，负责协调台湾的公路、工程等方面的工作。几年后，马英九市长考虑到台北的建设任务重而且很重要，邀请我来协助他，担任负责这方面的副市长，角色转换，负责的内容也不一样，台北市除了建设还有协调、救灾，台北的灾害很多：地震、水灾、旱灾、沙石等，由于救灾时我都在现场，市民对我的印象很深，象9.21大地震，震后六天救出两个孩子，所以很多人称我为救难英雄，正因这样也就有机会和最基层的民众接近。但是我的专长是大地工程，我担任过东南亚大地工程师协会理事长、国际岩石力学学会副会长，台湾更不用说了，我在学校也有教授的资格，在专业方面也是很深入的。我觉得自己的专长在专业方面，尽管民众对我寄予很大的期望，我还是退了下来又从事专业方面工作。

我们公司和大陆方面有一些合作，前一段时间我刚刚去过了天津。现在大陆经济发展非常快，机会很多。所以应当更深入地交流。

• 陈斗生 小传

台湾大学土木工程系毕业，加拿大McGill大学获岩土工程硕士、博士学位。

1968~1974年：Geocon Ltd. (Montreal，Canada)负责遍及加拿大数省及北方极地之土壤地质调查、设计及施工、实验试验、无数基桩施工及载重试验、地下铁与重大地滑之调查、研究与仪器观测工程。

1974~1981年：Dames & Moore(Cranford，New Jersey)任计划经理或首席土壤工程师，领导或参与之计划包括：重工业区的开发、重工业设施与厂房、炼油厂及有关设备如储油库的基础设计等；新加坡超高大楼顾问及捷运系统之土壤调查建议；港湾码头、钻井台输油管道之地质调查、设计、核废料及废物处理，超高建筑基础建议、分析及仪器观测、土壤稳定与改良技术及超过一万支基桩之施工与分析。

1981~1984年：The Earth Technology Corporation。参与并主持逾二十件大地调查计划及施工工程，涵盖货柜及煤港码头、日光能源及废料发电设施、超高建筑、废物处理设施、火力及核能厂大地及基础工程，一般及特殊基础工程之建议、设计与施工，困难基础调查、仪器观测、工程织物的工程应用等工程。

1987.4~1988.8：林同炎工程顾问公司(T.Y.Lin(Taiwan)Inc.)——总经理,推动业务与人员之扩充，公司组织、经营的改进及技术的提升。

1984~1995年：富国技术工程公司，Sino Geotechnology, Inc.——总经理，主持公司技术的指导、业务的推展及技术上的转移。参与台北市大众捷运系统、中运量、市政中心、中油CBK外海钻油台、基隆新深水港、高雄 85层、台北101层国际金融中心等超高大楼，台北、台中、苗栗等大型山坡地开发，台塑麦寮六轻建厂、〖JP3〗大陆武汉、郑州、上海、厦门等城市之开发工程的大地工程顾问工作。

1992~1999年：台塑关系企业六轻建厂大地工程顾问。

现任：富国技术工程公司董事长兼总工程师，中国文化大学地质系兼任副教授，台湾省大地工程技师公会顾问。

万丈高楼平地起

陈斗生

记　　者：昨天我们刚刚参观了台湾标志性建筑——101金融大楼，结合您的报告，印象颇深，您参与了大楼的规划、设计与监理工作，对此作何感想？

陈斗生：101大楼从开始酝酿、调查、规划设计、施工，用了7年的时间，待完工后感觉会很开心，确实有一种成就感。101大楼高度508m，为目前世界第一高楼，基础面积30 277m^2，地下五层，长宽各为160m×158m，开挖深度22.95m（塔楼区）及22.25m（群楼区），塔楼基础板厚度3~4.7m，其下有380支直径ϕ1.5m，入岩15~33m反循环桩，群楼桩167支，直径ϕ2m，入岩5~28m反循环拉拔基桩，四周连续墙厚度1.2m，深度40~45m，塔顶设置球形660吨重直径ϕ5.5m阻尼器，可减少大楼在台风来袭时之摆动。过去我在国外也做过超高楼的工程，如贝聿铭建筑师设计之新加坡RaffleCity大楼群（最高72层），曾做过他公司的基础工程顾问，回台湾也配合李祖原建筑师设计建造了当时台湾第一高的高雄85层高楼之基础。

从事地工技术这一行我个人的体会是：第一，工作过程的每一个步骤要踏实、严谨。像101大楼最大的问题是确定台北断层的位置及其活动性（这对于台北市其它建设也有重要的意义），当然我们还做了100多个钻孔的工址土壤地质勘察和实验。另外开工之前我们做了几十支场铸桩之试作，直径从1.2m至2.8m，进入岩盘一二十公尺，及高达4 000吨基桩载重实验、分析；第二，规划、设计和监理各团队、专业小组各个环节相互衔接、配合要好；像桩基础的每一支基桩，和底板以及建筑结构的相互关系作用统统都要放到一个系统中去分析、研判之后再确定可行之方案。理论分析可以较复杂，但提出的方案要大家都能懂，特别是工地的人要懂，实际执行方案要越简单越好；第三，工程一定要做监测，施工过程以及完工以后都要有一定时期的监测，出现情况能够及时处理。

记者：陈先生，您在国外待了20多年，近些年你也到大陆参与了一些工程咨询、设计等，您觉得相互的差异性有哪些？

2005年1月，台湾岩土工程专家陈斗生访谈录。

陈斗生：我 1963 年出去，1984 年回来，加拿大 10 年，美国 10 年，毕业后一直在国外做事，国外很舒服，但是在帮别人做事，没有成就感。国外大多数个人都以专业为荣，大家也很尊重专业人士，台湾这方面有一个进步的过程，现在较注意这问题；今后 10 年 20 年两岸在管理上要下工夫，特别是整合过程的控制，资料归档、储存、建档一定要完备；尤其是国际参与的工程，与外国顾问语言上的沟通很重要，一定要用好的翻译人员，一个大的工程至少要 2 ~ 3 个专任翻译，每次会议后立刻翻译、整理成会议记录，如此除了能发挥每个人的专长，也为每个决策过程留下记录；我们过去没有养成记录、建文件档的习惯，往往只凭脑子记，万一打起官司来就很麻烦。台湾吃了这方面很多亏，捷运系统就因档案不完整，有问题时打官司失败而赔了许多冤枉钱。

• 莫若楫 小传

1961年获得麻省理工博士学位。

1959年进入美国Woodward-Clyde工程顾问公司服务，担任尼布拉斯加州奥马哈分公司总工程师。1961年至1965年间任教于耶鲁大学土木系，并于1963年担任纽约Tippetts-Abbet-McCarthy-Stratton工程顾问公司土壤工程师。于1965年起任教设立于泰国之亚洲理工学院，担任副教授。1967年升任教授兼大地工程系系主任，至1974年担任副校长兼教务长，于1976年回到台湾。曾担任的主要工作为土壤及基础工程计划之研究、规划、执行及顾问，包括土壤行为、土壤构造物、土壤改良及稳定、基础工程、公路与机场工程、及土坝稳定问题之研究及评估。其对土壤稳定、软性粘土及热带土壤之研究尤为深入。曾在世界各国工程杂志发表有关土壤性能、行为与稳定问题论文白余篇。

莫若楫先生在学术界及工程界之地位极为崇高，曾担任国际土壤与基础工程学会副会长（1973年~1977年）及理事（1989~1993），东南亚土壤工程学会创会会长（1967年~1972年），第一届东南亚土壤工程会议筹备会主任委员，第六届东南亚土壤工程会议秘书长暨执行委员会主任委员，第四届亚洲土壤及基础工程会议主席及第一届、第四届亚澳道路工程会议筹备会副主任委员，第三届亚澳道路工程会议秘书长，第十三届东南亚大地工程会议筹备会主任委员，及多项国际会议筹备会委员与顾问等职，获亚洲理工学院颁赠荣誉博士。名列国际名人录、美国科学名人录等。

亚新人的感知

莫若楫

记　者:您在回到台湾以前大部分时间是在学校度过的,而且已经有了不错的位置,为什么从教授转做实业的实业家?

莫若楫:我是1961年从美国麻省理工学院毕业获得博士学位,1959年进入美国Woodward-Clyde工程顾问公司工作,1961年~1965年期间在耶鲁大学教了四年书,后来转到当时是东南亚联盟下属的设立于泰国的亚洲理工学院(后来扩充到整个亚洲地区)从事教学研究工作,学校的学生大多是亚洲地区的,费用来源于各个国家的支持。30多年前在亚洲地区学校中从事大地工程的研究所很少,从事这项工作也就没有上限的限制,同时和工程界打交道、接触也就比较多。当时看到在台湾的许多工程都是由国外的一些大公司来承担的,我经常和在美国教书的哥哥讨论此事,觉得我们受到过良好的教育,应该创立一个公司为东方人服务,公司按照国际标准去建立,1975年底我就决定辞职离开学校,在新加坡建立了亚新国际工程顾问公司,后来公司扩展到香港、台湾等地。业务从新加坡、台湾地区做起,建筑、公路、捷运等工程占到公司业务的75%以上,30年下来感觉也达到了某一个水准,从国际上看大小论不上,但公司受到许多国家同行的尊重。

到我们公司的人都知道,赚钱不是放到第一位的,而是品质放到第一位。我们有一个座右铭叫"ASSET",就是我们希望变成业主的资产、业主的财富,帮他们经济有效地解决问题,自己也发展起来,同时对社会也作出了奉献。现在公司的业务已经由原来的大地工程延伸到公路、港口、捷运以及机械、计算机等。

从做教授转到做企业还是有很大的不同,做教授是教书、研究,培育人,这些年我到过亚洲许多国家,我的许多学生已经是校长、系主任,都已成才,另外教授的职业很自由;做工程的好处就是看到自己做的东西建造出来。

记　者:大陆改革开放之初,您就和大陆方面的学术界和工程界建立了联系,近些年的交往更加频繁深入,开展了一些相应的业务,您怎么看大陆工

2005年1月,台湾岩土工程专家莫若楫访谈录。

程界这些年的发展?

莫若楫:大陆改革开放以后经济发展非常之快,几年一个大变化。工程建设规模之大,世界少有。学术界的氛围非常好,与国际的交流非常多,已经与国际接轨。一大批年轻学术、技术人才也已经成长起来。工程界的新技术新工法不断出现,应该说是一个非常好的时期,机会很多,对于年轻人来讲是一个难得的机遇期。大陆的工程顾问与国际上不同。国际惯例是:做设计这一行可以从可行性研究、方案拟订直至工程监理,一条边下来,每一个工程师都要了解规划、设计和工程监理的详细内容;而大陆是分开的,好处是分得很细,可以做得很专。但存在问题是相互之间理解程度差,监理往往不知道设计的理念是什么,设计的不知道规划的内涵,因此,相互之间的配合衔接存在问题。除了专业以外,还要分行业,铁路的桥梁和公路的桥梁规范就不同,其实原理都是一样的。从事市政的不能够从事铁路公路建设施工。国外从事所有的岩土工程的公司一个执照就可以了,大陆需要四十多个,当然市场开放以后,发展的空间在扩大,也在逐步与国际接轨。

后　记

《岩土工程纵横谈》一书终于付梓出版了，这本书是几年来《岩土工程界》编辑部全体同仁共同心血的结晶，书中文章大多取自于2001年以来《岩土工程界》的相关栏目。

所选的书中34位专家学者都是岩土工程领域公认的"大家"，其中有三位是台湾地区的，他们不仅在理论研究上颇有建树，而且在工程技术实践中积累了丰富的经验。他们既是技术政策、技术标准规范的制订者，又是专业技术领域的开创者或国外新技术的引入和推动者，是岩土工程界的领军人物。他们直接参与或主持过国家重大工程建设项目的决策和实施，始终站在工程技术的最前沿，引领着行业技术发展的潮头。三峡工程、青藏铁路、南水北调、奥运工程、厦门翔安跨海隧道、上海洋浦港、北京地铁等一大批国家重点工程都留下他们的足迹和身影。

他们穷其毕生探究岩土工程的奥秘，攻克一道道技术难关；他们怀着强烈的事业心和责任感为国家繁荣发展、人才培养尽职奉献；他们勇于不断否定自我，不断提升，修炼过人的品格。

采访中我们常常被他们渊博的学识、深邃的思想、智慧犀利的言语、丰富的人生阅历、儒雅谦和的态度、严谨治学的精神所打动。

书中内容丰富，涉及岩土行业政策变革、新技术发展趋势、重大工程技术成果、理论研究创新、人才培养、成就事业之道、为人的修炼，等等。这些都是良师们用辛勤的汗水，对成功与失败甚至血的教训的提炼，是毕生经验的总结。书中既有对几十年来历史的反思，又有真诚的告诫和对未来的展望，尤其对历史的总结与反思，语重心长，弥足珍贵，闪烁着思想智慧的光芒，充满着人生的哲理，具有很强的教育和指导意义。

我们在整理书稿时，总会想起那几年工作的日日夜夜，想起编辑部同事们在艰苦的工作环境中共同奋斗拼搏的场景，想起与岩土行业专家、学者畅谈人生、事业和行业发展的愉悦时刻。

几年下来，我们将创刊不到两年，刚刚拿到正式刊号的《岩土工程界》办成了业界颇具影响力的杂志。个中的谋划之一就是推出了"专家访谈"这一金牌栏目，抓住了业内高端人物和重点热点事件，“专家访谈”的每一篇稿件从策划、了解背景、撰写采访提纲、预约、采访、整理录音、修改、专家自审、再修改、编辑出版，其间至少需要三个月时间，其中辛苦可想而知，但苦中之乐也是他人望尘莫及的。人们常说，遇上一位良师便得到了一生最宝贵的财富，良师能给人以精神启迪，虽需勤学苦练却能提升自我，教人以智慧和力量、谦恭与幸福，我们有幸结识这样多的良师，时常感到自己是多么的幸运和幸福，受益终生。

本书的出版得到了岩土工程界的许多老专家、领导的关心和支持，特别是中国冶金地质总局局长闫学义教授、北京城建设计研究院老院长王新杰教授，对本书的出版给予了悉心指导和亲切关怀，在此表示感谢。同时，感谢多年来给予我们支持和帮助的刘汉龙、朱合华、冯夏庭、朱伟、黄宏伟、张建民、高玉峰、刘雅东、黄茂松、叶为民、陈湘生、陈如桂、沈小克、唐孟雄、张怀庆、郑刚、贾洪、李荣强、廖建三、张建红、秦四清、董志良、孙毅、肖洪天、廖红建、佟丽华、杨秀仁、杨小林、王龙军、刘波、李虹、李学军、金淮、冯爱军等中青年专家与朋友们。在此还要感谢编辑部的同事们，是大家共同辛勤劳动铸就了《岩土工程界》品牌，得到了广大读者的认可和信任。

本书的出版还得到了人民交通出版社陈志敏主任及其同事们的大力支持，在此表示感谢。

作　者

2009 年 10

图书在版编目（CIP）数据

岩土工程纵横谈/苗国航编. —北京：人民交通出版社，2010.1

ISBN 978-7-114-07557-5

Ⅰ.岩... Ⅱ.苗... Ⅲ.①岩土工程-文集②岩土工程-工程技术人员-生平事迹-中国 Ⅳ.TU4-53 K826.16

中国版本图书馆 CIP 数据核字 (2009) 第 006803 号

书　　名：岩土工程纵横谈
著 作 者：苗国航
责任编辑：陈志敏
出版发行：人民交通出版社
地　　址：(100011)北京市朝阳区安定门外外馆斜街 3 号
网　　址：http://www.ccpress.com.cn
销售电话：(010)59757969，59757973，85285656
总 经 销：北京中交盛世书刊有限公司
经　　销：各地新华书店
印　　刷：北京鑫正大印刷有限公司
开　　本：787 × 960　1/16
印　　张：19.75
插　　页：1
字　　数：325 千
版　　次：2010 年 1 月　第 1 版
印　　次：2010 年 1 月　第 1 次印刷
书　　号：ISBN 978-7-114-07557-5
印　　数：0001 – 3000 册
定　　价：50.00 元